2022年全国大学生电子设计竞赛
信息科技前沿专题邀请赛获奖作品选编

全国大学生电子设计竞赛组织委员会　编

西安电子科技大学出版社

内 容 简 介

本书精选了2022年全国大学生电子设计竞赛信息科技前沿专题邀请赛(瑞萨杯)的部分获奖作品，包括5篇一等奖作品和11篇二等奖作品。所选作品涉及家居生活、医学、交通、无人机、姿态识别等多个跨学科领域的不同应用场景，充分体现了社会对信息科技前沿相关科学和技术的广泛需求。

本书可作为高等学校电气、自动化、仪器仪表、电子信息类及其他相近专业本科学生的教学用书或学科竞赛参考用书，也可供相关工程技术人员参考。

图书在版编目（CIP）数据

2022年全国大学生电子设计竞赛信息科技前沿专题邀请赛获奖作品选编 / 全国大学生电子设计竞赛组织委员会编. -- 西安：西安电子科技大学出版社，2024.12. -- ISBN 978-7-5606-7336-3

Ⅰ. TN602

中国国家版本馆CIP数据核字第2024PL8656号

策　　划　薛英英
责任编辑　薛英英
出版发行　西安电子科技大学出版社（西安市太白南路2号）
电　　话　(029) 88202421　88201467　　邮　　编　710071
网　　址　www.xduph.com　　电子邮箱　xdupfxb001@163.com
经　　销　新华书店
印刷单位　陕西精工印务有限公司
版　　次　2024年12月第1版　2024年12月第1次印刷
开　　本　787毫米×1092毫米　1/16　印张 17
字　　数　388千字
定　　价　69.00元
ISBN 978-7-5606-7336-3

XDUP 7637001-1

＊＊＊如有印装问题可调换＊＊＊

前　言

全国大学生电子设计竞赛信息科技前沿专题邀请赛(瑞萨杯)，简称信息科技前沿专题邀请赛(Advanced Information Technology Invitational Contest)，是全国大学生电子设计竞赛大框架下设立的一项针对信息技术领域发展的专题邀请赛。邀请赛以近年来越来越热的敏捷互联互认概念及其应用为主题，锻炼和考核学生使用前沿的信息、电子等技术组建小型互联网络，进行不同物体之间的信息互认互通，进而实现创新的远程控制、人工智能等功能的能力。邀请赛定向邀请国内信息、电子等领域内水平较高的院校组队参与，自2018年开始，逢偶数年举办。邀请赛贯彻全国大学生电子设计竞赛的宗旨，坚持"政府指导、专家主导、学生主体、社会参与"的方针，通过推动敏捷互联互认、物联网技术在相关领域的应用与发展，促进电子信息类学科专业基础课教学内容的更新、整合与改革，提高大学生的动手能力和工程实践能力，培育大学生的创新意识。信息科技前沿专题邀请赛采用"专项邀请、自愿参加"的方式进行。

第三届全国大学生电子设计竞赛信息科技前沿专题邀请赛(瑞萨杯)主题为"网络化语音图像检测与识别"。此次邀请赛共邀请了来自北京邮电大学、电子科技大学、国防科技大学、哈尔滨工业大学、华中科技大学、厦门大学等52所高校的87支队伍。王越院士担任大赛组委会主任，管晓宏院士担任评审组组长，来自北京大学、上海交通大学、电子科技大学等高校的专家组成了评审组。经过远程在线演示、答辩等环节的激烈角逐，评审组从作品选题的新颖性、创新性、实用意义，系统的完善性及功能实现等方面进行综合评价，共评出一等奖5项、二等奖11项、三等奖21项，并从一等奖中评定出最高奖项"瑞萨杯"本年度竞赛"瑞萨杯"获得者为来自厦门大学的林朴坚、黄添豪、廖元熙同学组成的代表队，获奖作品题目为"慧眼识珠——基于瑞萨RZ/G2L的现制烘焙简餐柜"。

自2018年起，每届竞赛后，竞赛组委会都组织编写出版《全国大学生电子设计竞赛信息科技前沿专题邀请赛获奖作品选编》，希望能为今后参赛的学生开拓设计思路，提供设计报告撰写的参考；本着"以赛促教"的理念，也希望其能进一步为电子信息类专业的本科教学提供重要的参考。

鉴于篇幅的限制，本书仅编入了第三届全国大学生电子设计竞赛信息科技前沿专题邀请赛一等奖和二等奖的获奖作品，共计16篇(名录见附件)。书中每篇作品均附有"专家点评"。为便于读者参考，本书大部分的作品提供作品演示与作品代码，部分图片提供彩图(均以二维码呈现)，读者可自行扫码查看。

由于来稿反映的是学生在有限时间内完成的设计工作，这些作品无论在方案科学性、行文规范性等方面可能都有不足。读者应注意，在汲取优点的同时，也要认识到其中的不足之处。此外，为了和作品原用的瑞萨仿真结果与硬件原理图保持一致，本书中的部分器件符号、变量等未采用国标，请读者阅读时留意。

信息科技前沿专题邀请赛的成功举办，与政府各级教育主管部门的正确领导，专家组和参赛学校领导的大力支持、精心组织、积极参与密不可分。在竞赛组织过程中，许多同仁作出了重要贡献。在各参赛学校的赛前培训辅导期间，许多教师付出了艰辛的创造性劳动。感谢西安交通大学、南京邮电大学组织和承办了本次竞赛。竞赛组委会特别感谢瑞萨电子等企业对本项赛事的赞助支持。感谢瑞萨电子中国总裁赖长青、高级顾问王伟谷的编选工作和业务发展副总监冯新华等人士的大力支持和帮助。

本书的编选工作得到了获奖作者、竞赛辅导老师、有关学校领导及竞赛专家组的鼎力支持。参加第三届全国大学生电子设计竞赛信息科技前沿专题邀请赛评审的部分专家完成了本书的审稿工作，他们是管晓宏院士、岳继光教授、李玉柏教授、李勇朝教授、王兴伟教授、薛质教授、陈南教授、殷瑞祥教授、胡仁杰教授、韩力教授、王志军教授、张兴军教授、于涛及王均锋总监。竞赛组委会及其秘书处的罗新民、陶敬、黄健及符均老师也参加了编审组织工作。最后，感谢西安电子科技大学出版社为本书的出版所提供的大力支持。

全国大学生电子设计竞赛组织委员会

2023 年 7 月 14 日

附件

选编作品名录

序号	作品名称	学校名称	实际参赛学生姓名	获奖
1	慧眼识珠——基于瑞萨 RZ/G2L 的现制烘焙简餐柜	厦门大学	林朴坚、黄添豪、廖元熙	瑞萨杯
2	基于目标识别的智能出餐系统	杭州电子科技大学	林钰哲、张成涵宇、谭程珂	一等奖
3	全自主空地协同搜救系统	南京邮电大学	朱淳溪、代军、冯骥川	一等奖
4	基于瑞萨 RZ/G2L 的智能垃圾分类系统	青岛大学	姜荣昇、张广源、孙海华	一等奖
5	基于疲劳检测的行车安全预警系统	西安交通大学	关舟、张梓健、王虹极	一等奖
6	“健来”智能运动健身辅助系统	北京邮电大学	何公甫、赵文祺、黄振峰	二等奖
7	智能安防——基于语音和图像识别的突发事件追踪系统	东北大学	关贝贝、杨泽旭、徐彰	二等奖
8	基于风格迁移的实时翻译系统	哈尔滨工业大学	刘明帆、张真源、王玙	二等奖
9	全自动身份识别与核酸采样机器人	杭州电子科技大学	李宛欣、鲁汉宁	二等奖
10	基于十二相位的网络化智能交通控制系统	华东师范大学	王玮烽、李德渊、王慧玲	二等奖
11	基于手部关节识别的网络化虚拟现实交互系统	南京邮电大学	叶青云、沈俊杰、王哲	二等奖
12	基于跨镜识别的全景智能安防系统	西安电子科技大学	兰清宇、郑桂勇、程允杰	二等奖
13	“启盲星”——多感官辅助智能导盲设备	西安交通大学	王迪、尚锦奥、蒋天舒	二等奖
14	智能语音家居系统	西南交通大学	陆冠聪、鲁学正、荆浩宇	二等奖
15	基于 ARM 的铝片表面缺陷检测系统	长沙理工大学	李贴、李湘勇、颜峥	二等奖
16	基于视听双模态融合的说话人定位与跟踪移动机器人系统	中国地质大学(武汉)	张龙博、张皓彦、石奇峰	二等奖

信息科技前沿专题邀请赛组委会名单(2022年)

名誉主任: 王　越　北京理工大学名誉校长　中国科学院院士
　　　　　　　　　　中国工程院院士

主　　任: 管晓宏　中国科学院院士

副 主 任: 郑庆华　西安交通大学副校长　长江学者
　　　　　王　泉　西安电子科技大学副校长　长江特聘教授
　　　　　赵显利　北京理工大学原副校长　教授

顾　　问: 张晓林　北京航空航天大学教授
　　　　　傅丰林　西安电子科技大学原副校长　教授
　　　　　胡克旺　北京信息科技大学教授

委　　员: 岳继光　同济大学教授
　　　　　李勇朝　西安电子科技大学教授
　　　　　罗新民　西安交通大学教授
　　　　　徐国治　上海交通大学教授
　　　　　韩　力　北京理工大学教授
　　　　　殷瑞祥　华南理工大学教授
　　　　　孙力娟　南京邮电大学教授

组委会秘书处: 西安交通大学

秘 书 长: 罗新民

副秘书长: 陶　敬　程　勇

秘　　书: 朱震华　夏春琴　陈建飞　黄　健　符　均

全国大学生电子设计竞赛组织委员会

关于组织2022年全国大学生电子设计竞赛——信息科技前沿专题邀请赛(瑞萨杯)的通知

各有关高等学校：

全国大学生电子设计竞赛组织委员会决定，举办2022年全国大学生电子设计竞赛——信息科技前沿专题邀请赛(瑞萨杯)。现通知如下：

一、组织领导

1. 按照《全国大学生电子设计竞赛——信息科技前沿专题邀请赛(瑞萨杯)章程》组织竞赛。

2. 信息科技前沿专题邀请赛组织委员会(以下简称竞赛组委会)负责竞赛的组织领导、协调和宣传工作。竞赛组委会秘书处设在西安交通大学。竞赛组委会委托南京邮电大学承担本届邀请赛的报名、测试及评审等相关工作。

3. 瑞萨公司负责指导赛前培训和竞赛过程中的技术支持。信息科技前沿专题邀请赛专家组负责竞赛作品的评审工作以及与瑞萨公司的技术洽商。

4. 南京邮电大学设专门联络员，负责并完成竞赛组委会委托的各项组织工作。

二、命题与竞赛形式

1. 2022年全国大学生电子设计竞赛——信息科技前沿专题邀请赛(瑞萨杯)主题为“网络化语音图像检测与识别”。

2. 竞赛组委会将向各参赛队提供瑞萨公司研制的开发套件，参赛队必须基于该开发套件自主命题、自主设计，独立完成一个有一定功能的应用系统(竞赛作品)。

3. 本次竞赛采用开放式，不限定竞赛场地，参赛队在规定的时间内完成作品的设计、制作、调试及设计报告。

4. 参赛队所需竞赛设备和元器件等由所在高校自行解决。

三、参赛学校与参赛队

1. 本次邀请赛只限于被邀请高校组织学生参加，参赛高校按竞赛组委会分配的参赛队名额统一报名。

2. 各参赛高校须指派专人负责组织、协调、监督和保证本校参赛活动的顺利进行，按时组织报名、培训，并保持与竞赛组委会秘书处的信息沟通。

3. 参加本次竞赛的学生，在竞赛期间必须是普通高校全日制在校本科学生。评审时，若发现有非本科生参加，则取消评奖资格。

4. 每支参赛队限三人组成，可配备一名指导教师。指导教师主要负责赛前培训的组织、辅导、选题，方案设计与论证，但具体的作品功能及参数确定、硬件制作、软件编程、系统调试和设计报告撰写等必须由参赛学生独立完成。指导教师应保证竞赛组委会提供的瑞萨开发套件及相关软件在竞赛期间只能用于参赛作品的设计、开发，不得挪作他用。

四、竞赛时间安排

1. 竞赛时间：2022年4月30日—7月31日。

2. 受邀学校上报参赛队数截止时间：2022 年 4 月 30 日。

3. 上报参赛选题和学生名单截止时间：2022 年 5 月 30 日。

4. 上报参赛作品设计报告截止时间：2022 年 7 月 31 日。

5. 参赛作品评审时间及地点：2022 年 8 月 25 日—29 日，南京邮电大学。

6. 颁奖大会在评审结束后随即召开，具体事项另行通知。

五、竞赛报名

本次竞赛报名分两个阶段进行。

第一阶段：受邀请的各参赛高校根据组委会分配的名额上报参赛队数和竞赛负责人。受邀学校须于 2022 年 4 月 30 日 17:00 前完成第一阶段报名工作。

报名内容及说明：

(1) 参赛学校竞赛负责人或联系人及联系方式。

(2) 参赛队数。各参赛学校根据组委会下发的受邀队数确定参赛队数，参赛队数不得超过受邀队数。

各参赛学校填写第一阶段报名表，打印签字盖章后将扫描件发送到专题邀请赛报名联络员(联系方式见后)处。

第二阶段：受邀学校上报各参赛队、参赛队员名单及相关信息。参赛学校在 2022 年 5 月 30 日之前完成第二阶段报名。为了保证参赛学生的参与度，2022 年 5 月 30 日后不能更换队员。

六、竞赛培训

为了使参赛学生全面了解瑞萨公司提供的开发板，竞赛组委会将联合瑞萨公司开展线上培训，具体事宜可见全国大学生电子设计竞赛网站(http://nuedc.xjtu.edu.cn/)和信息科技前沿专题邀请赛网站(http://aitic.xjtu.edu.cn/)的相关说明。

1. 线上培训。线上培训不受人数、时间等限制，竞赛组委会邀请广大师生参加(全国所有学校师生都可参加)，以促进大家对信息科技前沿技术的了解和学习。

2. 论坛。提供参赛学生在线交流。

3. 瑞萨开发套件及相关软件发放。瑞萨公司提供的开发板将于 2022 年 4 月 30 日后快递寄出，竞赛以及评审期间不得更换。如果在使用过程中发生自身质量问题，瑞萨公司将负责更换，并报竞赛组委会备案。由于参赛队使用不当而产生问题则不能更换，瑞萨公司将协助维修，维修产生的相关费用须由参赛学校自行承担。

七、中期检查

竞赛组委会将派专家组成员在 2022 年 6 月中上旬进行中期检查和巡视。

八、竞赛评审

1. 为了切实保证评审工作的公平、公正、公开，受邀学校须于 2022 年 5 月 30 日之前将本队参赛选题上报给专题邀请赛报名联络员。竞赛将于 2022 年 7 月 31 日 17:00 准时结束。

2. 专家组制定评审规则并完成参赛队参赛作品的评审。

3. 为便于评审，各参赛队须严格按以下要求准时上报作品报告。参赛队作品报告分四部分：作品简介、中文作品设计报告、英文作品设计报告以及参评作品实物。具体要求如下：

(1) 作品简介。作品简介应使用组委会统一提供的模板(请于全国大学生电子设计竞赛网站【专项竞赛】栏目下载)，并按要求填写。

(2) 作品设计报告(中文)。参赛队都应提供中文作品设计报告，报告正文要求不超过15 000字，用A4纸激光打印(小4号字，单倍行距)，内容应至少包括以下五个部分：

① 参赛作品原创性申明(模板请于全国大学生电子设计竞赛网站【专项竞赛】栏目下载)；

② 中英文对照题目；

③ 系统方案、功能与指标、实现原理、硬件框图、软件流程；

④ 系统测试方案、测试设备、测试数据、结果分析、实现功能、特色；

⑤ 附录，含源代码和程序清单、扩展应用系统电路图、应用资料与参考文献目录。

(3) 作品设计报告(英文)。参赛队还应提供简短的英文版作品设计报告，要求用A4纸激光打印，不超过6页(小4号字，单倍行距)，应至少包括英文题目、摘要、系统原理和实现以及测试结果。

(4) 参评作品实物。必须是以竞赛组委会统一下发的、利用瑞萨公司套件及相关软件开发的、独立完成的作品实物(包括软硬件)。

4. 各参赛队应于2022年7月31日17:00之前(以当地邮戳日期为准)，以特快专递方式将作品简介和中英文设计报告打印版(一式两份)寄往专题邀请赛报名联络员处，并同时提交相关材料电子稿。参评作品由参赛队自行携带参加评审。

5. 专家组定于2022年8月25日至29日在南京邮电大学举行全国评审。

6. 专家组在完成对参赛队参赛作品的评审后，选出本次竞赛的“瑞萨杯”、一等奖、二等奖和三等奖，并将评审结果报全国大学生电子设计竞赛组委会审核批准。

7. 评审要求。每支参赛队评审时间原则上不超过40 min，包括参赛作品介绍(PPT)和现场实物测试及提问。

8. 出于各种原因不能到现场参加评审的参赛队视为退赛，由参赛队所在高校教务处负责将组委会提供的套件和开发软件如数退回竞赛组委会。参赛队员必须全部参加评审，若不能参加，将取消该队员的参赛资格。

9. 评审具体安排届时通知。

九、颁奖

颁奖大会将于全国评审结束后进行，具体安排届时通知。

十、优秀作品选编出版

《全国大学生电子设计竞赛信息科技前沿专题邀请赛获奖作品选编》由竞赛组委会负责。

十一、防疫

竞赛组委会、各有关高等学校和参赛学生均须遵守国家、地方及各自学校对疫情防控的相关要求。竞赛组委会将视疫情防控需要适时进行竞赛工作调整。

十二、其他

其他相关规定请参阅《全国大学生电子设计竞赛——信息科技前沿专题邀请赛章程》。

十三、联系方式

1. 竞赛组委会秘书处联系地址：陕西省西安市碑林区咸宁西路28号西安交通大学电

子与信息学部，邮编：710049

联系人：符均　电话：18992858095

邮箱：ts4@mail.xjtu.edu.cn

2. 专题邀请赛报名及上报参赛作品地址：南京市仙林大学城文苑路9号，邮编：210023

专题邀请赛报名联络员：夏春琴　电话：15380799463

邮箱：xiacq@njupt.edu.cn

全国大学生电子设计竞赛组织委员会

2022年3月19日

信息科技前沿专题邀请赛专家组名单(2022年)

序号	姓　名	性别	职称/职位	工作单位
1	管晓宏	男	中国科学院院士	西安交通大学
2	岳继光	男	教授	同济大学
3	李玉柏	男	教授	电子科技大学
4	李勇朝	男	教授	西安电子科技大学
5	王兴伟	男	教授	东北大学
6	薛　质	男	教授	上海交通大学
7	陈　南	男	教授	西安电子科技大学
8	殷瑞祥	男	教授	华南理工大学
9	胡仁杰	男	教授	东南大学
10	韩　力	男	教授	北京理工大学
11	王志军	男	教授	北京大学
12	张兴军	男	教授	西安交通大学
13	于　涛	男	总监	瑞萨电子
14	王均峰	男	总监	瑞萨电子

2022年全国大学生电子设计竞赛信息科技前沿专题邀请赛获奖名单

序号	奖别	学校名称	参赛学生	指导教师
1	一等奖(瑞萨杯)	厦门大学	林朴坚、黄添豪、廖元熙	林和志
2	一等奖	杭州电子科技大学	林钰哲、张成涵宇、谭程珂	董哲康
3	一等奖	南京邮电大学	朱淳溪、代军、冯骥川	肖　建
4	一等奖	青岛大学	姜荣昇、张广源、孙海华	于瑞涛
5	一等奖	西安交通大学	关舟、张梓健、王虹极	张　育
6	二等奖	北京邮电大学	何公甫、赵文祺、黄振峰	孙文生
7	二等奖	东北大学	关贝贝、杨泽旭、徐彰	王明全
8	二等奖	哈尔滨工业大学	刘明帆、张真源、王玙	吴龙文
9	二等奖	杭州电子科技大学	李宛欣、鲁汉宁	郭春生
10	二等奖	华东师范大学	王玮烽、李德渊、王慧玲	刘一清
11	二等奖	南京邮电大学	叶青云、沈俊杰、王哲	肖　建
12	二等奖	西安电子科技大学	兰清宇、郑桂勇、程允杰	易运晖
13	二等奖	西安交通大学	王迪、尚锦奥、蒋天舒	张育林
14	二等奖	西南交通大学	陆冠聪、鲁学正、荆浩宇	徐　图
15	二等奖	长沙理工大学	李贴、李湘勇、颜峥	唐立军
16	二等奖	中国地质大学(武汉)	张龙博、张皓彦、石奇峰	刘振焘
17	三等奖	北京信息科技大学	吴晓峰、龙诗铭、张树波	王　扬
18	三等奖	电子科技大学	江昊林、郭妍琦、胡诗婷	吴　佳
19	三等奖	桂林电子科技大学	张韫晧、尤志伟、彭山鑫	刘　涛
20	三等奖	国防科技大学	谢梦凯、何子逸、宗睿	鲁兴举
21	三等奖	华中科技大学	范佳铭、苏凯旋、杨浩波	肖　看
22	三等奖	山东大学	鲁勋、刘文康、刘晨鸣	荣海林
23	三等奖	上海理工大学	葛弘毅、陆子康、简畅	佟国香
24	三等奖	四川大学	万恒、邱建龙、何雨	孟庆党
25	三等奖	四川大学	陈铁元、董千韵、王安琪	孟庆党
26	三等奖	天津大学	张方璞、王志飞、王谷川	陈　曦
27	三等奖	武汉大学	陈志豪、谢峥、李华峰	王　波
28	三等奖	西安电子科技大学	王宠、郑杰文、李敬城	王新怀

续表

序号	奖别	学校名称	参赛学生	指导教师
29	三等奖	西安理工大学	刘航宇、邵睿航、王雨	邢毓华
30	三等奖	西安邮电大学	彭子懿、孙乐馨、相弛	葛海波
31	三等奖	西安邮电大学	雷惟戈、张亚婷、王一木	葛海波
32	三等奖	新疆大学	陈涛、杨步凡、李腾霄	周　刚
33	三等奖	中国海洋大学	张凯、张成盛、任烁颖	程　凯
34	三等奖	中国海洋大学	陈琦恺、苏普军、王善淇	程　凯
35	三等奖	中山大学	黄卓瀚、李松儒、蒋智富	胡　俊
36	三等奖	重庆邮电大学	熊超、岳奕松、周贤超	应　俊
37	三等奖	重庆邮电大学	李张越、罗俊伟、张信	石　鑫

目　　录

慧眼识珠——基于瑞萨 RZ/G2L 的现制烘焙简餐柜

作者：林朴坚　黄添豪　廖元熙　（厦门大学）

作品演示

摘　　要

近年来我国居民消费能力不断提升，在消费升级的驱动下，食品健康和口感成为消费者关心的主要因素，现制烘焙面包成为越来越多消费者的首选。据欧睿信息咨询公司统计，2020 年现制烘焙产品占烘焙行业规模的 72%，2015—2020 年年复合增速为 9.9%。据艾媒咨询统计，2019 年中国烘焙门店数达 47.9 万家，与 2017 年相比增长 19.8%。然而，当下现制烘焙面包店存在诸多不足。首先，大多门店面积较大，坪效较低，而结账慢、排队长又是小门店常常发生的问题。其次，传统的人工结账会带来病毒传播的风险，疫情常态化加速了无人零售商业化落地步伐，而现有面包房大多仍为人工结算。最后，市场上的无人售卖设备价格高(5000～10 000 元/台)，对于利润规模较小的面包店而言较昂贵。

基于上述行业问题，本作品推出慧眼识珠——基于瑞萨 RZ/G2L 的现制烘焙简餐柜。该智能简餐柜采用经过优化的 YOLOv5 目标检测算法，并将其部署在瑞萨嵌入式芯片 RZ/G2L 上，充分利用 RZ/G2L 的算力资源，同时结合轻量级人脸识别算法搭建了简餐自助结算系统；以自助结算系统为核心，结合摄像头、传感器、基于 Qt 人机交互界面的自助终端和服务器，实现方便快捷的“登录、取物、支付”三步自动结算。该设备能够极大提高门店的结账效率和空间利用率，同时能够收集顾客消费行为数据，为面包店的生产经营提供决策支持；对于消费者而言，其又可在保证无接触结账的同时提高购买效率，优化购买体验。

关键词： 视觉识别；智能零售

Wise Eyes—Smart Bread Cabinet Based on Renesas RZ/G2L

Author： LIN Pujian，HUANG Tianhao，LIAO Yuanxi (Xiamen University)

Abstract

With the continuous improvement of consumption power of Chinese residents in recent years, food health and taste have become the main concerning factors of consumers, driven by consumption upgrading, and the baked bread has become main choice for more and more consumers. In 2020, ready-made bakery products accounted for 72% of the scale of the bakery industry according to Euromonitor. From 2015 to 2020, the compound growth rate is 9.9%. The number of bakery stores in China reached 479,000 in 2019, up 19.8% from 2017 based on iiMedia Research. However, there are several shortcomings in the current baked goods bakeries. First, most stores occupy large area while work at low floor efficiency. Slow checkout and long queues are common problems in small stores. Secondly, traditional manual account settlement brings the risk of virus transmission, and the normalization of the COVID-19 has accelerated the pace of unmanned retail commercialization, while most existing bakeries are still manual settlement. Finally, the price of unmanned selling equipment in the market is high (5000～10,000 Yuan per set), which is expensive for bakeries with small profit scale.

Based on the above industrial challenges, this work introduces a Wise Eyes—Smart Bread Cabinet Based on Renesas RZ/G2L. The intelligent cabinet adopts the optimized YOLOv5 target detection algorithm and is deployed on Renesas embedded chip RZ/G2L, making full use of the computing power resources of RZ/G2L, and is combined with lightweight face recognition algorithm to build a simple meal self-settlement system. With the self-service settlement system as the core, combined with the camera, sensor, self-service terminal and server based on Qt human-computer interaction interface, the automatic settlement of three steps "log-in, fetch, payment" is realized conveniently and quickly. The device can greatly improve the checkout efficiency and space utilization of the store, and can collect the data of customers' consumption behavior to provide decision support for the production and operation of the bakery. For consumers, it can improve the purchase efficiency and optimize the purchase experience while ensuring contactless checkout and eliminating the risk of epidemic.

Keywords: Visual Identity; Smart Retail

1. 作品概述

1.1 背景分析

2021 年烘焙赛道热度不减，据欧睿信息咨询公司统计，2020 年烘焙终端市场规模达 2358 亿元，2015—2020 年年复合增速为 9%。其中，现制烘焙产品增速更快，占比更高，2020 年现制烘焙产品占烘焙行业规模的 72%，2015—2020 年年复合增速为 9.9%。现制烘焙产品指的是当天生产当天卖，保质期在 3～7 天的短保质期面包(下文简称短保面包)。目前，现制烘焙产品市场主要发展情况表现为：

(1) 在消费者需求端，早餐便捷化、西式化为短保面包提供了更广阔的消费场景。据英敏特统计，中国消费者对西式早餐适应性高，五成都市消费者认为西式早餐在便利性上有优势。

(2) 居民消费能力提升，对健康、口感要求更高，这是短保面包需求不断提升的底层逻辑。新鲜、健康、好口感的属性使短保面包的占比提升成为必然趋势。

(3) 门店运营成本有望随着效率的提升不断下降。店铺面积有限，压缩面积有利于降低门店成本。然而，门店小、店员数量过于精简而导致的结账慢、排队长是当下门店运营面临的问题。

(4) 传统的人工结账有带来病毒传播的风险。环境要求无人购物模式快速融入现代生活。

(5) 无人售卖设备市场价格高，尚未打开面包零售的 ToB(To Business，面向企业)市场。烘焙店行业分散，单店利润规模较小，市面上昂贵的无人售卖系统(5000～10 000 元/台)对于大部分面包店成本较高。

1.2　相关工作

在新零售不断迅速发展，自助结算取代人工结算的趋势愈演愈烈的背景下，本作品面向现制烘焙产品市场提出了基于瑞萨 RZ/G2L 芯片的无人自动结算系统，以满足当前市场的需求。本系统主要实现方便快捷的“扫脸开门，关门支付”的自动结算方式，采用 YOLOv5 模型实现快速目标检测算法，对商品的种类和数量进行实时识别统计，在用户自取商品后，快速为用户呈现消费情况和消费金额；采用基于人脸检测及轻量级人脸识别算法的刷脸支付方法，或基于二维码识别的移动支付，进行自助结算。此外，系统还实现了基于 Qt 的收银终端，提供人性化的语音提示和友好的交互界面；实现了基于 Linux 的服务器，高效部署销售信息数据库。作品实物如图 1 所示。

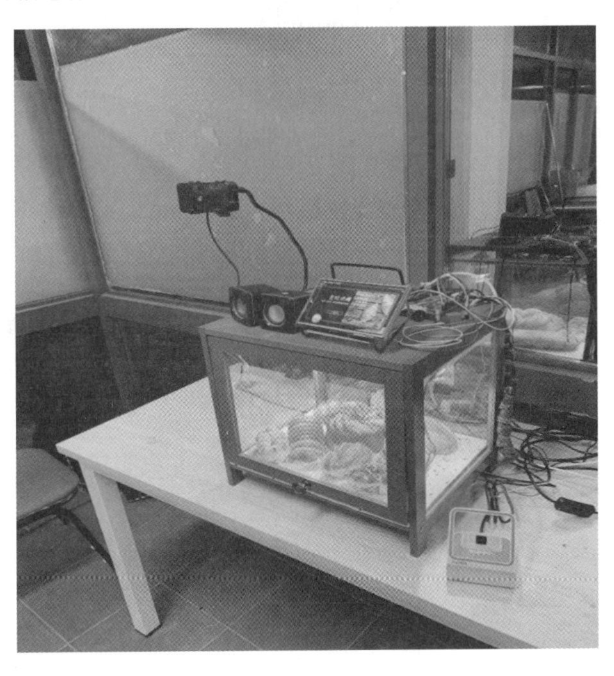

图 1　作品实物图

1.3 前景分析

在门店维度，现制烘焙简餐柜可以代替人力，从而降低门店人力成本，提升服务效率。现制烘焙简餐柜在分流顾客、减少排队时长，提升顾客消费体验上起到重要作用。在零售点维度，现制烘焙简餐柜可以灵活地设置在不同场景中，从而拓展更多的零售点，增加收入来源。同时，现制烘焙简餐柜可以作为线下面包自提柜，通过线上营销、线上购买或预订(预约)带动线下经营和线下消费，促进面包行业O2O(Online to Offline)模式的发展。

2. 作品设计与实现

2.1 系统概述

现制烘焙简餐柜由RZ/G2L板自助收银终端、智能简餐柜和Linux服务器三个部分组成，实现方便快捷的“扫脸开门，关门支付”自动结算方式。

系统以瑞萨RZ/G2L为核心，充分利用主芯片上的算力，实现对简餐柜中商品的统计和人脸的识别。系统通过USB摄像头采集图片，对简餐柜中的商品进行目标检测，实现对顾客所选商品的种类及数量识别，进行统计计价；支付可按需选择刷脸支付或其他移动支付，刷脸支付需要通过人脸识别实现。对于会员使用的扫脸支付，外部连接的USB摄像头获取图片并进行人脸检测，在检测到人脸时上传至服务器，服务器在会员数据库比对后将结果返回到自助收银终端。系统总体架构如图2所示。

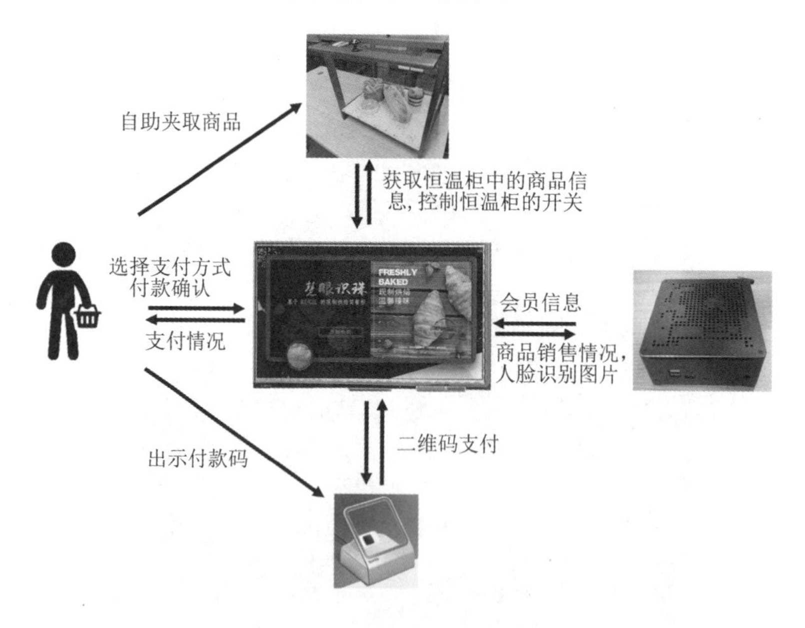

图2 系统总体架构图

2.2　系统硬件结构

现制烘焙简餐柜围绕瑞萨 RZ/G2L 开发板，扩展了必要的硬件，如图 3 所示。

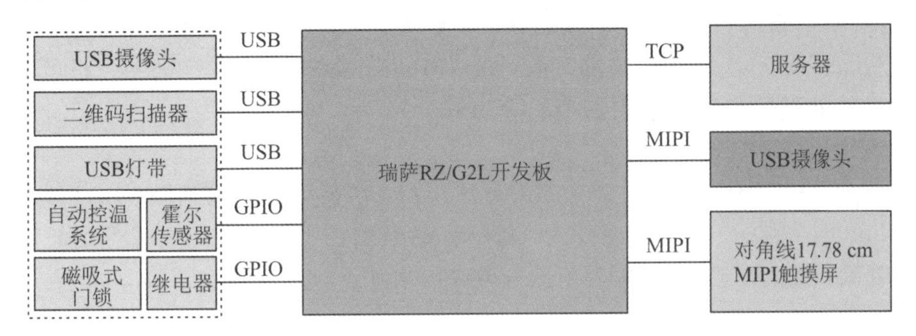

图 3　自助收银终端及智能简餐柜的硬件组成

智能简餐柜的摄像头通过 USB 接口与开发板进行连接，实现 UVC 协议对面包图像和人脸图像进行采集；通过 USB 接口连接二维码识别器，通过配置内核和重新编译内核实现 HIDRAW 协议对识别结果进行读取；通过网线连接服务器并进行结算结果上传和用户信息交互。

2.3　软硬件实现方案

2.3.1　智能简餐柜设计

智能简餐柜的功能是存储现制烘焙的面包。智能简餐柜顶部装有 USB 摄像头，采用霍尔传感器检查顾客的餐盘是否放置在餐台上，同时还配置了自动控温系统，使智能简餐柜处于保温的状态。

2.3.2　自助收银终端设计

自助收银终端设计包括简餐识别模块、人脸预览并抓拍模块及自助结算系统交互界面。

1）简餐识别模块

简餐识别模块采用 YOLOv5 实现快速目标检测算法，并将其部署在瑞萨 RZ/G2L 上，充分利用 RZ/G2L 的算力资源，对现制烘焙面包的种类和数量进行识别统计，快速呈现用户消费情况和消费金额。我们采集了 1000 多条数据，识别准确率达 98.7%。图 4 为 YOLOv5 部署在 RZ/G2L 开发板端的示例程序。

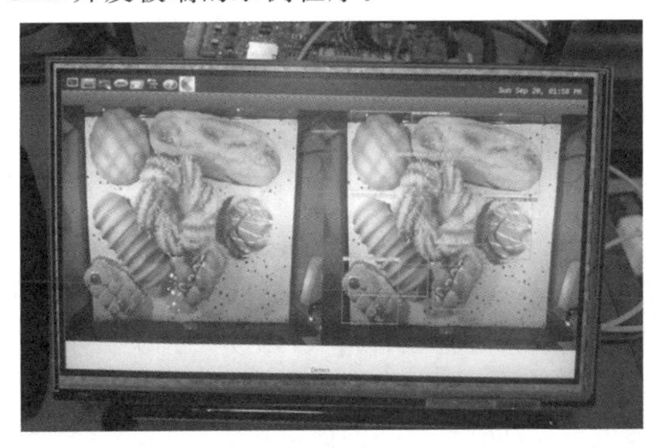

图 4　YOLOv5 的示例程序图

简餐识别模块的实现包括目标图像的获取、图像的预处理、对图像中面包种类的识别及不同面包数量的统计。本作品使用USB摄像头作为图像输入，采用YOLOv5算法训练模型，实现快速准确的目标识别。

在检测识别目标面包之前先采集足够的面包数据，有限次地迭代模型参数，从而训练好模型。然后配置YOLOv5的软件参数，在短时间内对多张图片进行推理，将多张图片的推理结果进行处理后，识别结果返回给Qt界面。

简餐识别模块算法原理如下：

项目采用YOLOv5s作为目标检测的算法模型，该模型分为输入端、Backbone、Neck和Prediction四个部分。图5是使用YOLOv5的模型在PC端进行训练得到的训练结果图，可以看到，模型在迭代40次后依然有较高的精度。

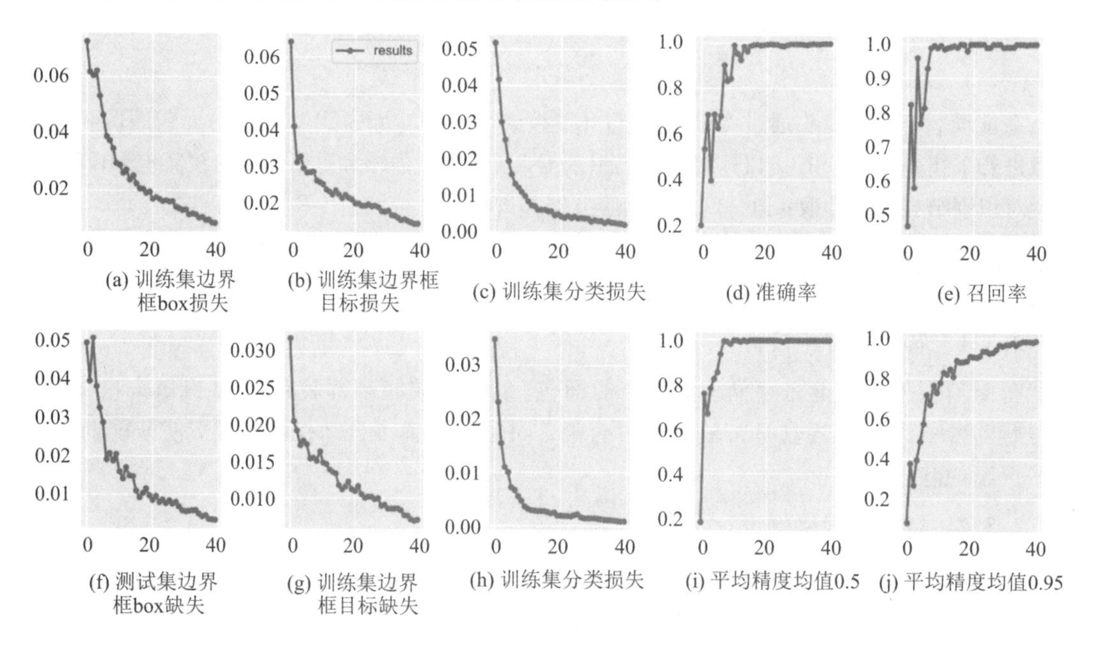

(a) 训练集边界框box损失　(b) 训练集边界框目标损失　(c) 训练集分类损失　(d) 准确率　(e) 召回率

(f) 测试集边界框box缺失　(g) 训练集边界框目标缺失　(h) 训练集分类损失　(i) 平均精度均值0.5　(j) 平均精度均值0.95

图5　目标识别训练结果图

因为智能简餐柜在实际使用时会采用多点位分布式投放，所以每一个智能简餐柜都需要进行柜内货物的识别。如果将识别网络部署在服务器端，则需要占用较多的算力，在不同智能简餐柜内，商品不同时，还需要在服务器上运行不同的模型。鉴于以上因素，我们将识别网络部署在嵌入式板端。

嵌入式板端暂时没有额外的硬件加速模块，为了能够在板端运行视觉识别网络，我们使用cmake结合官方提供的交叉编译工具链，将能进行图像处理的开源框架OpenCV（4.5.5以上版本）源码编译为支持在RZ/G2L上使用的动态链接库，并将编译所需要的指令与qmake编写在一起，从而保证在Qt的源代码中可以直接调用OpenCV库中的API。

OpenCV库移植完成后进入模型的部署环节，我们采用其中的DNN模块进行神经网络部署。首先在服务器上使用torch框架进行YOLOv5图像识别神经网络的训练，随后将训练后的最优模型转换为ONNX格式。在Qt中调用OpenCV中的DNN模块，在嵌入式板端加载ONNX格式的模型，对填充后的图像进行推理和结果的获取。

2) 人脸预览并抓拍模块

人脸的预览并抓拍模块采用 USB 接口的摄像头作为图像采集设备，通过 V4L 库获取图片数据，通过 Qt 的 connect，配合定时器的监听，在 QLabel 上显示并更新。

3)自助结算系统交互界面功能

自助结算系统交互主要是基于 RZ/G2L 开发板及 Qt 开源工程的 UI 交互界面，是联系顾客、摄像头模块、简餐识别模块及 Linux 服务器的重要信息枢纽，主要功能如下：

(1) 顾客购买功能。顾客通过扫脸识别进行登录，登录后可以打开柜门。在打开柜门前，摄像头会先抓拍一张照片，通过 YOLOv5 识别当前面包的种类及数量。打开柜门后，顾客根据需要挑选商品；关闭柜门后，YOLOv5 识别当前柜内面包的种类及数量，对比得出顾客取出的货品。顾客确认订单后可选择使用账户付款或者二维码扫描支付。

(2) 会员注册功能。当人脸识别模块检测到人脸但通过识别未查询到相应的会员信息时，系统提示会员注册，跳转到会员注册界面，输入姓名和学号即可完成注册。

(3) 智能语音提示。通过 Qt 程序播放储存在 RZ/G2L 开发板的语音提示信息。

(4) 智能传感系统优化用户体验。自助终端处理除采用 USB 接口与 USB 摄像头进行连接以外，还通过 GPIO 和智能简餐柜上的智能系统进行连接。在嵌入式板端，启用两个 I/O 端口与传感器进行连接，通过数字 I/O 端口用 PWM 的方式控制装饰灯，结合磁吸式门锁控制门的开闭，并使用霍尔电磁检测传感器检测。当检测到门锁关闭时，自动触发，开始检测剩余的面包的种类及数量。

如遇异常情况，处理如下：

(1) 在结算界面不进行任何操作。当关闭柜门后未进行任何操作时，若停在账单界面，10 s 后将自动根据当前用户余额状况进行支付，或者进入充值界面。进入充值界面 20 s 未进行任何操作后，会将当前信息上传到服务器，完成本次结算。

(2) 点击开柜后超时未开启柜门。当用户登录后未进行开柜操作，在等待 10 s 会自动完成本次支付，不进行任何扣款操作。

(3) 前次订单未完成支付。当前次订单未成功支付时，会员余额为负数(若是余额足以支付，即使不进行任何操作也可以正常支付)。则点击开柜时，会自动跳转到充值界面，先支付上一次的订单。

(4) 申请人工复核。当用户对检测结果不满意时，可以在账单界面进行结果申诉，自动结算系统会将开柜前后的两次拍摄图片发送至嵌入式板端，进行人工复核。

2.3.3 Linux 服务器设计

本作品采用 Linux 系统部署的服务器，将用户注册、用户识别和支付购买模块部署在服务器上，各个模块之间相互联系，实现了面包自助售卖的基本操作。用户识别中采用内置的嵌入式关系型数据库 MySQL 来存储数据，服务器与客户端通过 TCP 协议进行连接，较好地完成了通信。

对于嵌入式板端发送的请求，服务器将收到的人脸照片与数据库的照片进行比对，判断是否为会员，数据库存储会员信息、消费记录、余额以及由累计消费金额计算得出的会员折扣等信息。

会员信息数据库和消费信息数据库见图 6 和图 7。

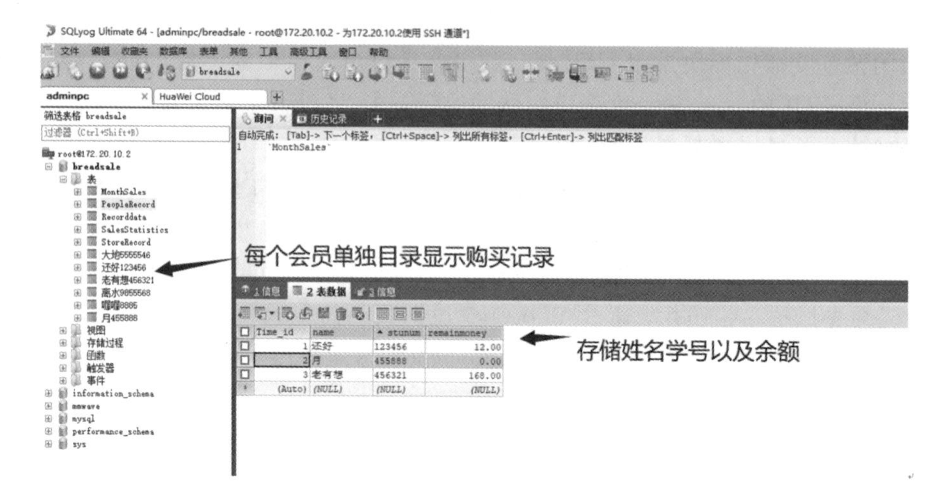

图 6 会员信息数据库

Time_id	name	stunum	Time	transaction	salesnum	paytype
1	冷图	795631	2022-08-24 23:12:54	-6.00	0	充值二维码支付
2	冷图	795631	2022-08-24 23:24:01	6.00	0	充值二维码支付
3	冷图	795631	2022-08-24 23:24:42	0.00	0	充值二维码支付
4	冷图	795631	2022-08-24 23:24:43	0.00	0	充值二维码支付
5	冷图	795631	2022-08-24 23:25:54	-9.00	0	充值二维码支付
6	冷图	795631	2022-08-24 23:25:54	-9.00	0	充值二维码支付
7	冷图	795631	2022-08-24 23:29:45	18.00	0	充值二维码支付
8	月	455888	2022-08-24 23:32:02	14.00	0	充值二维码支付
9	和她	123456	2022-08-24 23:33:48	14.00	0	充值二维码支付
10	月	455888	2022-08-24 23:41:35	-10.00	2	消费人脸支付
11	和她	123456	2022-08-24 23:44:35	0.00	0	消费人脸支付
12	和她	123456	2022-08-24 23:45:41	-17.00	3	消费人脸支付

图 7 消费信息数据库

2.4 软件流程

(1) 用户通过人脸识别进行登录，瑞萨板自助收银终端通过 USB 摄像头获取用户人脸信息。检测到人脸时，上传人脸照片到服务器与会员信息数据库进行比对，检测到会员信息后返回会员数据，确认后智能简餐柜自动开锁。

(2) 未检测到会员信息时，提示注册会员，注册完成后，重新识别进行登录。在开锁前，瑞萨 RZ/G2L 通过顶端的 USB 摄像头获取智能简餐柜中的商品信息。

(3) 用户打开柜门，自助从智能简餐柜中夹取所需商品，随后关闭智能简餐柜。

(4) 检测到用户关门后，瑞萨 RZ/G2L 通过顶端的 USB 摄像头获取取物后简餐柜中的商品信息，对比前后信息，统计用户所选商品的数量及价格，由用户确认识别的结果后进入结算页面。

(5) 结算时首先判断用户余额是否充足，若余额充足则直接支付。当用户余额不足时可以选择二维码支付，或者先充值再支付。二维码扫描器获取顾客移动支付端付款码图片，处理识别二维码后返回支付结果，自助结算完成。若用户未缴费，超时将自动扣款，下次交易开柜门前将欠款缴清才能打开柜门。

(6) 将结果上报到服务器端进行售货统计以及销售结算并返回首页。

软件流程图见图 8。

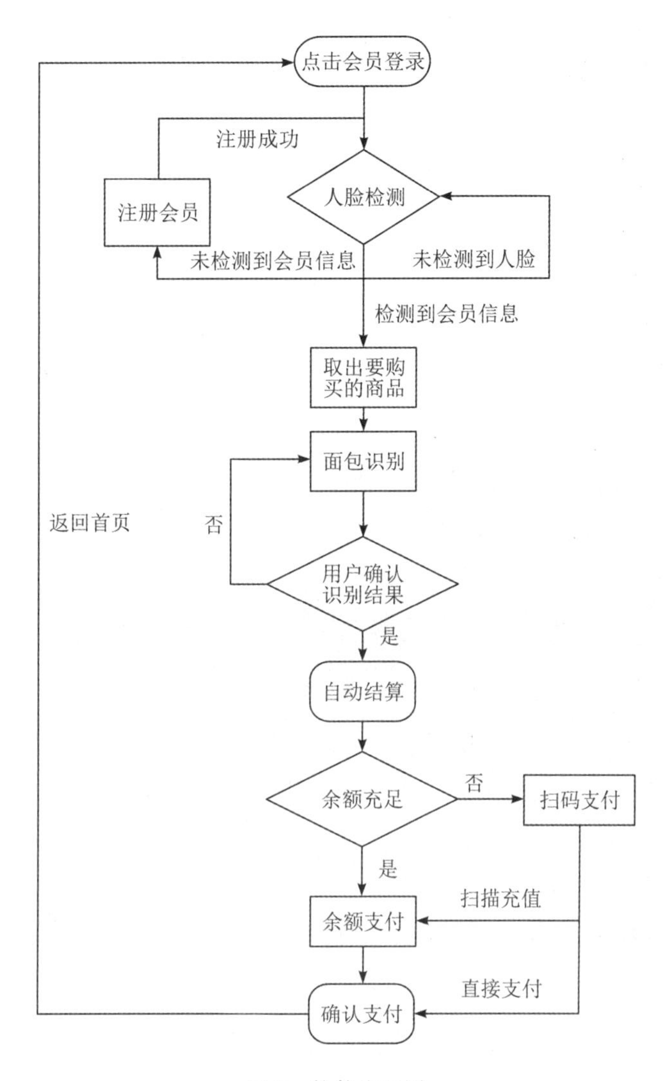

图 8　软件流程图

2.5　系统配置及性能指标

系统配置及性能指标如下：

CPU：瑞萨 RZ/G2L；ARM：x2 CORTEX-A55/x1，CORTEX-M33，主频 1.2 GHz。

内存：4 GB×16 bit。

存储器：32 GB eMMC。

系统：Linux 4.9.37。

通信接口：WiFi/以太网。

目标识别：YOLOv5。

支付方式：刷脸/二维码支付。

图像采集：USB 摄像头。

语音提示：WAV。

界面设计：Qt。

3. 作品测试与分析

3.1 识别算法测试

本作品的测试环境为室内，测试的设备为自主设计的现制烘焙简餐柜。

首先是模型测试，考虑到实际应用场景，智能简餐柜中的商品可能由于夹取不当发生交叠或者翻转，因此在训练集中加入了许多交叠和随意摆放的产品数据。在实际测试过程中可以看到，即使是不同商品交叠在一起，模型也可以很好地将其区分出来。部分实际识别结果如图 9 所示。

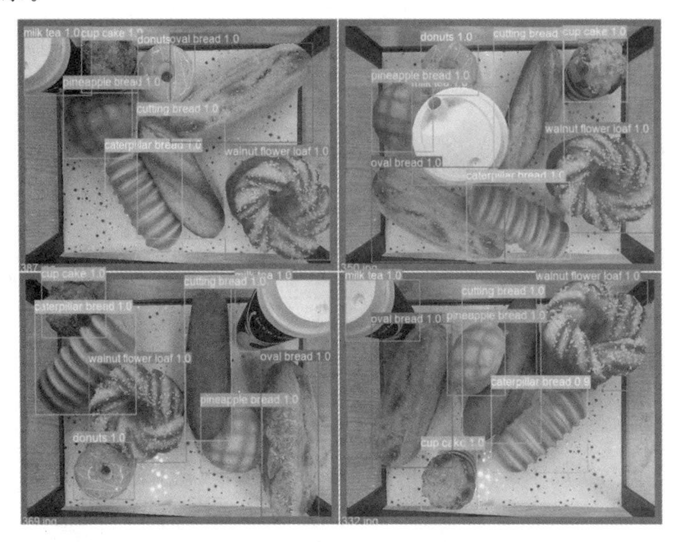

图 9　部分实际识别结果图

其次是整个售卖流程的测试，用户先来到智能简餐柜前，通过前置摄像头来登录或者注册，从而打开智能简餐柜，夹取所需要的商品，见图 10。

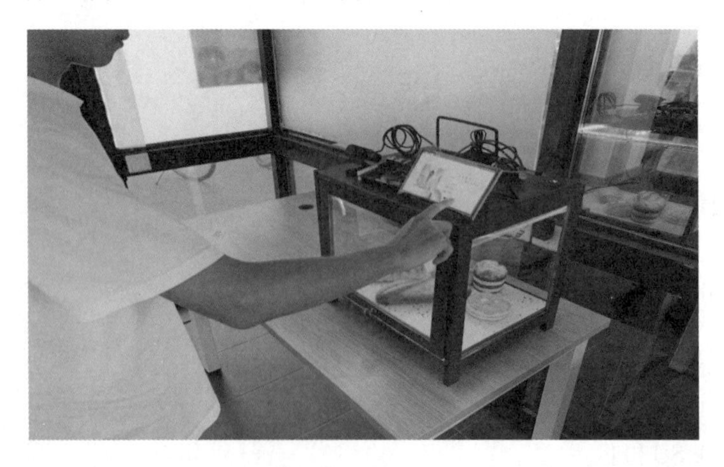

图 10　用户扫脸打开恒温售货柜

在用户开柜取商品以前，RZ/G2L 开发板通过智能简餐柜顶部的摄像头获取里面的商品信息，并进行统计，为后续的扣费做准备。图 11 为测试时拍摄到智能简餐柜内部的情况，可以在服务器上查看每一次消费的情况和信息。可以看到检测网络能够很好地对商品进行识别并框选。

(a) 第一次识别　　(b) 第二次识别

图 11　单次识别结果

进行两次网络推理识别，通过判断前后两张图片识别结果，判断被取出的物品进而确定顾客所选商品，并进行后续结算。

在开柜夹取商品后，用户通过友好的 Qt 交互界面确认识别的结果并付费。付费确认界面见图 12。

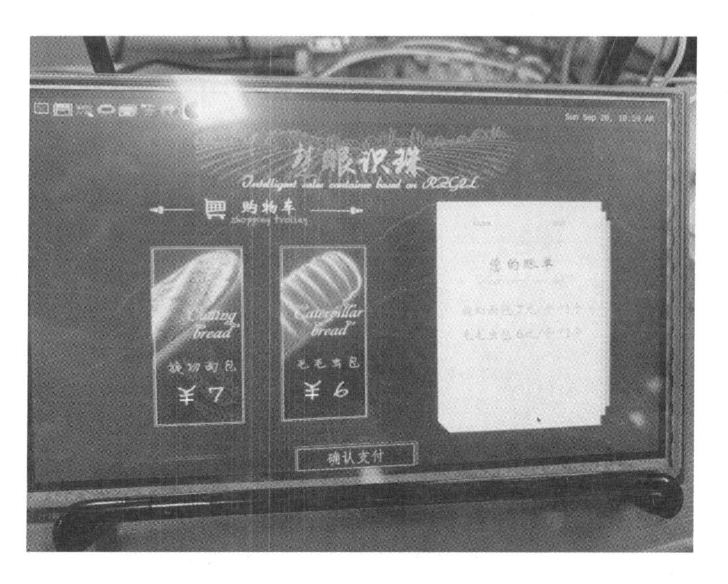

图 12　付费确认界面

用户消费结束后的所有信息将上传至服务器端，进行消费信息的统计，方便商家对商品的销量进行统计，并保留相应的消费记录和会员信息。

3.2　人机交互效果展示

自助终端是基于 RZ/G2L 的 SDK 开发以及 Qt 开源工程的 UI 交互界面，主要包含五个主要的界面，即待机界面、会员界面、开柜界面、购物车界面和支付界面(包含充值和扫码支付)。

(1) 待机界面。在无人使用时，系统保持待机界面，界面会自动切换至广告页面，可起到一定的宣传作用。此时用户可单击“开始检测”按钮以开始人脸识别登录，见图 13。

图 13　待机界面

(2) 会员界面。单击“开始检测”按钮后，使用扫脸支付进行人脸识别登录。将登录信息传递到服务器端进行数据比对，检测到会员信息后开锁，未检测到会员信息则进行注册以登录。会员界面见图 14。

图 14　会员界面

(3) 开柜界面。开柜分为两个步骤。首先由 RZ/G2L 控制磁吸式锁开锁，并且拍摄照片进行目标识别，确定开柜前面包的种类和数量。然后，用户开柜挑选物品，用户关闭柜门后关锁，并再次进行目标检测，两次对比得出用户挑选的商品。开柜界面见图 15。

图 15　开柜界面

(4) 购物车界面。购物车界面左边是可以水平滑动的所购面包标签，右边是文字账单，简洁清晰地标明了所选购的货物，顾客确认账单无误后，可以单击“确认支付”按钮以支付。购物车界面见图 16。

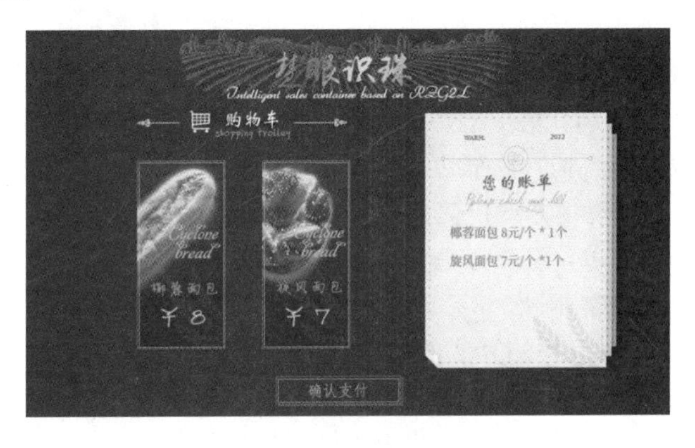

图 16　购物车界面

(5) 支付界面。当余额足够支付时，将从余额里扣款支付。当用户余额不足时，可以选择二维码支付，或者先充值再支付。若用户未缴费，超时将自动扣款，在下次交易开柜门前将欠款缴清才能打开柜门。充值界面和支付完成界面见图 17 和图 18。

图 17　充值界面

图 18　支付完成界面

4. 创新性说明

本作品创新地引入人工智能，结合边缘计算和大数据的设计理念，设计了基于瑞萨 RZ/G2L 开发板的现制烘焙简餐柜。将 YOLOv5 快速目标检测算法部署在板端，实现了餐柜内的烘焙制品的边缘识别，基于 Qt 设计了友好的交互界面，综合多种技术实现了运行稳定、使用便捷的智能简餐柜。本作品的主要创新性如下：

（1）智能新零售，实现了方便快捷的“登录、取物、支付”三步自动结算。

（2）界面设计操作简单，充分考虑异常使用情况，可靠性强，同时提供人性化的语音提示，给顾客更温馨的购物体验。

（3）基于 YOLOv5 目标检测算法的面包识别速度快、准确度高。

（4）先登录后取物的购买逻辑，有利于争取长期顾客。

（5）实现了基于 Linux 的服务器，建立了销售信息和会员数据库，并且基于 TCP 协议实现 RZ/G2L 自助收银终端与后方数据库之间的可靠数据传输。

5. 总结

当前国内很多面包店、烘焙店还在采取结算通道人工收银方式，随着人工成本的不断上涨，利润率不断下降。基于机器视觉的面包贩卖自动结算系统的应用，从自助结算代替人工结算，可以很好地解决这些问题。传统的条形码识别或 RFID 识别的自助结算机，不适用面包这种非标签、种类有限的商品；基于图像识别能够做到面包自助结算，从而节省人力，提高结账的效率。

基于瑞萨 RZ/G2L 的现制烘焙简餐柜能够实现方便快捷的“登录、取物、支付”三步自动结算，完成注册用户、面包识别、形成订单、人脸付款等操作，形成较为流畅的一系列的购买流程，速度较快，并提供人性化的语音提示。本作品简化了结算流程，为顾客带来了全新的消费体验，同时降低了商家的人工运营成本，提高了收银计价的准确性，一定程度上摆脱了经营决策缺乏数据的窘境，在降低客户投诉率等方面也起到了积极作用。

参考文献

[1] JOSEPH R, ALI F. YOLOv3: An incremental improvement[J/OL]. Computer Vision and Pattern Recognition, (2018-04-08)[2022-07-10].

[2] ALEXEY B, CHIEN Y W, LIAO H Y. YOLOv4: optimal speed and accuracy of object detection[J/OL]. Computer Vision and Pattern Recognition, (2020-04-23)[2022-07-10].

[3] TAN M X, PANG R M, QUOC V Le. EfficientDet: scalable and efficient object detection[J/OL]. Computer Vision and Pattern Recognition, (2020-07-27)[2022-07-10].

[4] NAVANEETH B, BHARAT S, RAMA C, et al. Soft-NMS improving object detection with one line of code[C]. IEEE International Conference on Computer Vision, 5561-5569, 2017.

RZ/G2L 是瑞萨在智能工控领域的一款高性能、超高效处理器。该作品在实验板上部署了优化的 YOLOv5 目标检测算法和轻量级人脸识别算法，充分发挥了 RZ/G2L 处理器的算力和资源，实现了基于 RZ/G2L 的现制烘焙简餐柜。系统创意新颖，设计严谨，程序合理。在测试中，系统功能正常，运行流畅。

作品2 基于目标识别的智能出餐系统

作者： 林钰哲　张成涵宇　谭程珂　（杭州电子科技大学）

作品演示

文中彩图

作品代码

摘　要

近年来，人工智能技术的不断创新使其在各领域都有着广阔的应用前景。在餐饮领域，依靠人工进行的出餐服务不仅增加了劳动成本，在新冠疫情环境下还存在一定的卫生安全隐患。基于此，建立一套完整的基于人工智能的出餐系统来代替人工进行出餐服务成为一种创新性的发展需求。本作品设计了一种基于目标识别的智能出餐系统，依据中餐菜品识别对时效性的应用需求，提出了基于 YOLOv5 的菜品识别网络(平均识别率达到99%)，将其移植进瑞萨 RZ/G2L 开发板中，通过 GPIO 口按照自定义通信协议将数据传输至基于机械臂的从控系统内，实现流畅完整的出餐流程。同时，为提升用户体验，增强人机交互能力，设计了前后端 UI 界面，便于餐厅管理人员和用户的实际使用。

本作品主要完成的工作为：① 通过实际拍摄餐厅菜品自行创建了一个新型的中餐菜品数据集；② 提出了一种基于改进 YOLOv5 的中餐菜品识别算法，通过增加小目标检测层，将浅特征图与深特征图进行拼接，提高特征提取能力，同时，采用模型轻量化技术，在保证较高识别精度的前提下提高识别速率；③ 设计基于瑞萨开发板的主控系统，利用 Qt 软件将改进的 YOLOv5 模型移植进开发板中实现硬件加速；④ 自主设计基于机械臂的从控系统，根据订单需求完成上位控制机械臂的打菜行为；⑤ 基于 Vue 与 Spring Boot 设计前后端分离系统并将其部署在云端服务器中，增强系统交互，便于餐厅的服务与管理。本作品积极探索未来服务行业的新兴技术，为提升用户体验、促进未来城市实现“智慧赋能”提供新思路。

关键词： 人工智能；模型移植；机械臂；前后端分离

An Intelligent Meal Delivery System Using Target Recognition Technology

Author: LIN Yuzhe, ZHANGCHENG Hanyu, TAN Chengke (Hangzhou Dianzi University)

Abstract

In recent years, the continuous innovation of Artificial Intelligence (AI) technology boasts broad application prospects in various fields. In the field of catering, relying on manual meal service not only increases labor costs, but also leads to health and safety hazards during the COVID-19 period. Establishing a complete set of Artificial Intelligence meal delivery system to replace manual delivery service is urgent and necessary. In this work, an intelligent meal delivery system using target recognition technology is designed. According to the timeliness application requirements in Chinese food recognition, a food recognition network (its average recognition rate reaching 99%) based on YOLOv5 is proposed and further transplanted into Renesas RZ/G2L. Data is transmitted to the slave control system based on the robotic arm through the GPIO port according to the custom communication protocol, and a smooth and complete meal process can be achieved. At the same time, in order to improve the user experience and enhance the human-computer interaction ability, the front-end and back-end UI interfaces are designed to facilitate the practical use of restaurant managers and users.

Efforts have been made in these aspects: ① A new type of Chinese food dataset is generated by shooting dishes in school canteen. ② Chinese food recognition algorithm based on improved YOLOv5 is proposed. Particularly, by adding a small target detection layer, the shallow feature map and the deep feature maps are spliced to improve the feature extraction ability. At the same time, the model lightweight technology is used to improve the recognition rate under the premise of a high recognition accuracy. ③ The main control system based on the Renesas board is designed, and the Qt software is used to transplant the improved YOLOv5 model for realizing hardware acceleration. ④ The slave control system based on the robot arm is proposed. According to order requirements, the cooking behavior performed by the upper computer controlled robotic arm is completed. ⑤ Based on Vue and Spring Boot, front-end and back-end separation systems are designed and deployed in the cloud server to enhance system interaction and facilitate the service and management of restaurants. This work explores emerging technologies in the future service industry, provides new idea for improving user experience and promoting the realization of "smart empowerment" in future cities.

Keywords: Artificial Intelligence; Model Transplantation; Robotic Arm; Front-end and Back-end Separation

1. 作品概述

1.1 背景分析

近年来随着人工智能技术的加速成熟，AI技术与餐饮领域的融合也正不断加深。国家网信办等五部门发布的《新型数据中心发展三年行动计划(2021—2023年)》指出要加快以计算机视觉、自然语言处理、机器学习等为代表的人工智能技术在行业内各个场景的广泛渗透，提高公共服务能力，为提升服务质量提供新方式。

中信证券2020年发布的《机械行业服务机器人专题研究报告》显示：服务机器人行业仍处于发展早期阶段，但近年来新冠疫情的出现提高了服务卫生的要求，“机器换人”成为一个有效的解决方案。目前，服务机器人在医疗、配送等领域起到至关重要的作用，在餐饮业则主要以送餐工作为主，市场上尚未出现功能完善的智能出餐系统。

1.2 相关工作

本作品旨在基于人工智能技术实现点餐、订单生成、自动出餐全流程，并为餐饮管理人员提供详细的订单记录情况与菜品的更改服务，从而实现出餐高效化、智能化。

本作品依据餐厅服务的实际需求设计了前后台交互系统，前台为客人提供点单服务，后台供管理人员查看信息与更新菜品。本作品能够基于自主收集的50种菜品数据集，根据实际接收的订单实现对菜品进行自动识别并操控机械臂打菜。

在实际流程中，客人首先在微信公众号上选择需要的菜品并完成支付，之后系统会生成订单发送至云端服务器，此时部署在瑞萨RZ/G2L开发板的程序读取服务器的订单信息，实现对需求菜品的识别工作，并将识别到的菜品名称与坐标信息发送至从控系统，上位控制机械臂将菜品盛到碗内，完成整套服务流程。

1.3 特色描述

本作品最大的特色是集成了多种子系统实现智能出餐服务，利用前后端分离架构满足客人与餐厅管理人员的实际需求；创新性地在出餐系统内加入机械臂提供打菜服务，并利用深度学习以及网络移植技术将各功能模块集成至瑞萨RZ/G2L开发板内，节省部署空间，从而完成整套打菜工作。作品主控系统与云端服务器系统通过cURL进行网络通信，主控系统与从控系统之间通过GPIO按照自定义协议进行通信，实现信息的交互。

1.4 应用前景分析

本系统在餐饮行业有较大的应用前景，预计可以配合送餐机器人与炒菜机器人实现整套餐厅的服务流程，从而实现餐厅的全自动化服务，降低餐厅成本以及劳动力需求。本系统还针对新冠疫情环境提出了一种较好的应对方案，避免了人与人之间的直接接触，同时也有助于推动无人餐厅以及服务无人化的建设工作，实现城市的“智慧赋能”。本作品的具体逻辑构建如图1所示。

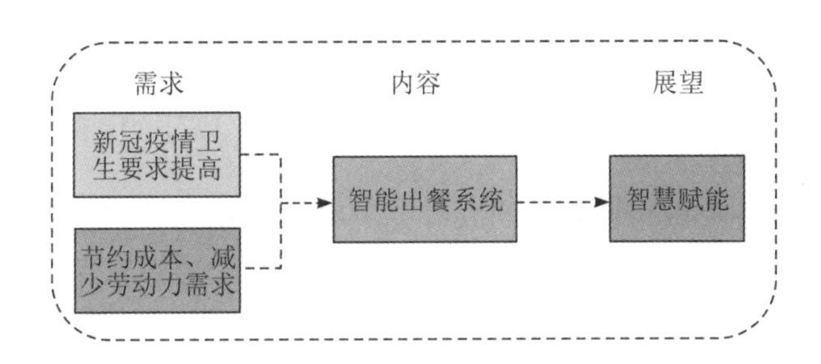

图 1　作品构建逻辑图

2. 作品设计与实现

2.1　系统方案

本作品主要由三大子系统组成，分别为云端服务器系统、主控系统和从控系统，如图 2 所示。

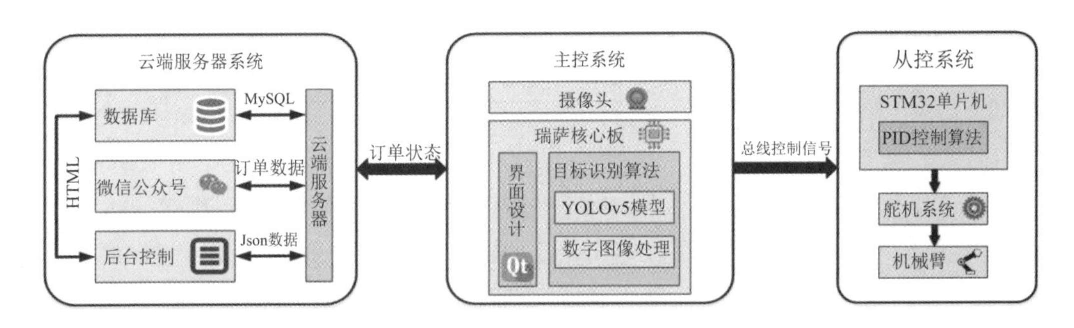

图 2　智能出餐系统构建方案

云端服务器系统采用基于微信公众号平台的 WebApp 应用方案实现用户在移动端上的点餐工作。其以 Vue 作为前端框架，用于创建以微信公众号平台小程序界面为主的 Web 交互界面；SpringBoot 作为后端架构，用于服务器和 Web 应用程序的配置工作，便于安装在云端服务器上。同时配合 MySQL 实现菜品以及订单数据库的存储与管理工作，并且使用 Redis 和 Tomcat 完成云端服务器的配置，有效提高系统的安全性，实现订单的接收及传输工作。餐厅管理人员还可以登录后台查看订单情况或者修改上架的菜品，从而实现对用户点餐系统的控制维护。

主控系统以瑞萨核心开发板 RZ/G2L 为核心，每隔 5 s 向服务器申请订单信息，一旦接收到新的订单便会启动识别程序。主控系统通过摄像头捕获图像信息，部署在开发板上的改进型 YOLOv5 模型对传入的视频流进行菜品识别，完成识别后将识别结果以及坐标信息传输至从控系统，实现上位控制。

从控系统使用固定在机械臂头部的勺子作为打菜工具，在接收到主控系统的数据后便会启动，其内置的 STM32 单片机控制舵机系统根据既定的运动指令操控机械臂，将识别到位置的菜品盛至碗内，完成后便会恢复原位，结束订单。

2.2 实现原理

2.2.1 YOLOv5 模型原理

图 3 为 YOLOv5 神经网络四种不同大小模型结构的结果比对图。该模型根据使用情况不同，分为 YOLOv5l、YOLOv5x、YOLOv5m 和 YOLOv5s 四种模型结构，其中 YOLOv5s 网络模型最小，速度最快，相较于其他网络模型有较高的识别精度。其他三种网络模型在此基础上，通过不断加深加宽网络，提升平均精度 AP，但计算负担也会不断增加，在嵌入式设备中效果欠佳。EfficientNet 为 YOLOv5s 的改进版。实际使用发现，YOLOv5s 网络模型大约为 14 MB 左右，图像识别速度很快，可达到 50 毫秒/帧的速率，线上生产效果可观，更适合移植到嵌入式设备进行使用。

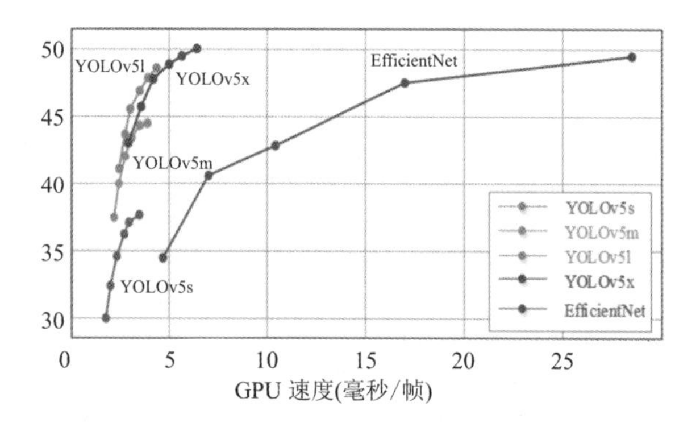

图 3　YOLOv5 神经网络四种结构的效果比对图

图 4 为 YOLOv5 简化结构图。YOLOv5 的输入端采用了和 YOLOv4 一样的 Mosaic 数据增强的方式，通过随机缩放、随机裁剪、随机排布的方式进行图片拼接，能够增强小目标的检测效果。在实际的网络训练中，YOLOv5 网络在初始锚框的基础上计算输出识别预测框，进而和真实框进行比对，反向更新迭代网络参数，从而可以自适应计算不同训练集中的最佳锚框值，提高训练精度。同时它能自适应缩放图片，将输入的图片缩放到一个标准的尺寸后送入检测网络中，从而能够减少运算量，提高识别速度。本作品通过将视频流逐帧输入进行识别，可以有效提高其识别速率。

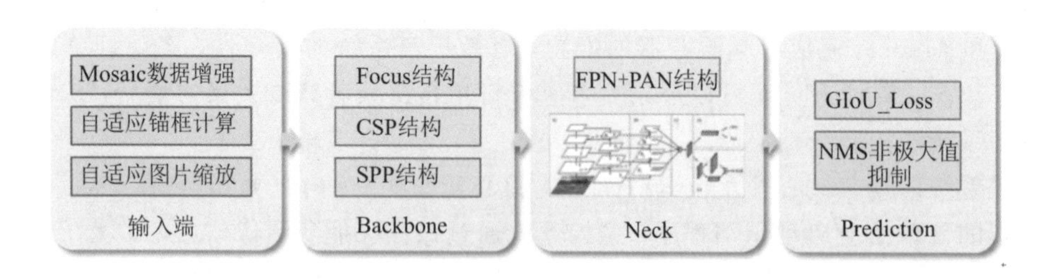

图 4　YOLOv5 简化结构图

YOLOv5 在主干结构内主要使用 Focus 结构和 CSP 结构，增加了卷积核数目，提高了训练后的精确度。CSP 结构增强了神经网络的学习能力，能够在对模型进行轻量化的同时保持较高的准确性，降低计算瓶颈和内存成本。

YOLOv5 的预测结构为了减少计算量也做了较大改动。虽然 YOLOv5 与 YOLOv4 一样都采用的是 FPN+PAN 的结构，即将高层的强语义特征传递下来，对整个结构的语义信息进行加强，同时又自下而上将强定位特征传递上去，提高了其识别精度。同时 YOLOv5 将原先预测结构中的普通卷积层替换为 CSPNet，加强了网络特征融合的能力。

在输出端 YOLOv5 则主要以 GIoU_Loss 作为识别预测框的损失函数。GIoU 是源自 IoU 的一种边框预测的损失计算方法，在目标检测等领域，需要对预测边框与实际标注边框进行对比来计算损失。在 YOLO 算法中，通过对给定预测值以及实际边框的四个坐标信息 x、y、w、h 进行预测，再采用回归损失计算。输出端还采用了 NMS 非极大值抑制，使其对一些遮挡重叠的目标进行识别时精确度提高。

2.2.2　机械臂运行原理

机械臂主要由连杆和转动关节组成，每个关节由舵机驱动操控，通过控制机械臂末端，使其依据规划好的轨迹运行，完成打菜。

1）关节角度的控制

由于连杆长度固定，机械臂运动只能通过改变关节角来控制，依靠舵机系统改变电机的力矩，调整关节角大小。舵机系统的工作原理是控制电路接收信号源脉冲后驱动电机转动，齿轮组将电机速度成倍缩小，并将电机输出扭矩放大相应倍数后输出。电位器和齿轮组的末级一起转动，方便测量舵机轴转动角度。电路板检测根据电位器判断，控制舵机转动至目标角度。

2）通过正向/逆向运动学求解关节角度

正向运动学是在已知每个关节姿态的前提下，解算出末端执行器的姿态；而逆向运动学是给定末端执行器的笛卡尔坐标系，算出相应的关节角。应用逆向运动学可以求解机械臂各个关节的角度，操控机械臂到达指定的目标点。

3）轨迹规划

轨迹规划是指在已知起始点和终点的前提下，定义若干个中间点，把这些点用平滑曲线连接起来拟合成一条曲线轨迹，使理想轨迹中物体运动的位置和速度连续。

综上，完整的机械臂运行流程为：先根据任务完成轨迹规划，再通过逆向运动学求解各个关节的角度，最后设定电机的力矩以达到相应的关节角，从而完成机械臂的工作任务。

2.2.3　前后端分离原理

图 5 为前后端分离结构图，前后端分离作为互联网项目开发的业界标准使用方式，可以有效地对前端和后端的开发进行解耦。前后端分离还能为微服务架构、多端化服务架构

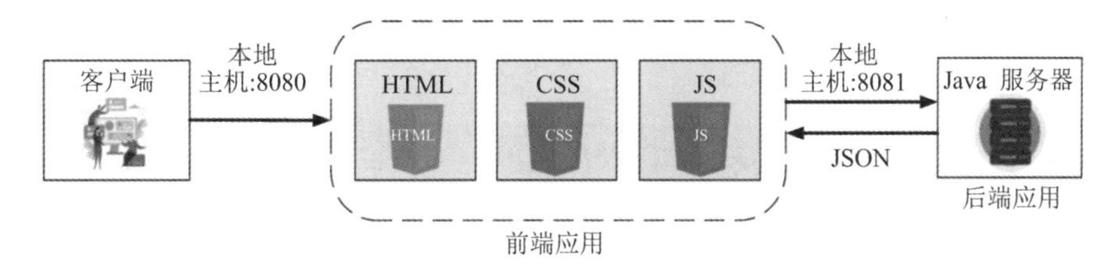

图 5　前后端分离结构图

等打下坚实的基础。其核心思想是客户端通过网络的8080端口连接前端应用界面，该界面以HTML、CSS、JS语言为主进行编写，实现客户与界面的实时人机交互，前端界面再通过8081端口将交互数据传输到后端的Java服务器上，实现数据的智能管理与修改，也可以将修改后的JSON数据与前端进行交互，方便进行整体的管理。

2.3 软件设计

2.3.1 云端服务器系统

本作品采用前后端分离的架构，基于WebApp应用开发点餐前后台应用软件，并将前后端分离的项目部署在阿里云服务器上，以保证系统的安全性与便捷性。前台部分使用对象以餐厅客人为主，以Vue为框架，基于微信扫码点餐WebApp设计；后台部分使用对象则以餐厅管理人员为主，以SpringBoot为框架搭建。前后端界面结构如图6所示。

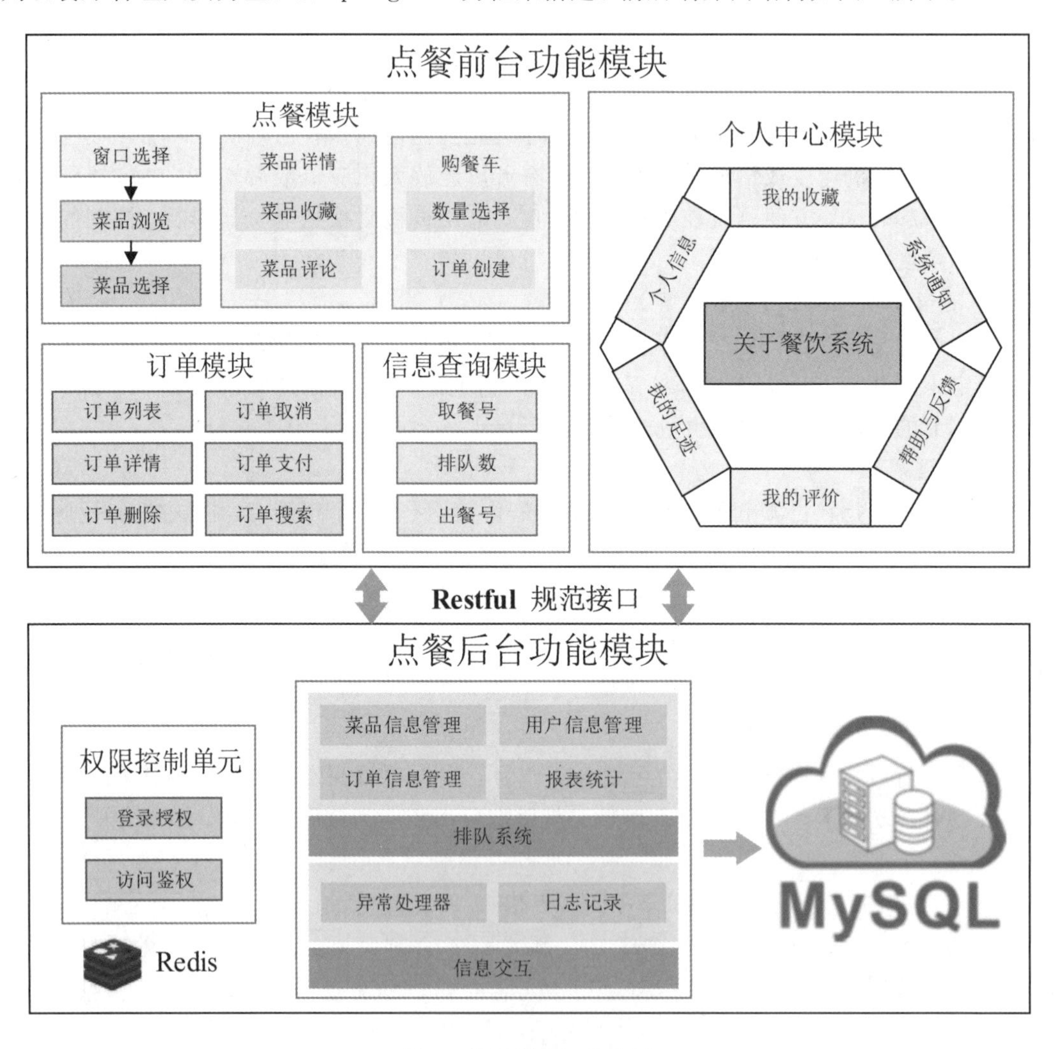

图6 前后端界面结构图

云端服务器的配置主要通过在阿里云服务器中配置MySQL进行数据库文件的传输，

便于订单数据、菜品数据等的管理与查找；同时安装 Redis 软件实现服务器数据的同步，减少数据传输所耗费的时间；再通过在后端代码编译器 IDEA 内配置 maven 库，使其可以进行构建打包，并上传至服务器，运行安装在服务器上的 Tomcat 软件即可实时进行数据的更新与处理工作。

2.3.2　YOLOv5 模型改进

图 7 为本作品使用的优化后的 YOLOv5 模型架构图。本系统以开源的 YOLOv5 代码为基础，针对菜品识别的实际需求，即检测时要在保证识别精度的前提下尽可能提高识别速率。大部分目标检测网络如 YOLOv3、MobileNet 等虽然能满足轻量级的模型需求，但识别精度较低，无法满足实际菜品识别的应用需要。综合考虑识别精度和模型尺寸，本作品决定采用 YOLOv5 模型实现智能出餐系统中的菜品识别。

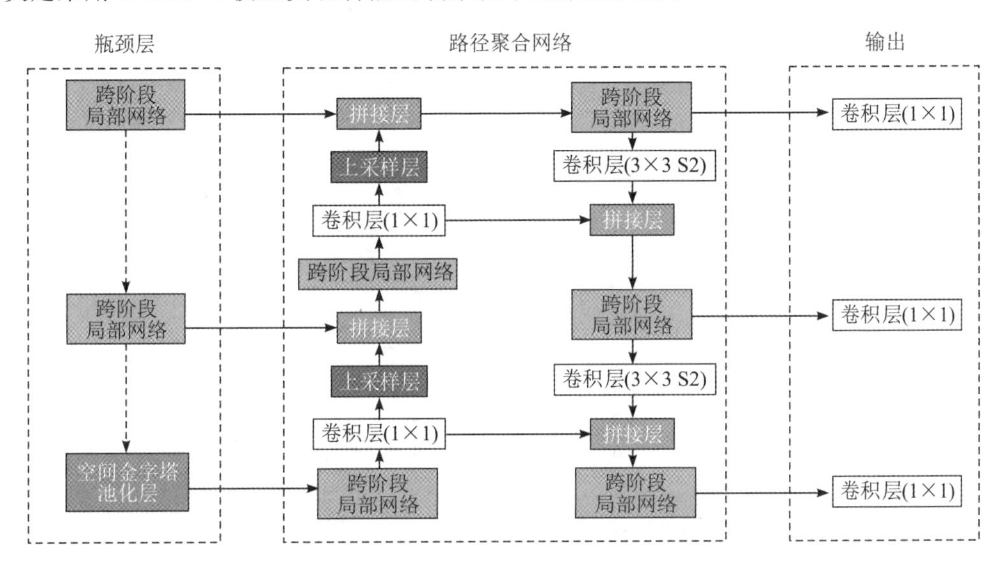

图 7　优化后的 YOLOv5 模型架构图

此外，本作品为提高模型性能，还对网络架构进行了一定改进。首先，对网络的主干结构进行优化，通过对浅层特征图与深层特征图拼接，丰富网络对图像的特征表示，提高图像特征检测的精度。其次，强化了网络对特征图的采样能力，扩大了感受野范围，提高了特征图分辨率以及菜品识别的精确度。随后，为提高菜品识别速度，本作品对 YOLOv5 模型进行轻量化处理。CVPR 发布的模型剪枝汇总表明，由于当下大部分模型的层数较深，运行速度较慢，对嵌入式设备的算力与存储空间要求较高，因此需要对其进行轻量化处理中的剪枝操作，即删去网络架构中对菜品识别影响较小的网络层，减少模型尺寸和参数量，从而能够在保持识别精确度的前提下提高识别速度，满足菜品识别的时效性需求。同时，我们还通过对模型进行量化，将 fp32 模型架构转置成 int8 架构，缩小模型的体积，提升识别速度。计算复杂度和模型尺寸的减小能够降低开发板性能的损耗，实现识别程序长时间地流畅运行。

实际操作时，要先确定一个合适的稀疏度进行训练，实现模型的预处理；之后对模型进行 80%的剪枝，在保证较高的识别精确度的前提下尽可能减少运行所需的计算量；再对其进行量化操作，从而能够大幅加快识别速度。模型轻量化后实际使用的模型参数大小从原来的 28.501 MB 减小到 6.192 MB，共减小了 78%，能够更好地部署在瑞萨 RZ/G2L 开发板中。

2.3.3 主控系统

图 8 为主控系统结构图。本作品以瑞萨开发板 RZ/G2L 为核心，运用 Oracle VM Virtual Box 虚拟机对开发板系统进行配置，通过调用 aarch64-poky-Linux 交叉编译链来搭建编译 Qt5.6.3 代码所需的运行环境，完成用于图像处理的 OpenCV4.5.5 和用于服务器信息交互的 cURL7.53.0 以及一系列 Qt5.6.3 所需要的动态库的编译工作，再通过 ARM 架构的 qmake 工具对 Qt5.6.3 代码进行相关库的链接及编译，即可在编译后的可执行程序中成功调用需要的库文件。最后将转化好的 YOLOv5 模型权重输入构建好的 Qt5.6.3 项目，在虚拟机中对其进行交叉编译，生成可执行文件，再将其安装至开发板内，即可对其进行使用。

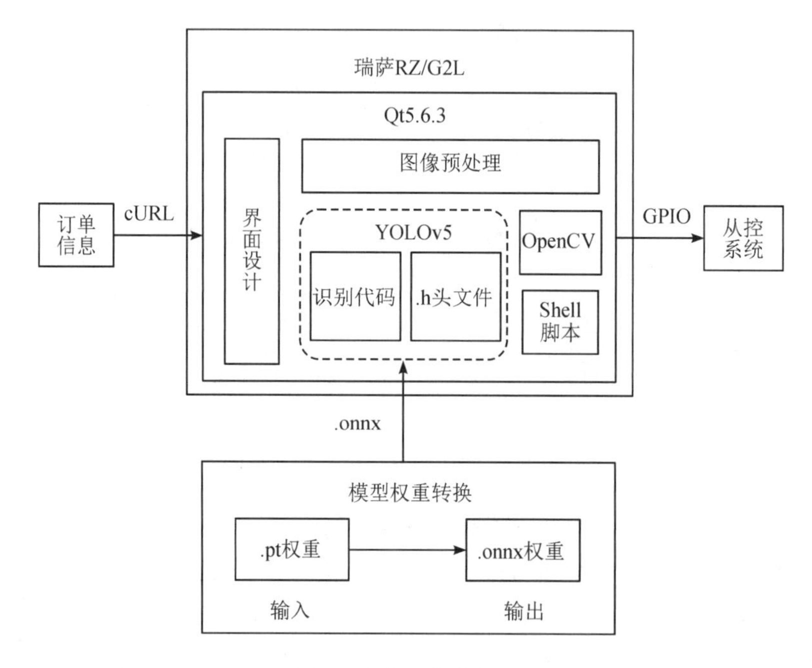

图 8 主控系统结构图

2.3.4 舵机控制电路

舵机控制电路属于从控系统。本作品所使用的舵机型号为 HWZ020，具体参数如下：

扭力：15.3 kg/cm(5 V)；20 kg/cm(6 V)。

速度：0.14 s/60°。

工作电压：4.8～7.4 V。

触机内置芯片选择 XL4015，具体参数如图 9 所示。

图 10 为 XL4015 应用电路图。

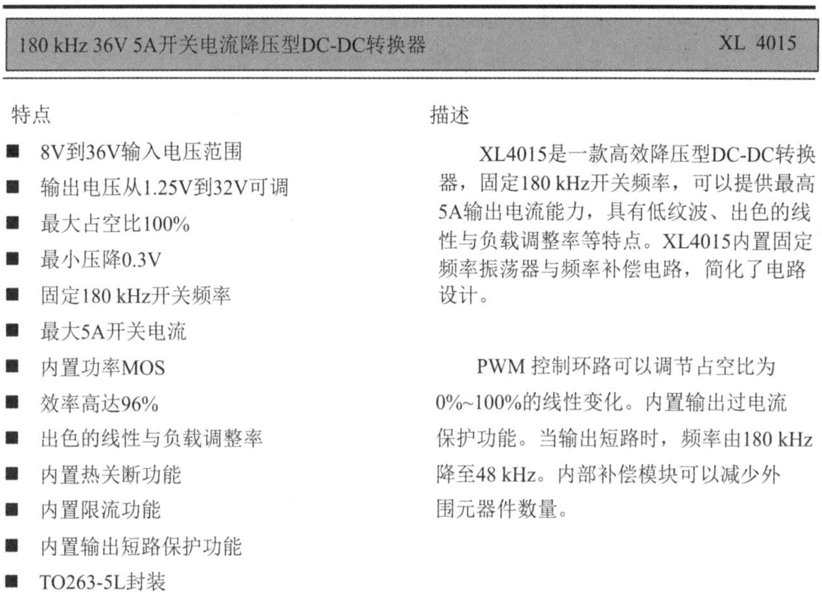

180 kHz 36V 5A开关电流降压型DC-DC转换器　　XL 4015

特点

- 8V到36V输入电压范围
- 输出电压从1.25V到32V可调
- 最大占空比100%
- 最小压降0.3V
- 固定180 kHz开关频率
- 最大5A开关电流
- 内置功率MOS
- 效率高达96%
- 出色的线性与负载调整率
- 内置热关断功能
- 内置限流功能
- 内置输出短路保护功能
- TO263-5L封装

描述

XL4015是一款高效降压型DC-DC转换器，固定180 kHz开关频率，可以提供最高5A输出电流能力，具有低纹波、出色的线性与负载调整率等特点。XL4015内置固定频率振荡器与频率补偿电路，简化了电路设计。

PWM 控制环路可以调节占空比为0%~100%的线性变化。内置输出过电流保护功能。当输出短路时，频率由180 kHz降至48 kHz。内部补偿模块可以减少外围元器件数量。

图 9　XL4015 芯片参数

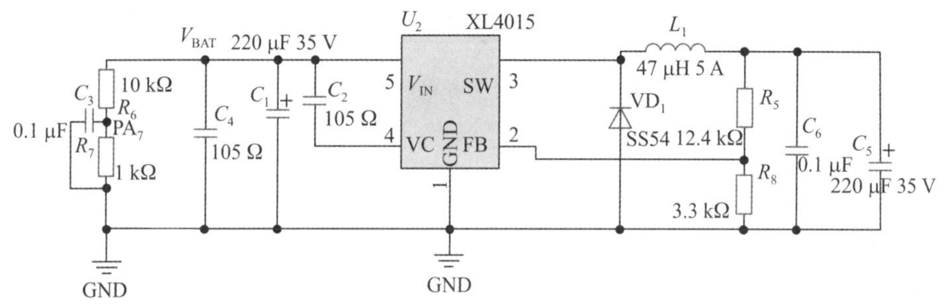

图 10　XL4015 应用电路图

2.4　硬件框图

图 11 为整体硬件框图。

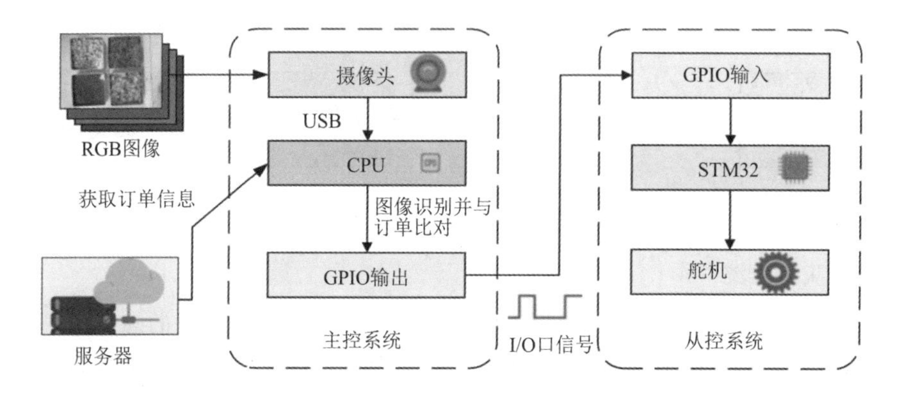

图 11　整体硬件框图

瑞萨 RZ/G2L 开发板连接罗技 C270i 摄像头采集菜品信息。一旦接收到订单信息，其会自启动识别功能，通过 YOLOv5 模型对拍摄的画面进行识别处理，通过移植到瑞萨核心板的 cURL 库函数，向云端服务器申请订单信息，经过图像处理与信息融合分析后将总线信号通过 GPIO 口按照自定义协议与下位机交互通信。

从控系统内部的机械臂以 Forest S1 STM32 舵机系统为核心，其芯片型号为 STM32F103C8T6，外接一个舵机电源转接板便于拓展接口和给舵机供电。基于接收到菜品的坐标信息改变舵机目标值，并通过小型 OLED 屏显示舵机的目标值和实际值，便于记录舵机当前位置，最终根据上位机总线信号完成不同打菜动作。

2.5 软件流程

2.5.1 云端服务器系统

用户在微信公众号内点单并支付后，系统会将订单发送至后台，后台接受订单后会发送消息提醒客人已受理。瑞萨 RZ/G2L 开发板每隔 5 s 自动读取后台的订单消息，开始打菜工作。打菜完成后从控系统向后台发送结束命令，并通过 Web Socket 通信发送消息，提醒用户打菜结束，云端服务器系统软件流程如图 12 所示。

图 12　云端服务器系统软件流程图

2.5.2 主控系统

系统在接收到订单请求后会启动菜品识别功能。首先初始化摄像头并读取网络模型结构，接着对输入的视频流进行逐帧画面的识别预测，预测结束后删除准确度较低的预测框，剩余框即为识别后的预测菜品结果。经过方位判断后，将对应的菜品名称与预测框坐标信息通过总线信号发送至从控系统，上位控制后面的打菜工作，主控系统软件流程如图 13 所示。

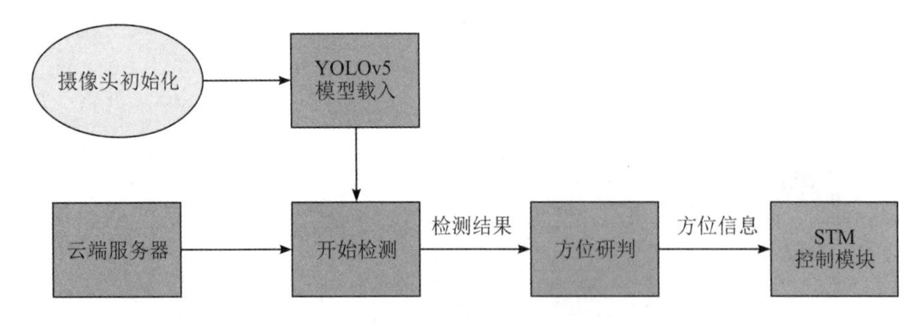

图 13　主控系统软件流程图

2.5.3 从控系统

从控系统完成初始化后会进入待机状态，当接收到来自主控系统的总线信号时，通过上位控制判断菜品的方位坐标与订单信息。确认无误后，STM32 舵机系统会启动计时并改变各个舵机的目标值，驱动机械臂运动到相应的位置。通过设定不同时间节点的舵机目标值，即可设计出一套完整的机械臂运动流程，之后再通过菜品名称的比对，可以完成针对不同位置菜品的机械臂打菜动作。从控系统软件流程如图 14 所示。

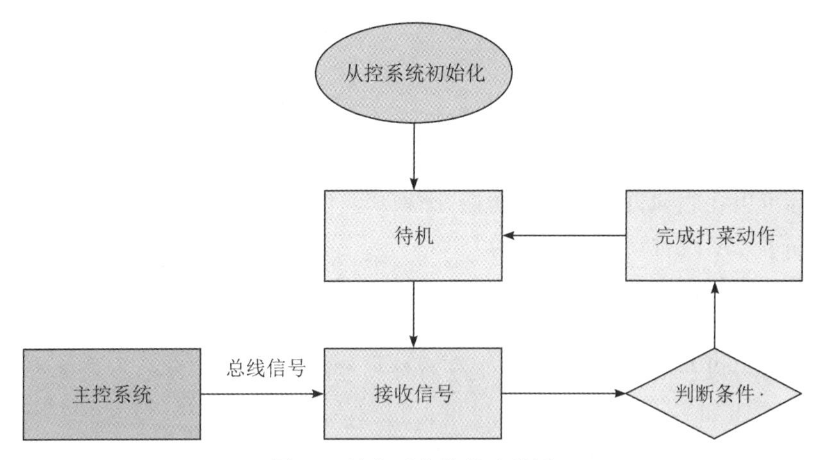

图 14　从控系统软件流程图

2.6　功能

综上所述，本系统最终期望实现的功能如下：

用户在前后端连接的微信公众号上点好菜并下单支付后，系统向微信公众号发送订单接收的消息，同时主控系统向服务器读取订单信息，并开启摄像头向程序输入改进后的 YOLOv5 模型，输入摄像头视频对画面内的菜品进行识别工作，识别到菜品后将菜品名称以及菜品坐标信息发送至从控系统，通过上位启动舵机系统，将菜打到固定位置的碗内，完成打菜工作。客户在确认收到的菜品无误后结束订单，即可开始下一单的打菜工作。若长时间订单未结束，则管理人员可以在后台结束订单。

具体的系统软件流程图如图 15 所示。

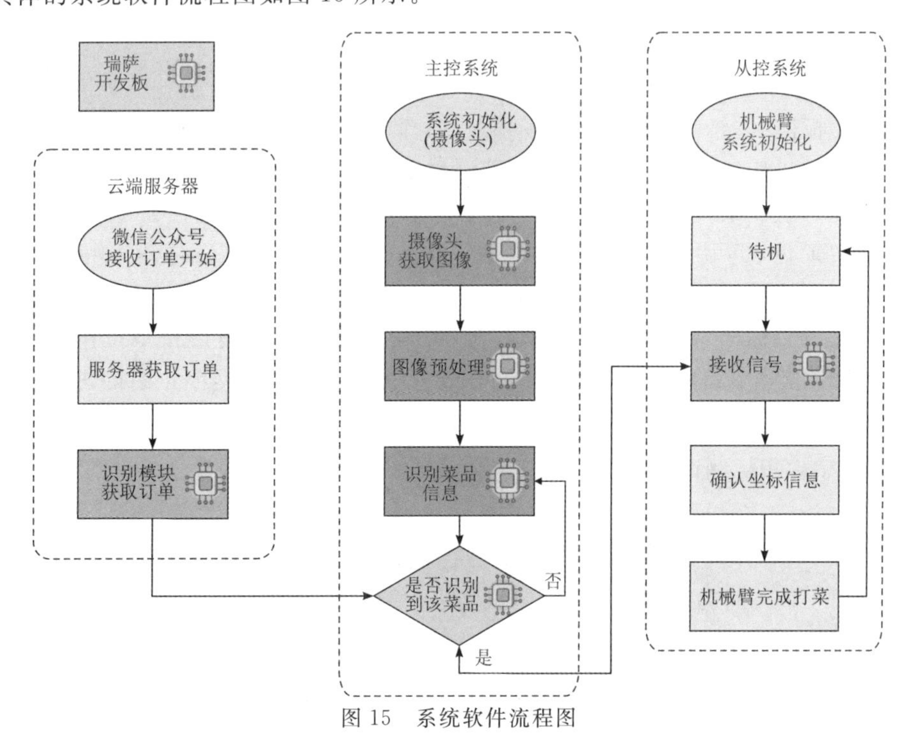

图 15　系统软件流程图

2.7 指标

本系统的功能要求如下：

(1) 客户可以在手机微信公众号上点菜下单、支付并接收消息。

(2) 作品可以在收到订单后自动实现50种菜品的识别功能。

(3) 作品可以实现自动运用机械臂打菜。

(4) 餐厅后台可以不断从服务器中接收订单消息并记录。

(5) 餐厅后台可以对上架菜单进行更新。

(6) 机械臂可以在3 s内急停，人工享有最高控制权。

软件指标要求如表1所示。

表1 软件指标要求

指　标	要　求
识别准确率	保证99%以上的菜品识别准确率，使打菜的菜品与订单要求菜品完全一致
识别速度	识别每帧所耗费的时间约为2 s
打菜速度	约12 s完成一道菜品的打菜工作，保证整体打菜速度仅略低于人工速度

3. 作品测试与分析

3.1 测试方案

3.1.1 功能测试

测试将智能出餐系统(由一台可查看后台与服务器信息的电脑、一架机械臂、瑞萨RZ/G2L开发板构成)部署在模拟食堂场景下进行。

若2.7中的指标(1)～(5)均可实现，则测试中本系统应能完成整套出餐流程，包括用户在微信公众号上点菜，系统接收订单，根据订单要求识别菜品并打菜，发送信息提醒打菜结束并恢复原位，等待下一个订单的发送工作。同时餐厅也可以根据实际要求更新菜单栏并在系统后台查看订单情况。

若2.7中的指标(6)可完成，则在上述测试中的任意时刻，可以按下按钮人为停止系统，测试机械臂能否在3 s内完成急停，并在恢复后能够重新根据停止前的进程工作继续进行。

3.1.2 软件指标测试

1) 准确率测试

在训练神经网络时已经将数据集分为数据集、验证集和测试集，数据集用于训练模型，验证集用于训练时的超参数调整，测试集用于验证准确率。

为了兼顾实际菜品识别以及模拟菜品识别的效果，我们准备了两组不同类别的数据集。

A：实际菜品数据集。菜品信息采集自真实的校园餐厅，经过筛选后，本组数据集内有

50 种菜品，如烧鸡、红烧豆皮、黄瓜炒蛋等。本组数据集中，5842 张图片为训练集，649 张图片为测试集，174 张图片为验证集。

B：模拟菜品数据集。菜品信息采集自购买的 4 种食物，包括花生、瓜子、糖以及绿豆，经过筛选后，本组数据集内有 316 张图片为训练集，36 张图片为测试集，56 张图片为验证集。

在 PyTorch-1.7.1 中将测试集送入神经网络，训练模型并对模型结果进行推断。图 16、图 17 为两组数据集模型的部分识别结果。

图 16　实际菜品数据集模型识别结果图

图 17　模拟菜品数据集模型识别结果图

2）识别速度测试

利用 Qt 软件中的计时系统，使用定时器记录下识别开始前、后，得出所需要的时间，将得到的识别时间差显示在 Qt 界面上，即可得到一次识别所需要的时间。

3）打菜速度测试

利用 Keil 软件内部的计时系统，记录下开始打菜前以及结束打菜后的时间戳，之后将两个时间相减并显示在终端界面上，即可得到一次打菜所需要的时间。

3.2 测试环境搭建

3.2.1 模拟食堂环境搭建

图 18 为实际搭建的模拟食堂场景环境。为了能够更好地模拟实际食堂的场景，我们设计并搭建了以下场景环境。该环境主要由机械臂与 4 个放置菜品的铁盘构成，根据 4 个铁盘的位置分为 4 个区块，整体呈“田”字形，能够测试菜品在收到不同的订单需求下的打菜情况。系统识别时需要的摄像头悬挂在 4 个铁盘的正中央上方，保证 4 个菜都能够放入画面中。

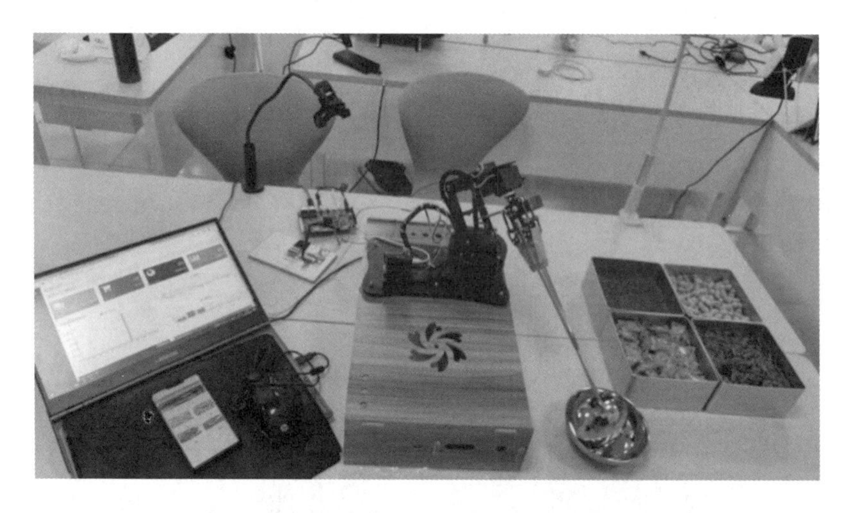

图 18 模拟食堂场景图

为了提升打菜时的鲁棒性与实时性，我们还将菜品的位置多次打乱后进行测试，使其在菜品更换位置后依旧能够精确定位需要的菜品位置。

3.2.2 测试软件搭建

(1) 云端服务器(Tomcat)：将撰写好的前、后端系统部署在阿里云服务器上，使得其能在云端正常运行，更具有安全性。

(2) 云端服务器(MySQL)：将菜品的数据以数据库格式部署在云端上，使菜品的上传与修改更方便。

(3) 云端服务器(Redis)：将数据库内的数据传输至部署在服务器的前后端系统中。

(4) PC(PyTorch-1.7.1)：得到训练完成的模型之后，将权重格式转置成 .onnx 文件供 Qt 识别使用，并将测试集数据送入神经网络，对测试集图像进行测试。

(5) 瑞萨 RZ/G2L(Qt-5.6.3)：部署识别代码并设计打菜界面，使其在读取模型.onnx 文件后可完成相关菜品的识别工作。

3.3 测试设备

本作品所需测试设备及其功能如下：

(1) 阿里云服务器(装有 Tomcat、MySQL、Redis)：提供云端服务器系统前、后端的部署环境。

(2) PC(装有 PyTorch-1.7.1 以及 Oracle VM Virtual Box 虚拟机)：提供整个作品软件环境并实现终端控制。

(3) RZ/G2L 开发板(装有 Qt-5.6.3、OpenCV-4.5.5)：实现作品的核心主控。

(4) 六舵机机械臂：辅助从控系统实现打菜工作。

(5) 摄像头：实时拍摄菜品视频。

3.4　测试数据

功能完成情况记录、识别时间测试记录及打菜时间测试记录如表 2～表 4 所示。神经网络 4 样模拟菜品平均准确率测试记录与神经网络 30 样实际菜品平均准确率测试记录如表 5、表 6 所示。

表 2　功能完成情况记录表

序号	测 试 要 求	完成情况
1	客户可以在微信公众号上点菜下单并接收消息	是
2	系统可以在收到订单后自动实现菜品的识别功能	是
3	系统可以自动实现、运用机械臂的打菜功能	是
4	餐厅后台可以不断接收订单消息并记录	是
5	餐厅后台可以对上架菜单进行更新	是
6	机械臂可以在 3 s 内急停，人工享有最高控制权	是

表 3　识别时间测试记录表

测试项目	PC 识别每帧时间/ms	开发板识别每帧时间/s
1	60.243	2.301
2	72.341	2.378
3	48.532	2.274
4	54.748	2.315
5	61.843	2.297
平均时间	59.545	2.313

表 4　打菜时间测试记录表

测试项目	每次打菜时间/s
1	13.40
2	11.89
3	14.48
4	11.81
5	11.95
平均时间	12.70

表5　神经网络4样模拟菜品平均准确率测试记录表

测试序号	训练集测试准确率/%	测试集测试准确率/%	验证集测试准确率/%
1	99.58	98.72	97.39
2	99.79	98.75	97.58
3	99.84	99.02	98.44
4	99.47	98.98	97.87
5	99.68	99.13	98.98
平均准确率	99.67	98.92	97.97

表6　神经网络30样实际菜品平均准确率测试记录表

测试序号	训练集测试准确率/%	测试集测试准确率/%	验证集测试准确率/%
1	99.32	98.34	96.23
2	99.15	98.56	96.18
3	98.95	97.82	95.98
4	98.78	98.33	96.19
5	99.27	97.93	95.88
平均准确率	99.04	98.19	96.09

3.5　结果分析

在整个系统的测试中，通过系统前后端与瑞萨 RZ/G2L 开发板之间的 Web Socket 通信以及瑞萨 RZ/G2L 开发板与从控系统通过 GPIO 口按照自定义协议实现上位控制，本作品所有的功能都较好地完成了。本作品能够根据实际打菜的需求，实现从点餐、订单生成到自动出餐整个服务流程。

对于菜品的识别，在对 YOLOv5 网络架构进行了优化后，其进行菜品识别时能够在保证拥有较高识别精度的前提下，短时间内完成出餐工作。从控系统也能够根据实际订单的需求快速且精确地完成打菜工作。其菜品识别的准确率基本维持在 98%左右，运行整套流程所需时间约为 15 s。

我们通过测试验证了该出餐系统的实用性和准确性，能根据实际的订单需求完成精确的菜品识别与出餐服务。但是研究过程中仍有可以进一步改进的方向，由于本作品使用的六舵机机械臂本身承重能力较差且臂长较短，导致实际打菜存在一定限制，如打菜范围较小等，其未来仍有很大的改善与优化的空间，如果将原本的机械臂更换为 UR 等较高性能的机械臂，则本作品能够更好地应用于实际场景。

4. 创新性说明

4.1　部署前后端分离架构

本作品针对餐厅的点菜、打菜和支付结算等具体需求，开发了一套全面的云端服务器系统，采用前后端分离技术设计前后台 Web 软件，针对不同用户的使用需求提供人机交互的功能。该架构部署在云端服务器上，可保证数据的安全性与完整性，便于系统的维护与管理工作，从而能够根据实际需求对前后端进行调整，具有较强的可拓展性。

4.2　创建新型数据集

本作品根据实际需要设计了一个新型的餐厅/食堂菜品数据集，该数据集包含 50 种菜品，可以较好地实现模型菜品识别的功能。

4.3　应用模型轻量化与移植技术

本作品开发了一个功能更加强大的 YOLOv5 神经网络，创新性地使用模型轻量化技术减少了 YOLOv5 模型结构中对识别影响较少的网络层，并对整体代码结构进行了量化，相较于已有的菜品识别网络大大减少了运算量，在保证较高识别精度的前提下提高了代码运行的速率。

同时，本作品通过跨平台 GUI 开发套件 Qt 将模型移植进瑞萨 RZ/G2L 开发板中，利用开发板硬件加速的功能，加快了菜品识别的速度。瑞萨开发板功耗较低，符合餐厅长时间、间歇性、高强度的应用需求。

4.4　应用机械臂拓展

本作品以机械臂为核心自主研发了一套从控系统，其能够根据接收到的上位指令控制打菜位置以及各个过程中机械臂的运行速率，可以较好地解决打菜过程中遇到的各类问题，如菜品易洒落等情况。相较于目前应用于第三产业的机器人，本作品具有更加强大的灵活性与可拓展性，根据需要能实现多种打菜动作。

5. 总结

本作品历时两个月，已进入收尾阶段。回想起这个过程，一路走来，有初定主题的好奇，有手捧开发板的激动，有接触新知识的好奇与恐惧，有取得每一个阶段性成果的欣喜。总的来说，我们从初定主题，查阅相关资料，确定整体的系统框架，优化系统，最终在指导老师的帮助之下完成了整个系统，完整地实现了这个项目。这既是一种挑战，同时也是提升自己的一次机会。

5.1　攻克难关的决心

本作品的开发过程是围绕瑞萨 RZ/G2L 开发板进行的，采用的是我们了解较少的嵌入式 Linux 系统。开发过程中，让我们印象最深的一次经历是移植 YOLOv5 深度学习模型，由于当时对嵌入式 Linux 系统的认知不足，因此在移植的过程出现了许多意料之外的问题，经过我们不断地尝试新方法，终于在两周后解决了问题。通过这次团体合作，我们明白了：想要实现一个系统离不开一次又一次的攻坚克难，离不开面对困难迎难而上的决心和勇气。

5.2 看向时代和科技视野前沿

实用价值和现实意义是衡量一个作品好坏的关键。在完成项目的过程中，我们应该将自己的眼界放远一些，去学习最新的研究热点和前沿理论，不要故步自封，如项目中应用到的智能识别、万物互联的思想，都是近期随着人工智能等技术发展之后被提出的热点话题。在智能出餐系统中应用该思想，有着重要的现实意义与价值。研究应用到现实生活中的技术，应当先从现实生活中学习。

5.3 团队的力量

在整个项目的制作中，团队的合作素养、交流也不断让我们意识到团队合作的重要性。从始至终，每个人都在提出自己的意见与心得。工作的合理分配以及密切交流让我们少走了很多弯路。

当然，项目中仍有一些可以提升的地方，如可以使用更为灵活多变的双臂机械臂实现更为多样化的打菜工作，还可以加入传送带系统，配合当前已经落地的送餐机器人，真正实现餐厅的无人化。

一个项目的完成，离不开团队成员的努力，更离不开导师的指导、学校的支持以及实验室同学的鼓励与帮助，在项目的最后对他们表示最衷心的感谢！

参考文献

[1] 工业和信息化部关于印发《新型数据中心发展三年行动计划(2021—2023 年)》[J]. 电子政务，2021(08)：39.

[2] HE Y, LIU P, WANG Z, et al. Pruning filter via geometric median for deep convolutional neural networks acceleration[C]. // IEEE/CVF Conference on Computer Vision and Pattern Recognition. 2019：4340-4349.

[3] 石杰. 基于深度学习的中餐菜品检测算法研究[D]. 杭州：杭州电子科技大学，2022.

[4] 姚华莹，彭亚雄. 基于轻量型卷积神经网络的菜品图像识别[J]. 软件工程，2021，24(10)：23-27.

[5] 张凡，张鹏超，王磊，等. 基于 YOLOv5s 的轻量化朱鹮检测算法研究[J/OL]. 西安交通大学学报，2022，56(12)：1-12.

[6] 章程军，胡晓兵，牛洪超. 基于改进 YOLOv5 的车辆目标检测研究[J/OL]. 四川大学学报(自然科学版)：2022，59：053001.

[7] 兰皓. 打菜机器人移动平台的开发与实现[D]. 杭州：杭州电子科技大学，2022.

[8] 周希杰. 基于深度学习的目标检测网络的压缩及移植[D]. 南京：南京信息工程大学，2020.

[9] 刘辉. 基于神经网络的目标检测算法的移植和优化[D]. 北京：北京邮电大学，2020.

[10] 马雪山，张辉军，陈辉，等. 前后端分离的 Web 平台技术研究与实现[J]. 电子技术与软件工程，

2022(08)：70 - 73.

[11] 霍福华，韩慧. 基于 SpringBoot 微服务架构下前后端分离的 MVVM 模型[J]. 电子技术与软件工程，2022(01)：73 - 76.

[12] 赵圆圆，陈润辉. 结合微信小程序与 JavaWeb 框架的前后端分离平台的设计与实现：以 KEBO 运动平台为例[J]. 无线互联科技，2021，18(24)：68 - 69.

[13] 孙晨曦. 基于 STM32 的六自由度机械臂控制与 PID 仿真[J]. 中国科技信息，2021(24)：74 - 76.

[14] 刘卓远，李林升. 基于 STM32 的果实收获机械臂运动控制系统研究[J]. 信息技术与网络安全，2019，38(12)：70 - 73+85.

[15] JIANG P，ERGU D，LIU F，et al. A review of YOLO algorithm developments[J]. Procedia Computer Science，2022，199：1066 - 1073.

[16] ZHAO Y，WANG S. Research on realtime object detection based on YOLO algorithm[J]. Highlights in Science，Engineering and Technology，2022，7：323 - 331.

该作品基于瑞萨 RZ/G2L 开发板，设计了一种基于目标识别的智能出餐系统。该系统建立了一个中餐菜品数据集，设计了基于改进 YOLOv5 的识别算法，开发了主控系统和机械臂从控系统，后端系统部署在云端服务器。作品功能较完备，较好地发挥了瑞萨开发板的功能。建议可以在识别算法方法作进一步探索和研究。

作者：朱淳溪　代军　冯骥川　（南京邮电大学）

作品演示

摘　要

为应对大规模灾害时对受灾群众的搜救效率低、搜救风险大，在照明条件差或遮挡物造成的搜救困难等问题以及应对未来抢险救灾的自动化趋势，我们设计了一种基于视觉同步定位与建图(V-SLAM)的空地协同搜救系统。本系统集合了无人机嵌入式声源定位(SSL)，搜救音频信号处理与识别，受灾人体识别、多传感器融合定位，视觉SLAM，自主路径规划，多模态信息处理，多智能体协同，目标检测以及智能体间目标位置的实时共享，网络化远程遥控等功能，可实现全自主的快速抢险救灾任务。

本系统以RZ/G2L为核心，主要利用DRP动态可重构处理器技术，对音频和图像进行增强与识别推理加速，实现了低延时、高精度的网络化语音图像识别，同时利用无人机的自主性、灵活性对受灾区域进行快速搜索与侦察，搜索到目标后将解算后的目标位置信息传递给智能车，利用智能车的稳定性对受灾人员开展救援工作。两者利用各自的优势和特点协同工作可进行快速且稳定的搜救任务，实现完全自主化的快速抢险救灾。本系统完全自动化，使用简单，对使用者进行简单培训即可大大降低了抢险救灾任务的技术门槛，可在一定程度上缓解搜救人员的压力，也可以减小搜救人员的安全风险，提高了搜救效率，减轻了搜救人员负担。本系统所采用的全自主灾区搜救形式也有望在未来成为搜索救援形式的新常态。

关键词：网络化语音图像识别；无人机声源定位；空地协同搜救系统；目标检测

Fully Autonomous Air-ground Cooperative Search and Rescue System

Author: ZHU Chunxi, DAI Jun, FENG Jichuan (Nanjing University of Posts and Telecommunications)

Abstract

In order to cope with the problems of low efficiency and high risk of search and rescue for the affected people during large-scale disasters, difficulties in search and rescue caused by poor lighting conditions or obstructions, as well as to follow the future trend of automation in rescue and disaster relief, an air-ground collaborative search and rescue system based on V-SLAM is designed. This system collects the functions of embedded Sound Source Localization (SSL) of UAV, search and rescue audio signal processing and recognition, affected human body recognition, acoustic source localization, search and rescue audio signal processing and recognition, affected human recognition, multi-sensor fusion localization, visual SLAM, autonomous path planning, multi-intelligent body collaboration, target detection and real-time target location sharing among intelligent bodies, networked remote control, etc., which can realize fully autonomous rapid rescue and disaster relief tasks.

With RZ/G2L as the core, this system mainly utilizes DRP dynamic reconfigurable processor technology to enhance and recognize audio and images with inference acceleration, realizing low latency and high precision networked voice image recognition, while it utilizes the autonomy and flexibility of UAV to conduct rapid search and reconnaissance of the disaster area, transferring the solved target location information to the intelligent vehicle after searching for the target and utilizing the intelligent vehicle. The stability of the intelligent vehicle is used to carry out rescue work for the affected people. With the respective advantages and characteristics, UAV and intelligent vehicle carry out rapid and stable search and rescue tasks, realizing fully autonomous and rapid disaster relief. The device is fully automated, simple to use and user friendly, which greatly lower the technical threshold of rescue and relief tasks, alleviate the pressure to a certain extent and reduce the risks of search and rescue personnel, improving the efficiency of search and rescue and reducing the burden of search and rescue personnel. The form of search and rescue is expected to be a new normal in future search and rescue.

Keywords: Networked Voice Image Recognition; UAV Sound Source Localization; Air-ground Collaborative Search and Rescue System; Target Detection

1. 作品概述

1.1 背景分析

我国地处欧亚板块的东南部，因受印度洋板块和太平洋板块的相互作用和影响，地震灾害相对活跃，是世界上地震灾害频繁发生的国家之一。

地震灾害以其瞬间突发性、破坏性强、严重性强和次生灾害多样等特点，严重威胁着人类的生命和财产安全。地震灾害发生后的72 h里，被困人员的存活率随时间的推移逐渐降低。又因地震废墟环境具有范围广、受灾面积大、伤亡情况不确定和次生灾害频发等特点，地震救援具有时间紧急、救援难度大等特点。针对以上问题和痛点，我们设计了一款全自主的空地协同搜救系统。

1.2 相关工作

目前在机器人搜救领域，大多数设备专用于地面的救援工作，其中以履带机器人和多足机器人为主流的救援机器人，设备笨重且搜救效率低，需要辅以专家判别才能找到受困人员所在位置，虽有一定作用，但仅提供了专用的救援功能以及根据专家指示进行小范围的搜救，不能承担大范围、高效率的搜救任务，仍然可能出现错过最佳救援时间等问题。同时，救援机器人未能与空中搜索机器人结合起来，要完成搜救任务通过专家判断受困人员位置，然后派遣救援机器人工作，大大影响了救援效率，提高了救援的风险，且搜救人员和专家需要实地开展工作，这也增加了搜救人的危险系数。

1.3 特色描述

本作品采用红外成像与无人机嵌入式声源定位技术(SSL)，使用热成像相机以及八通道立方体麦克风阵列获取受灾人员的热辐射源信号和求救信号，我们使用基于角谱的TDOA(到达时间差)估计方法(如广义交叉相关相位变换(GCC-PHAT))，用最小方差-失真-无响应(MVDR)作为基线，通过使用速度相关谐波消除(SCHC)技术减少噪音来改进基线方法，然后建立一维扩张卷积神经网络，从原始音频中计算出目标声源的方位角和仰角，根据不同位置下角度的变换解算出目标声源相对于无人机的位置的大概信息，然后利用实时定位、建图与路径规划技术，规划出能够安全到达目标、避开障碍物的路线，到达搜救信号源位置进行精准判断，判断无误后将精确的位置信息和局部的受灾图像信息传递给救援车展开搜救工作。

1.4 应用前景分析

面对突发性地震等自然灾害时，本作品可代替搜救人员开展搜救工作，一方面可以缓解人员压力，提高搜救的效率，争取在救援的黄金时间内开展搜救；另一方面可以减轻搜救人员和专家的安全风险。而在常态情况下，本作品也适用于各类环境下的搜救任务，如火灾、沙漠、溺水等环境下的搜救工作。随着科学的发展，机器人在灾害救援领域应用已经成为一种趋势。

2. 作品设计与实现

2.1　系统方案

本系统为协同系统，分为小车部分和无人机部分。系统流程图如图 1 所示。

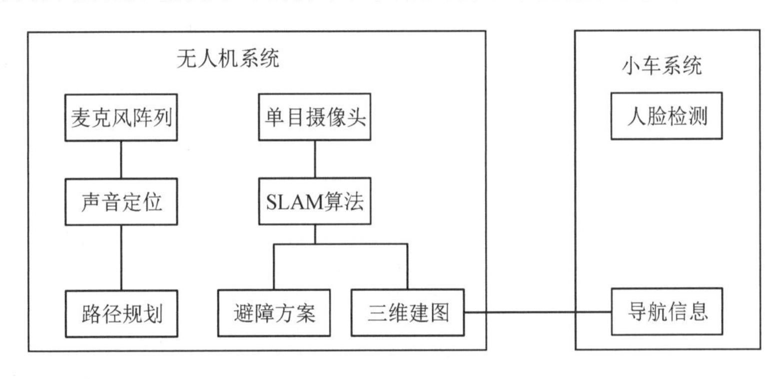

图 1　系统流程图

本系统利用无人机的灵活性对指定的受灾区域进行巡逻，搭配视觉和听觉模块，借助热成像相机可以在巡逻同时检测受灾人员呼救的音频信号和人体的热成像信号，通过这种多模态的信息处理方式快速准确地获取受灾人员的具体位置。获取到受灾人员的位置信息后，无人机本身不进行直接救援，而是将位置信息发送给救援车，然后无人机继续进行其他区域的搜救。

救援车为主要的救援设备，搭载了深度视觉以及单目摄像头等模块，在收到无人机发送的位置信息后，对目标点进行路径规划，沿途进行实时的建图与避障，到达目标区域后，通过视觉模块可以再次检测人员，根据情况搜救。

同时在远程端的自制界面中可以直观地观测出无人机的位置以及小车目前的位置，同时位置信息会自动作图，并且把相关的数据自动存储在微软云上。

2.2　无人机部分

无人机担任本系统的搜救核心，由三大分布式系统组成：飞控、瑞萨 RZ/G2L 处理器与协处理器。首先，飞控通过串口将 IMU 数据通过协处理器的信息中转站与深度相机获取的视频流信息在 Vins-fusion 框架下做 ekf 融合后进行实时位姿信息估计和建图，然后将 Vins 估计的位姿信息通过信息中转站发送给飞控用于定位。瑞萨 RZ/G2L 处理器上连接了热成像相机与自主设计的八通道立方体麦克风阵列，在巡航过程中将八通道立方体麦克风阵列获取的原始音频信息通过深度神经网络进行滤波、去噪、增强，从而在无人机桨叶的高噪声条件下也能分辨出人声信号，同时通过热成像相机检测热源相对飞机的位姿，然后将该信息和 Vins 估计的位姿与建图信息传递给协处理器的路径规划器，规划出一条最优的路径到达目标点。系统框图如图 2 所示。

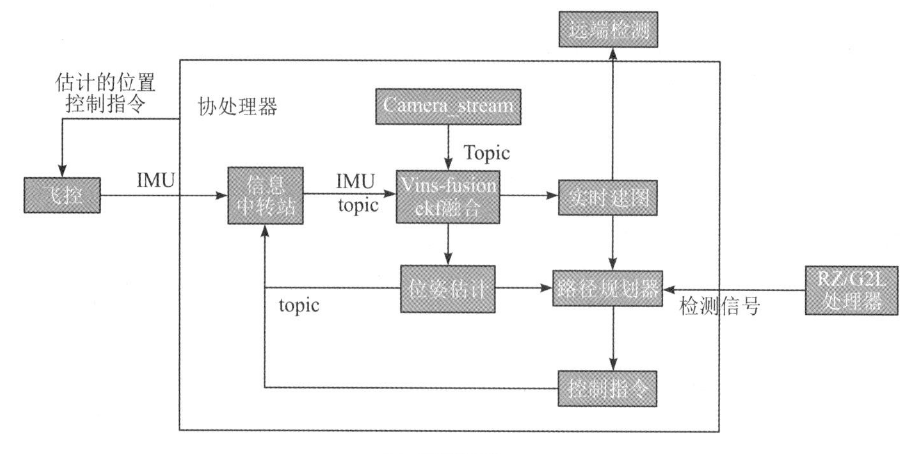

(a) 飞控系统

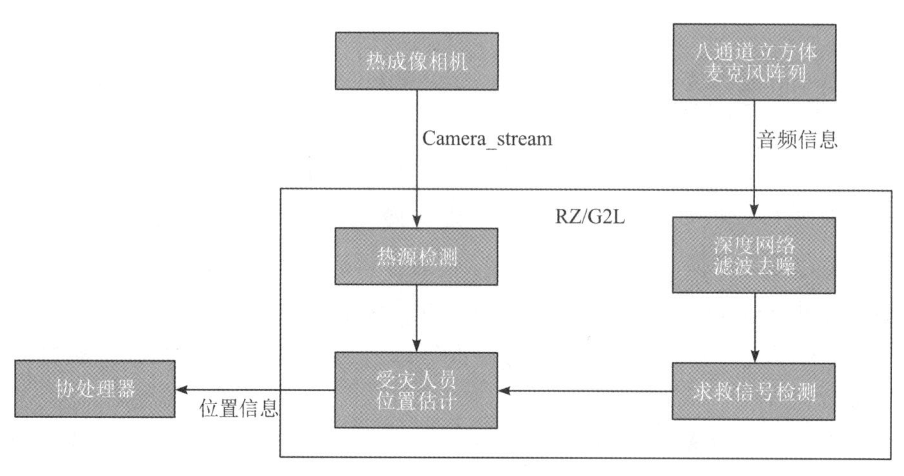

(b) 瑞萨RZ/G2L与协处理器

图 2　无人机系统框图

2.2.1　无人机硬件设计

无人机采用小巧灵活的穿越机，机架轴距仅为 250 mm，可以通过较为狭小的空间，提高搜救效率。动力系统采用 KV2550，最大拉力为 1336 g 的电机，搭配三叶桨和 45 A 电调。

图 3 为无人机组装完成的效果。

图 3　组装好的无人机

2.2.2　声音定位系统

本作品采用声源定位的方案获取受灾人员的具体位置。声源定位系统(Sound Source Localization)如图 4 所示。

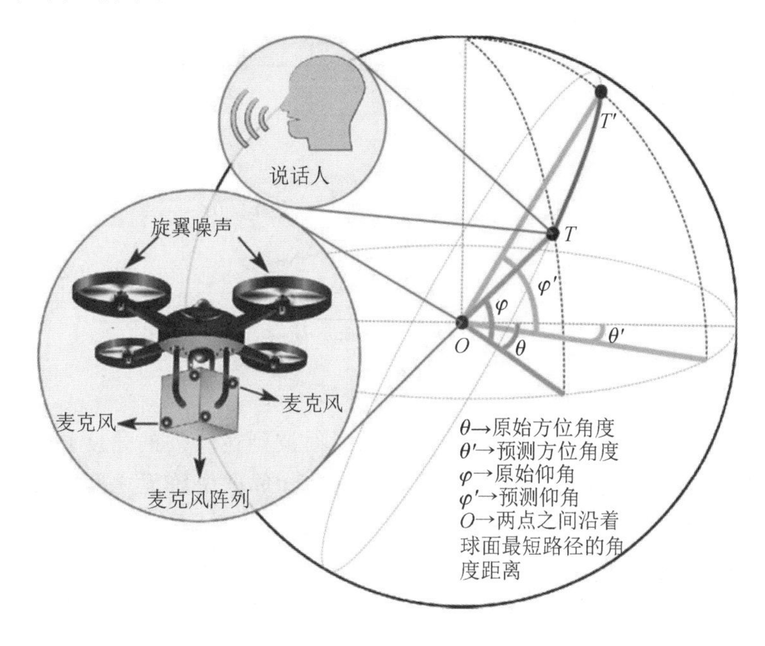

图 4　SSL 系统介绍

在定位系统中，需要麦克风阵列才可以定位出无人机的位置。但是市面上的麦克风阵列都无法满足无人机的尺寸要求，在很小的尺寸下，很难满足精准定位的要求。于是，我们自主绘制 PCB 并将其搭建为八边形。麦克风阵列示意如图 5 所示。

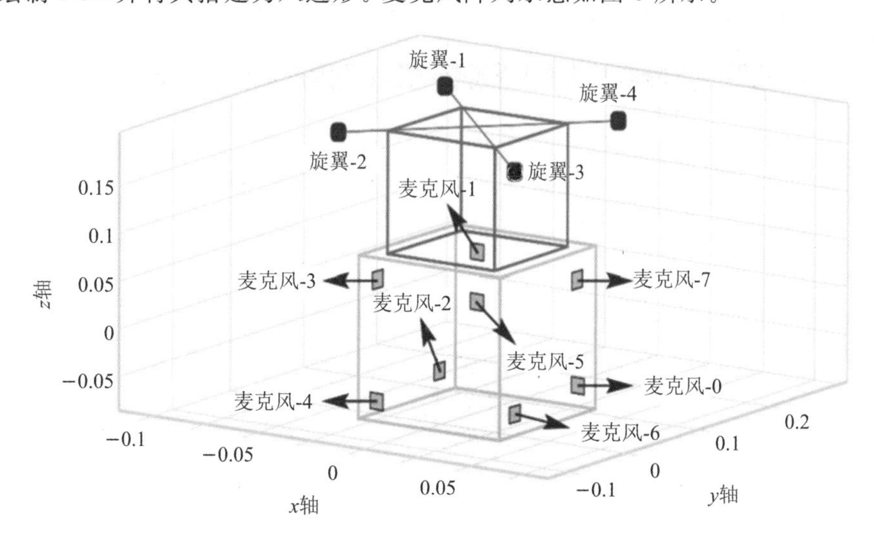

图 5　麦克风阵列示意图

本作品采用空间相位差原理获取人的声音的位置以及滤除噪音。空间相位差原理如图 6 所示。

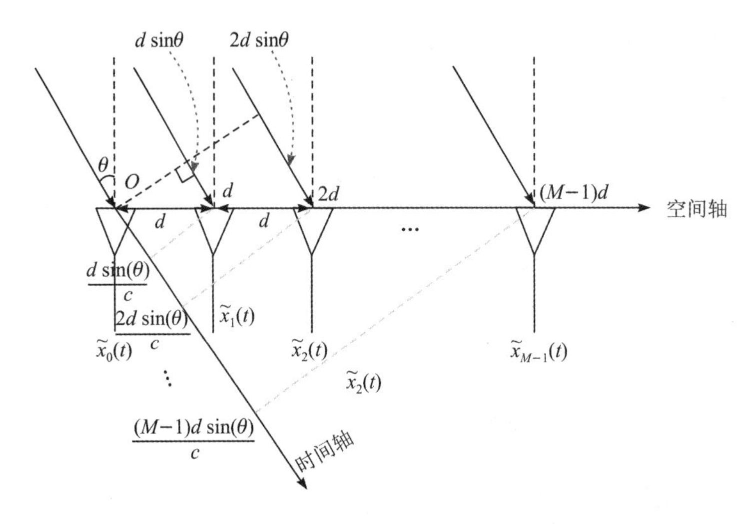

图 6　空间相位差

图 6 展现了入射波的传播特性。其中 θ 表示入射波到达阵列的角度。这是波前到达第一个阵元和最后一个阵元之间的夹角。d 代表阵列中相邻两个阵元之间的物理距离，亦称作阵元间距。M 表示阵列中阵元的总数。$x_i(t)$表示第 i 个阵元在时间 t 接收到的信号。c 表示波在介质中传播的速度。在空气中，这通常是指声速。$d\sin(\theta)$、$2d\sin(\theta)$、$(M-1)d\sin(\theta)$这些表达式代表不同阵元接收到的信号之间的路径差。由于波的入射角度 θ，每个阵元接收到的信号会存在一定的时间延迟。

2.2.3　视觉定位方案

本作品使用 V-SLAM 中的 Vins-fusion 算法。相比于别的 SLAM 算法，Vins-fusion 所需要的资源比较小，只用 CPU 即可完成所有的情况。

图 7 为 SLAM 测试运行情况。

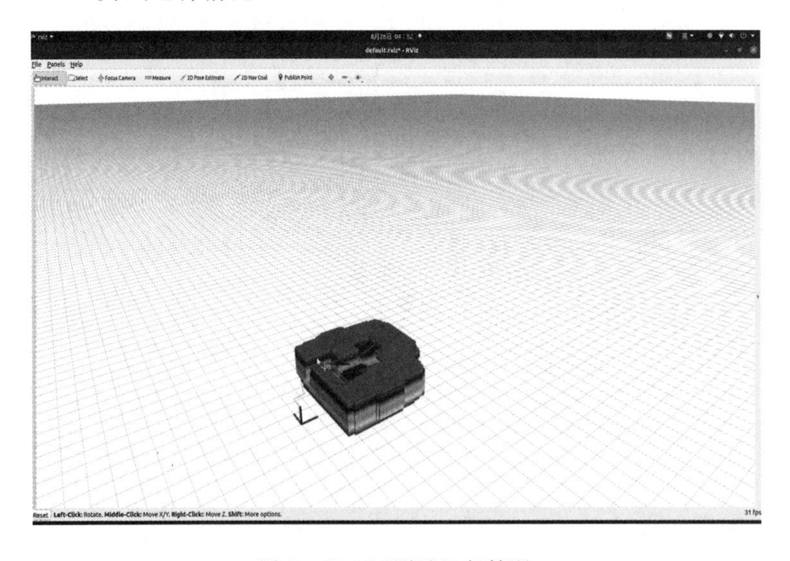

图 7　SLAM 测试运行情况

2.2.4　避障方案

避障同时需要兼顾到原来的路径规划，本作品采用机器学习方法作为总处理拟合。路径规划流程图如图8所示。

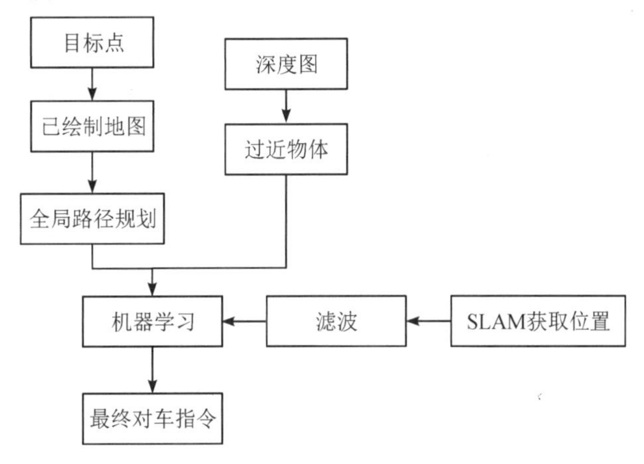

图8　路径规划流程图

2.2.5　轻量人脸检测算法

本作品使用的人脸检测算法为FaceBoxes人脸检测器，为高精度的CPU实时人脸检测器，如图9所示。传统的人脸检测一般使用传统级联分类器或者多任务卷积神经网络(MTCNN)，但是这种级联检测器在人脸数量较多的时候存在不足，而且多阶段训练较为复杂，检测速度并不快。

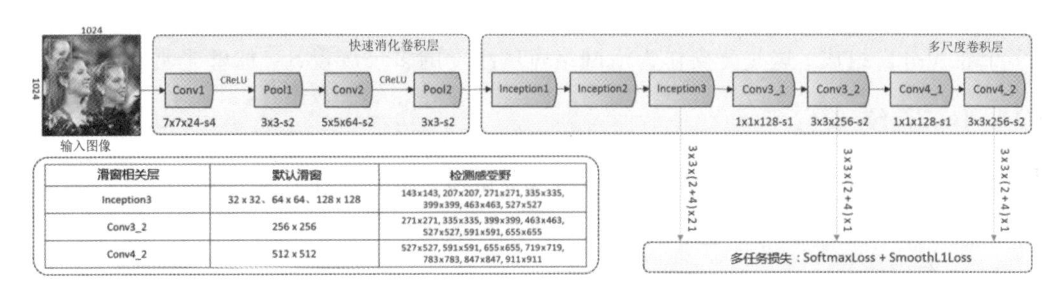

图9　FaceBoxes网络结构

FaceBoxes检测器相比于传统人脸检测器主要改进有三点：快速消化卷积层、多尺度卷积层和anchor稠密化。

(1) 快速消化卷积层-RDCL。人脸检测算法速度很大程度上取决于输入图像尺寸与卷积核大小，RDCL缩小了输入图像尺寸，增大了卷积和池化的步长，同时，通过CReLU激活函数，减少输出通道的数量。

(2) 多尺度卷积层-MSCL。多尺度卷积层所提出的方法基于RPN，它是在多类别目标检测场景中作为与类无关的提议者而开发的。对于单类别检测任务(例如人脸检测)，RPN自然是唯一相关类别的检测器。然而，作为一个独立的人脸检测器，RPN无法获得有竞争力的性能。我们认为，这种不理想的表现存在的原因包括两方面。第一，RPN中的锚点只与最后一个卷积层相关联，其特征和分辨率太弱，无法处理各种尺寸的人脸。第二，anchor-associated layer负责检测相应尺度范围内的人脸，但它只有一个单一的感受野，无法匹配不同尺度的人脸。

相比 RPN，MSCL 在深度和宽度两个维度进行了优化设计，如图 10 所示。

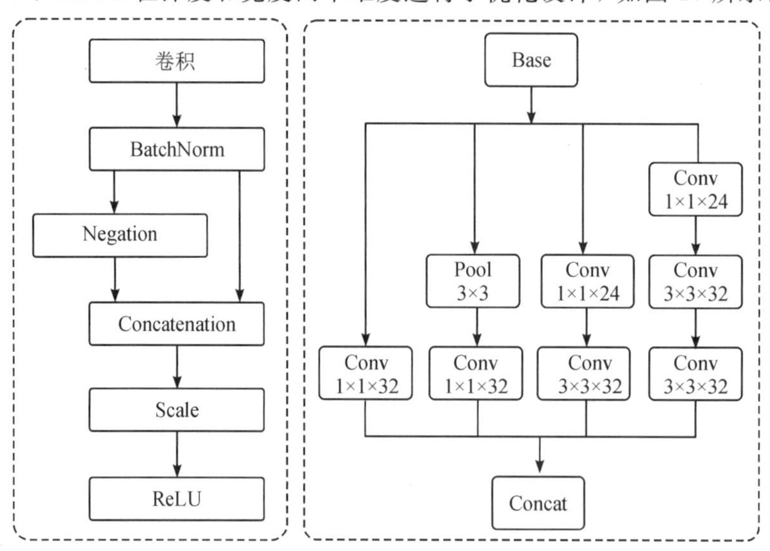

图 10　MSCL 示意图

深度方面，MSCL 由几层组成。这些层逐渐减小并形成多尺度特征图。这些层作为沿网络深度维度的多尺度设计，将锚点离散化到具有不同分辨率的多个层上，以自然地处理各种尺寸的人脸。

在宽度方面，为了学习不同尺度人脸的视觉模式，anchor 相关层的输出特征应该对应不同大小的感受野，这可以通过 Inception 模块轻松实现。Inception 模块由具有不同内核的多个卷积分支组成。这些分支作为沿网络宽度维度的多尺度设计，能够丰富感受野。

2.3　小车系统

在本系统方案中，小车的作用为配合演示测试通信以及验证通过无人机返回的地图能否正确规划路径，体现出空地协同。在实际中，车应为大型汽车。

1. 小车硬件设计

小车实物图如图 11 所示。

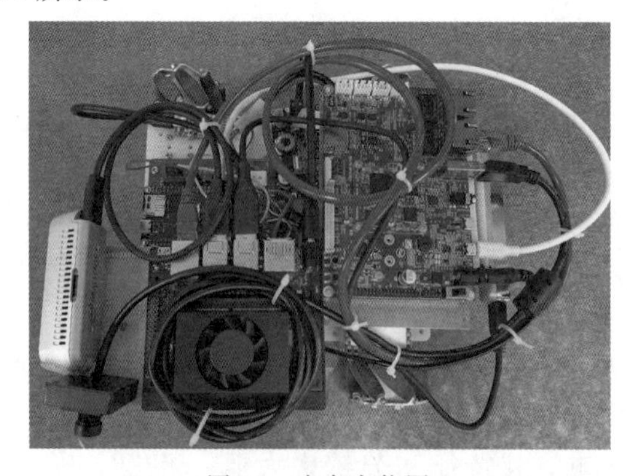

图 11　小车实物图

小车系统框图如图 12 所示。小车上装载 Jetson NX，作为定位避障主要的控制模块，STM32 作为主要控制模块，瑞萨 RZ/G2L 作为主要算力平台，运行人脸识别的相关程序，通过人脸识别来判断是不是有人呼救。同时小车上的 Jetson NX 与瑞萨使用网线进行通信。

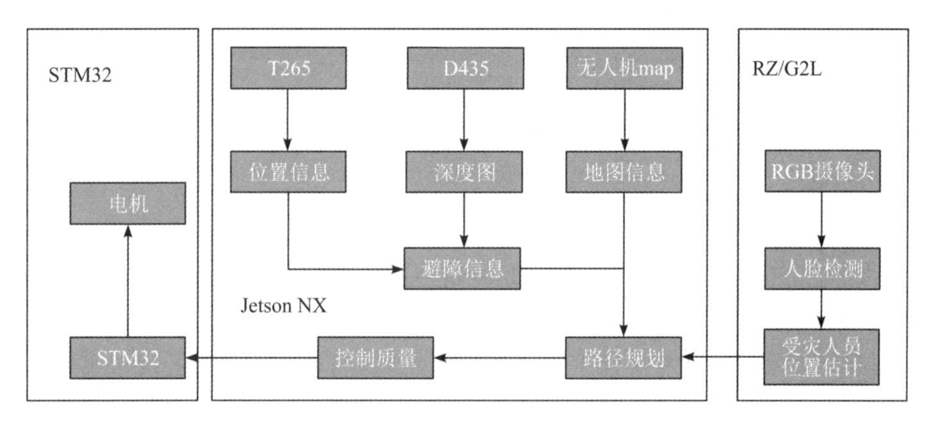

图 12　小车系统框图

2. 小车软件设计

小车和无人机联合实现避障，无人机把所有的信息传递给小车，小车通过无人机的历史信息，规划出路径，通过路径来处理最终结果。

3. 小车界面设计

基于 Python 的 TK 包进行设计，主要通过网络获取到小车的当前位置信息，并且把位置信息全部传输到 Windows 端，Windows 使用 OpenCV 把路径规划显示出来。绘制界面如图 13 所示。

图 13　绘制界面图

2.4　通信方案设计

本作品使用网络通信采用数据库与数传相结合的方案，数传在短距离中有着不错的传输效果，可以用于灾难之后没有网络信号的紧急情况。

同时在网络状况较好的情况下，系统将所有的数据上传到数据库，小车可以通过数据库与无人机建立起连接。

对于无人机和小车而言，在同一片空间中，相差的距离不会很大，所以采用局域网的方式来传输所有的数据。对于 Jetson 和瑞赛 RZ/G2L 而言，所有的设备都是放在同一辆车上的，对于这种情况，可以使用网线连接，相比传统的串口而言传输效果更好。

3. 作品测试与分析

3.1 测试方案

考虑到四旋翼无人机在进行飞行测试的时候具有危险性，为了保护参赛队员的人身安全，初期测试在室内封闭场地进行，场地具有防护网。

为了模拟灾害发生时的室内环境，我们设置了纸箱作为障碍物，模拟灾害发生时的障碍物场景，在场地随机放置无线音响，播放求救声，以测试无人机声源定位算法性能，无人机稳定后，我们成员佩戴护目镜、手套等防护措施进入防护网，扮演伤员呼救，测试无人机性能。

小车由于危险性较低，其硬件调试场地在普通实验室环境完成，包括小车驱动程序测试等，测试完成后在无人机场地测试小车是否正常工作，待小车和无人机均测试完成后联调。

3.2 测试环境搭建

本作品包含四旋翼无人机，对安全性要求较高，因此使用带有无人机专用防护网的封闭房间作为测试环境，小车对测试环境无特殊要求，如图 14 所示。

图 14　测试环境

在实际测试中，手机播放呼救的信息。同时在终点处放上人脸，用于模拟求救场景。在实际中，车上搭载单目摄像头，作为视觉搜索。无人机上搭配视觉和听觉模块，使用视觉和听觉进行联合搜索。

3.3　测试设备

测试所使用到的设备包括无人机防护网、音响、计算器、电源插座、电池充电器、障碍物纸箱、护目镜、防护手套及笔记本电脑。

3.4　测试数据

为了测试小车和四旋翼无人机之间的通信稳定性，我们进行了超过 2 h 的测试。测试期间未发生通信断开或者卡死现象。

人脸识别模型速度测试如表 1 所示，测试平台为 RZ/G2L 开发板。

表 1　人脸识别模型速度测试

测试图片	耗时/ms
图片 1	165
图片 2	172
图片 3	168
图片 4	171
图片 5	175

人脸识别模型准确性测试如表 2 所示，测试平台为 RZ/G2L 开发板。

表 2　人脸识别模型准确性测试表

测试图片	人脸数量	识别数量	正确识别数量	错误识别数量
图片 1	2	2	2	0
图片 2	1	1	1	0
图片 3	1	1	1	0
图片 4	3	3	3	0
图片 5	2	2	2	0

SLAM 算法视觉定位精度测试如表 3 所示。

表 3　SLAM 算法视觉定位精度测试表

实验次数	运行时间/min	最终定位误差/cm
1	10	4.1
2	15	4.6
3	20	4.4
4	25	5.0
5	30	5.2

3.5 结果分析

依据测试结果，可以看到在不同的测试样本、环境和时间下，系统的双机通信、人脸识别速度与精度、SLAM 算法定位精度等测试指标均有不错的表现。在较长时间的通信测试中，系统展现了较好的稳定性和通信速度，不存在通信断联与卡顿。测试人脸识别模型精度时，我们采用了多张系统执行任务场景下常见的人脸图片进行测试，测试平台为 RZ/G2L 开发板。测试过程中，算法准确识别出了测试图片中的人脸，且无误识别或少识别现象。单张图片识别时间约为 170 ms，测试验证了模型具有较高的推理速度和精度，适合在嵌入式平台上进行部署。为了测试无人机避障与路径规划的核心算法，我们在测试场地中测试了 SLAM 算法稳定性，在 10～30 min 的测试时间里，算法拥有 5.5 cm 以内的定位误差，精度较高，满足避障与路径规划要求。

4. 创新性说明

1）自制八通道立方体麦克风阵列

我们自制了八通道立体麦克风阵列，采集多方位 PDM 音频数据。由于麦克风自身原因，在单麦克风采集数据时会产生难以过滤的噪声，本系统融合多麦克风数据处理结果，使数据更为准确。

2）实现高噪声条件下的音频信号处理

本作品通过深度神经网络，将从八通道立方体麦克风阵列获取的原始音频信息进行滤波、去噪、增强，从而获取低信噪比的高质量音频。

3）实现受灾人员的求救音频信号识别

本作品通过一维扩展神经网络，将多组过滤后的高质量音频进行训练，最终实现准确率较高的求救音频信号识别。

4）实现多模态信号识别

本作品集成了热成像相机与麦克风阵列，用于视觉和听觉的同时检测，利用听觉的广范围进行快速搜寻，视觉的高精度进行精准定位，两个维度协同工作使整个系统可以进行快速、精准的搜救工作。

5）实时 SLAM 与自主路径规划

本作品不依赖 GPS 等定位方式，可以在信号较弱的条件下进行精准定位，同时可以自主规划出一条最优的路径来避开受灾区域的复杂障碍物群。

6）应用多智能体协同系统

本作品为空地协同系统，利用无人机的灵活性和救援车的稳定性、安全性使得整个搜救过程快速、安全。

7）完成全自主的搜救任务

本作品只需要极少的操作人员即可开展全自主的搜救任务，极大节省了人力资源，同时保证了搜救人员的安全。

5. 总结

作为一款全自主空地协同搜救系统，本作品采用红外成像与无人机嵌入式声源定位技术(SSL)，使用热成像相机以及八通道立方体麦克风阵列获取受灾人员的热辐射源信号和求救信号；使用基于角谱的 TDOA(到达时间差)估计方法，如广义交叉相关相位变换(GCC-PHAT)，最小方差-失真-无响应(MVDR)作为基线；通过使用速度相关谐波消除(SCHC)技术减少噪音来改进基线方法，然后建立一维扩张卷积神经网络，从原始音频中计算出目标声源的方位角和仰角，根据不同位置下角度的变换可以解算出目标声源相对无人机位置的大概信息；然后利用实时定位、建图与路径规划技术，规划出能够安全到达目标，避开障碍物的路线到达搜救信号源位置进行精准判断；判断无误后将精确的位置信息和局部的受灾图像信息传递给救援车展开搜救工作。相比现有技术，我们还设计了八通道立体麦克风作为音频输入设备，同时，融合了热成像相机与麦克风阵列用于视觉和听觉的同时检测，利用听觉的广范围进行快速搜寻，视觉的高精度进行精准定位，两个维度协同工作使整个系统可以进行快速、精准的搜救工作。

该作品设计并实现了无人机和地面小车协同搜救演示系统，涵盖了红外和语音识别定位、视觉 SLAM、人脸识别、多智能体协同等技术，工作量大，实验室演示效果较好。可进一步考虑实际救援场景的多噪声、语音微弱、人脸遮挡等异常情况完善系统。

作品4 基于瑞萨RZ/G2L的智能垃圾分类系统

作者：姜荣昇　张广源　孙海华　（青岛大学）

作品演示

作品代码

摘　要

随着社会的高速信息化发展，越来越多的社会活动正走向智能化与自动化，如自动驾驶、智能门禁等，但针对垃圾分类的智能终端却不多见。目前垃圾分类的处理主要以人力为主，导致垃圾分类效率低下，成本高昂。本队针对垃圾分类处理方式落后的现状，制作了一个基于瑞萨RZ/G2L开发板的智能垃圾分类系统，包括深度学习、图像识别、网络化等功能。本系统能自动识别垃圾的类别并引导投放到相应的位置，缩减了人工再次分拣的过程，并且能通过网络化功能实时上传工作状态，便于工作人员监控以及远程调试。经测试，本系统功能稳定，垃圾的识别率在90％以上，在解决垃圾分类的问题上具有一定的实用价值。

关键词： 瑞萨RZ/G2L；垃圾分类；TensorFlow；图像识别

Garbage Classification System Based on Renesas RZ/G2L

Author: JIANG Rongsheng, ZHANG Guangyuan, SUN Haihua (Qingdao University)

Abstract

With the rapid development of technology in society, more and more social activities are developing towards intelligence and automation, such as automatic driving, intelligent access control and so on. However, there are few intelligent machine for garbage classification. At present, the processing of garbage classification is still mainly based on human resources, which leads to low efficiency and high cost. To address the backward status of garbage classification and processing, our team create a garbage classification system based on Renesas RZ/G2L development board, including deep learning, image recognition, networking and other functions. The system can automatically identify the category of garbage and lead people to put the garbage to the correct location, reducing the process of manual sorting. Meanwhile, the system can upload the working status in real time, which is easy for managers to monitor remotely. The system has been tested and found to be stable, with a garbage recognition rate of over 90%, and a certain application value in solving the problem of garbage sorting.

Keywords: Renesas RZ/G2L; Garbage Classification; TensorFlow; Image Recognition

1. 作品概述

本设计以瑞萨 RZ/G2L 开发板为主控，制作了一个智能垃圾分类系统，可实现对 39 种常见种类垃圾的识别与分类，垃圾分类系统实物如图 1 所示。瑞萨 RZ/G2L 开发板实现垃圾图像的分类和语音功能，并通过对下位机 STM32F401 的控制，实现智能开盖、垃圾桶状态监测上传的功能。同时我们设计了 App，便于管理人员实时查看垃圾桶状态。在垃圾桶满时，可实时消息推送至管理人员手机进行提示。

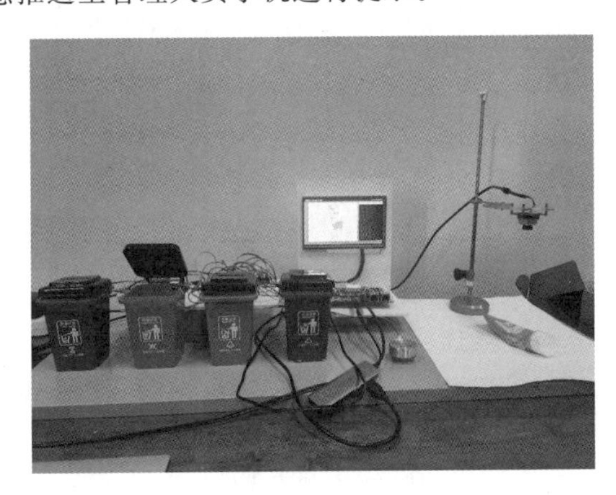

图 1　垃圾分类系统实物图

近些年，我国各项垃圾分类举措稳步推进，但在某些地区，居民对垃圾分类的概念仍比较模糊，对一些常见的垃圾种类仍不明确。与此同时，垃圾分类垃圾桶投放较少。为了响应我国垃圾分类的号召，提高垃圾分类的效率和可行性，本作品以 TensorFlow 作为深度学习框架，进行垃圾分类模型的训练，同时将模型部署在开发板中，探索瑞萨 RZ/G2L 在垃圾分类场景应用的可能性。

本作品选择使用瑞萨 RZ/G2L 用于图像识别，综合考虑各种深度学习框架的优劣，选择使用 TensorFlow Lite 作为垃圾分类模型的训练框架，建立卷积神经网络进行垃圾图像的分类。在对模型进行综合考量后，使用 MobileNetV2 作为垃圾分类的模型方案，训练精度可达 90%以上。

同时，为了提高用户的体验，在检测到垃圾后，通过瑞萨 RZ/G2L 开发板向 STM32 发送指令，控制舵机打开相应的垃圾桶盖，并通过语音播报的方式与用户进行交互。

为了丰富垃圾桶的功能与实用性，本作品加入激光测距模块对垃圾桶的余量状态进行判断。使用 MQTT 协议将激光测距模块的数据上传 OneNet 物联网平台，并使用 HTTP 服务推送至 Django 框架搭建的后端服务器，在此基础上进行 App 的开发。用户和管理人员可以实时查看附近垃圾桶的状态，垃圾桶满时，向管理人员推送消息，避免出现垃圾桶满清理不及时的问题，提高垃圾分类的效率。

经过实验数据的测试，本系统功能稳定，对各类垃圾有较好的识别效果，且成本较低，具有一定的实用价值，可以投放到全国各地，有效推进垃圾分类的进程。

2. 作品设计与实现

本作品分为软件设计与硬件设计。软件设计基于 OpenCV、Django、TensorFlow Lite、YOCTO、OneNet 等，硬件设计基于瑞萨 RZ/G2L 开发板、STM32F401、SG90 舵机、ESP8266、TOF050C 等。图 2 为系统流程图。

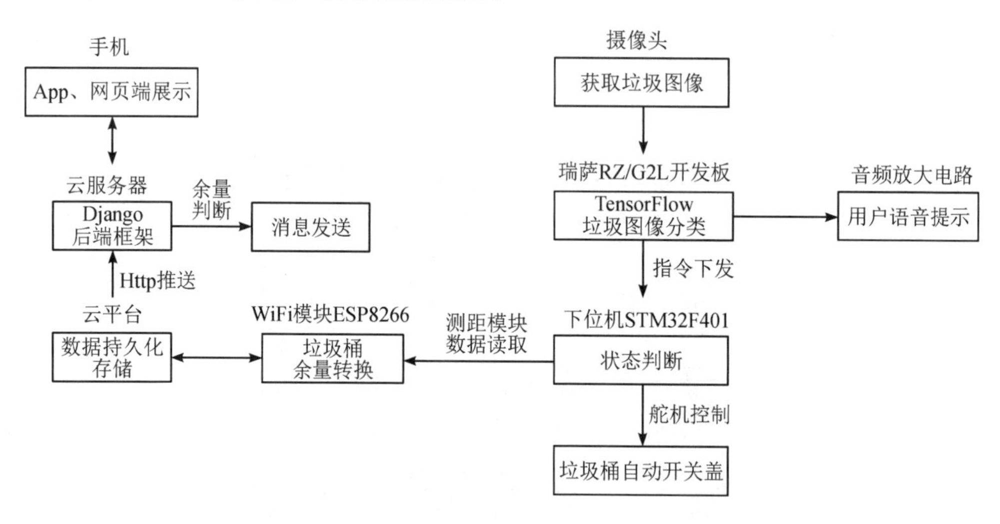

图 2　系统流程图

2.1　系统方案

1）开发平台选择

方案 1：使用传统 Qt 开发。Qt 对 Linux 系统支持性较好，运行效率高，但对 TensorFlow 等深度学习框架缺乏开发文档支持，同时需要配置各类交叉编译环境，不便于图像分类算法的开发。

方案 2：使用 Python 开发。Python 作为当下流行的编程语言，对于各类深度学习框架已经有十分完善的支持，同时可以使用 OpenCV 库调用摄像头采集图像进行处理并显示，但显示图像需要图形库支持。

经过综合考虑，我们选择使用 Python 进行垃圾图像分类和系统运行逻辑的开发，使用 YOCTO 编译 Linux 系统镜像并添加 OpenCV 显示图像所需要的 libgtk 3.0 库的支持，避免了传统的 Qt 开发所需要的各种交叉编译链和环境配置。

2）图像采集方案

本作品选择 OpenCV 框架对图像进行二值化、裁剪、亮度和对比度等操作。OpenCV

是作为开源跨平台的计算机视觉库，提供了 Python、C++等语言的接口，内部集成了大量图像处理的函数功能，OpenCV 对 GUI 界面和对视频流均可提供支持，可以方便快捷地实现对垃圾分类图像的采集和处理。

3）语音播放方案

方案 1：添加语音模块，瑞萨 RZ/G2L 开发板在检测到垃圾类别后作为上位机下发指令至语音模块。

方案 2：使用 Python 命令调用瑞萨 RZ/G2L 开发板的板载声卡资源。

语音模块在运行效率上有折扣，并且会降低整个垃圾分类系统的稳定性，故不作考虑。使用 Python 命令开发时，可以直接利用开发板的板载资源，同时便于通过 Linux 指令进行管理，便于系统开发，故选择方案 2 作为语音播放方案。

4）测距模块方案

方案 1：使用超声波测距模块。

方案 2：使用激光测距模块。

测量精度上，超声波测距模块的测量精度为厘米级，激光测距模块的测量精度为毫米级。超声波测距模块误差较大，当声波经过之处障碍物较多时，干扰较大，而激光测距模块是极小的激光反射测距，几乎无干扰，误差较小。综上，方案 2 更适合本作品对垃圾桶余量的测量，故选择方案 2 作为测距模块方案。

5）舵机系统方案

方案 1：使用 MCU 做下位控制。

方案 2：使用瑞萨 RZ/G2L 开发板直接驱动。

瑞萨 RZ/G2L 的 PWM 通道较少，难以驱动多路舵机，而 MCU 仅需一个高级定时器即可驱动多路舵机，且舵机系统工作异常时容易出现过流情况，易损坏设备，从成本角度而言，选用 MCU 驱动更适合本作品多个垃圾桶自动开关盖的需求，故选择方案 1 为舵机系统方案。

6）云平台方案

方案 1：使用 WiFi 模块 ESP8266，使用 MQTT 协议连接 ESP8266 与 OneNet 物联网云平台，可以高效地将测距模块数据传送至云端，但仅限于数据保存和展示，无法利用上传的数据进行 App 开发和短信推送功能的开发。

方案 2：使用 Python 中的 Django 框架，自建数据传输 API，并通过瑞萨 RZ/G2L 开发板获取测距模块数据后直接向服务器端发送 Post 请求保存数据，在此基础上可以方便地添加短信推送功能和前端界面的开发。但使用瑞萨开发板直接向服务器发送数据会有较高的延时，不利于系统的稳定性。

经过测试，选择综合使用方案 1 和方案 2。选择 OneNet 作为物联网平台与 ESP8266 进行通信，上传垃圾桶数据，并利用云平台的 Http 推送服务，将数据传送至 Django 搭建的后端服务器进行持久化存储，在此基础上进行前端页面开发和消息推送。

2.2　软件设计

2.2.1　数据集建立

本作品所采用的垃圾分类数据集来自 2019 华为云 AI 大赛 · 垃圾分类挑战杯以及大

量本队拍摄的垃圾图片，该数据集包括 40 个类别的垃圾图片，如图 3 所示。其中垃圾的类别格式已经给出，格式为“一级类别/二级类别”，可回收物、其他垃圾、有害垃圾、厨余垃圾为四个一级类别，其他诸如干电池、快餐盒等为二级类别。

No	一级类别	二级类别	English	No	一级类别	二级类别	English
0	其他垃圾	一次性快餐盒	fast_food_boxes	20	可回收物	快递纸袋	express_paper_bag
1	其他垃圾	污损塑料	fouled_plastic	21	可回收物	插头电线	plug_wire
2	其他垃圾	烟蒂	cigarette_butt	22	可回收物	旧衣服	used_clothes
3	其他垃圾	牙签	toothpick	23	可回收物	易拉罐	cans
4	其他垃圾	破碎花盆及碟碗	broken_dishes	24	可回收物	枕头	pillow
5	其他垃圾	竹筷	chopsticks	25	可回收物	毛绒玩具	plush_toy
6	厨余垃圾	剩饭剩菜	leftovers	26	可回收物	洗发水瓶	shampoo_bottle
7	厨余垃圾	大骨头	bones	27	可回收物	玻璃杯	glass
8	厨余垃圾	水果果皮	fruit_peel	28	可回收物	皮鞋	leather_shoes
9	厨余垃圾	水果果肉	fruit_pulp	29	可回收物	砧板	chopping_board
10	厨余垃圾	茶叶渣	tea_residue	30	可回收物	纸板箱	cardboard_box
11	厨余垃圾	菜叶菜根	vegetable	31	可回收物	调料瓶	castor
12	厨余垃圾	蛋壳	eggshell	32	可回收物	酒瓶	wine_bottle
13	厨余垃圾	鱼骨	fish_bone	33	可回收物	金属食品罐	metal_food_can
14	可回收物	充电宝	power_Bank	34	可回收物	锅	pot
15	可回收物	包	bag	35	可回收物	食用油桶	edible_oil_drum
16	可回收物	化妆品瓶	cosmetic_bottle	36	可回收物	饮料瓶	drink_bottle
17	可回收物	塑料玩具	plastic_toys	37	有害垃圾	干电池	dry_battery
18	可回收物	塑料碗盆	plastic_bowl	38	有害垃圾	软膏	ointment
19	可回收物	塑料衣架	plastic_hangers	39	有害垃圾	过期药物	expired_Drugs

图 3 垃圾分类类别展示

生成垃圾分类的数据集后，对数据集进行预处理。首先删除原始数据集中损坏的 .jpg 格式图片，之后通过剪裁、随机遮挡、填充、提高对比度、伸缩、翻转等方式对原始数据集进行增广。生成数据集列表后，将数据集分为训练集、测试集和验证集，分别占原始数据集的 80%、10%、10%。预处理后，每类垃圾中包含至少 400 张图片，可用于之后的模型训练。

2.2.2 模型建立

本作品选择使用 TensorFlow Lite 框架进行垃圾分类模型的开发。TensorFlow 是全球知名的深度学习框架，其独有的 TFLIte 格式量化模型，在嵌入式端部署已经有了十分成熟的方案。

由于垃圾分类的场景需求，使用卷积神经网络对摄像头获取的垃圾图片进行分类识别。在垃圾分类模型建立的过程中使用 TensorFlow Lite Model Maker 对 MobileNetV2 模型进行迁移训练，大大简化了将 TensorFlow 神经网络模型部署到边缘设备的过程。

1）模型选择

本作品模型使用卷积神经网络进行图像分类。图 4 为卷积神经网络结构图。

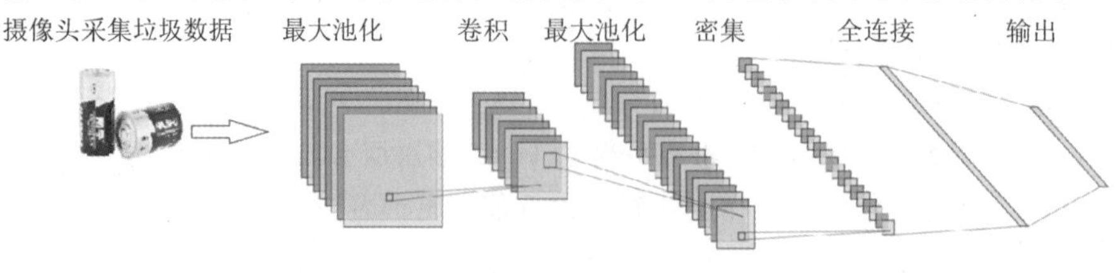

图 4 卷积神经网络结构图

2）模型训练

进行由于开发板性能受限，本作品选择使用量化后的图像分类模型，以便达到最小的模型大小和最快的性能。针对所选择的垃圾分类数据集，在 TensorFlow Lite Model Maker 使用 MobileNetV2 预训练模型对垃圾分类数据集进行迁移学习，以达到最优的训练效率，图 5 为模型训练过程。

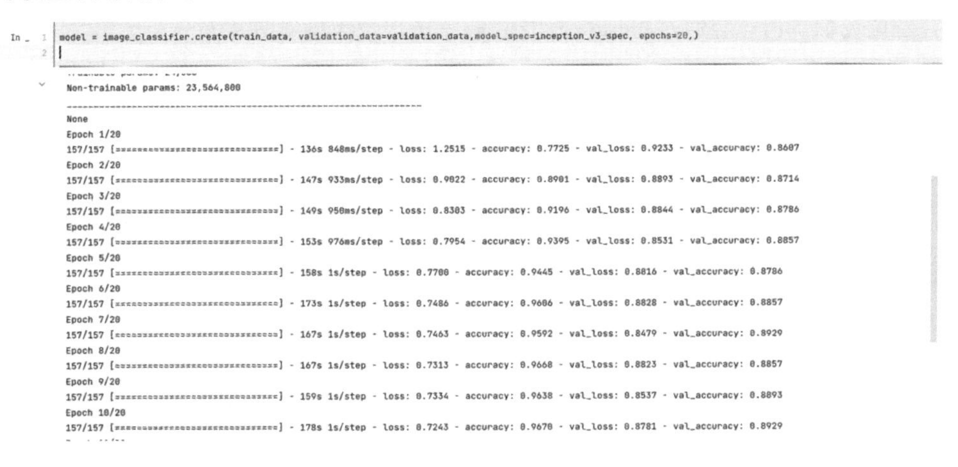

图 5　模型训练过程

3）模型评估

用验证集中的垃圾图片对模型效果进行评估，统计各类模型的精度，用于进一步在瑞萨 RZ/G2L 开发板部署的参考指标。

4）模型导出

将训练出来的模型进行量化并部署到瑞萨 RZ/G2L 开发板上，与硬件部分交互。

2.2.3　云端功能开发

1）物联网平台

本作品使用当下流行的 OneNet 平台作为物联网平台，接受测距模块的数据。OneNet 与 WiFi 模块 ESP8266 使用 MQTT 协议进行连接，完成数据上传与指令交互。图 6 为云平台对垃圾桶数据管理页面的展示。

图 6　云平台数据流展示

2）后端接口开发

为了便于对测距模块数据进行处理，利用 OneNet 的 Http 推送功能，将数据即时发送到 Django 搭建的后端服务器，并且添加定时服务判断垃圾桶状态，垃圾桶状态提醒如图 7 所示，当垃圾桶满时，会通过短信将报警信息发送至垃圾桶管理人员。

3）前端页面开发

为了便于管理人员和用户查看垃圾桶状态信息，调用垃圾桶后端数据接口进行安卓 App 和网页端页面的开发。垃圾分类 App 界面如图 8 所示。

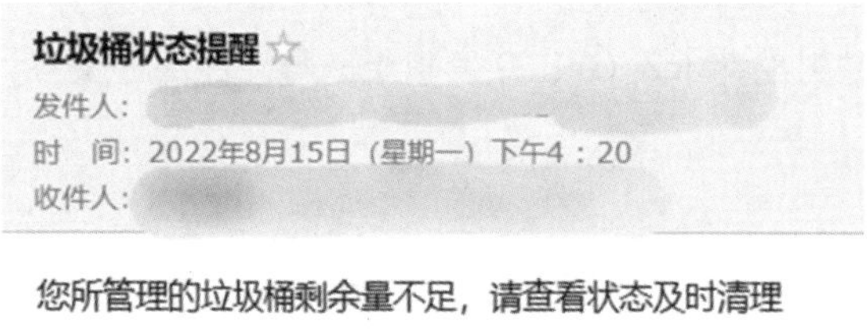

垃圾桶状态提醒☆
发件人：
时 间：2022年8月15日（星期一）下午4：20
收件人：

您所管理的垃圾桶剩余量不足，请查看状态及时清理

图 7　垃圾桶状态提醒

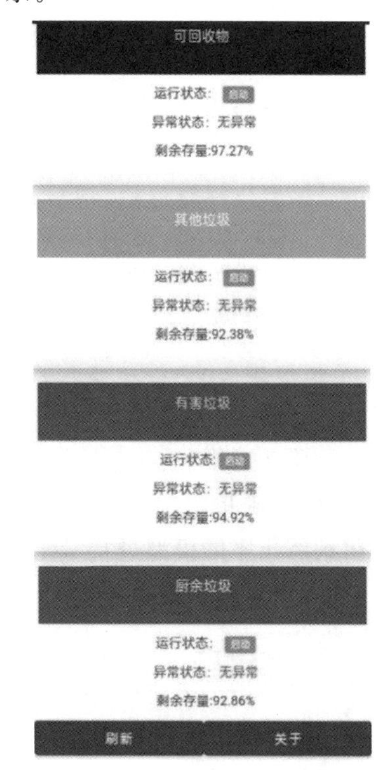

图 8　垃圾分类 App 效果展示

2.3　硬件设计

本作品以瑞萨 RZ/G2L、STM32F401 为硬件控制核心，采用 USB 高清摄像头、舵机云台、TOF050F 激光测距传感器、ESP8266 等模块，实现了对垃圾的自动分类、状态上传等功能。

2.3.1　舵机模块设计

舵机采用 SG90 模块，以 STM32F401 为控制核心，根据瑞萨 RZ/G2L 发出的命令向对应的定时器通道输出时基为 20 ms 的 PWM 波控制舵机，打开或关闭对应的垃圾桶，实现垃圾桶的自动开关。

2.3.2　测距模块设计

激光测距传感器采用 TOF050C，该模块精度高且采用 I^2C 协议，以 STM32F401 为控制核心，获取垃圾桶顶盖到底部的距离，以此判断垃圾桶的余量，并将数据发送到 WiFi 模块，实现远程实时检测垃圾桶的余量。

2.3.3　WiFi 模块设计

WiFi 模块采用 ESP8266，与云平台通信采用 MQTT 协议，STM32F401 通过串口将硬件消息由 ESP8266 推送到云平台，处理硬件端的订阅/取消订阅（Subscribe/Unsubscribe）、消息发布(Publish)的请求，同时也将硬件端发布的消息通过 Http 推送后端服务器。

2.3.4　音频驱动模块设计

音频驱动模块采用 TI 公司的 D 类音频放大器 TPA3138，TPA3138 是一款每通道功率为 10 W 的高效率、低空闲电流 D 类立体声音频放大器，可驱动负载低至 3.2 Ω 的立体声扬声器。本队基于该音频放大器设计了一个音频放大模块，用于放大板载声卡的音量，图 9 为音频驱动模块电路原理图。

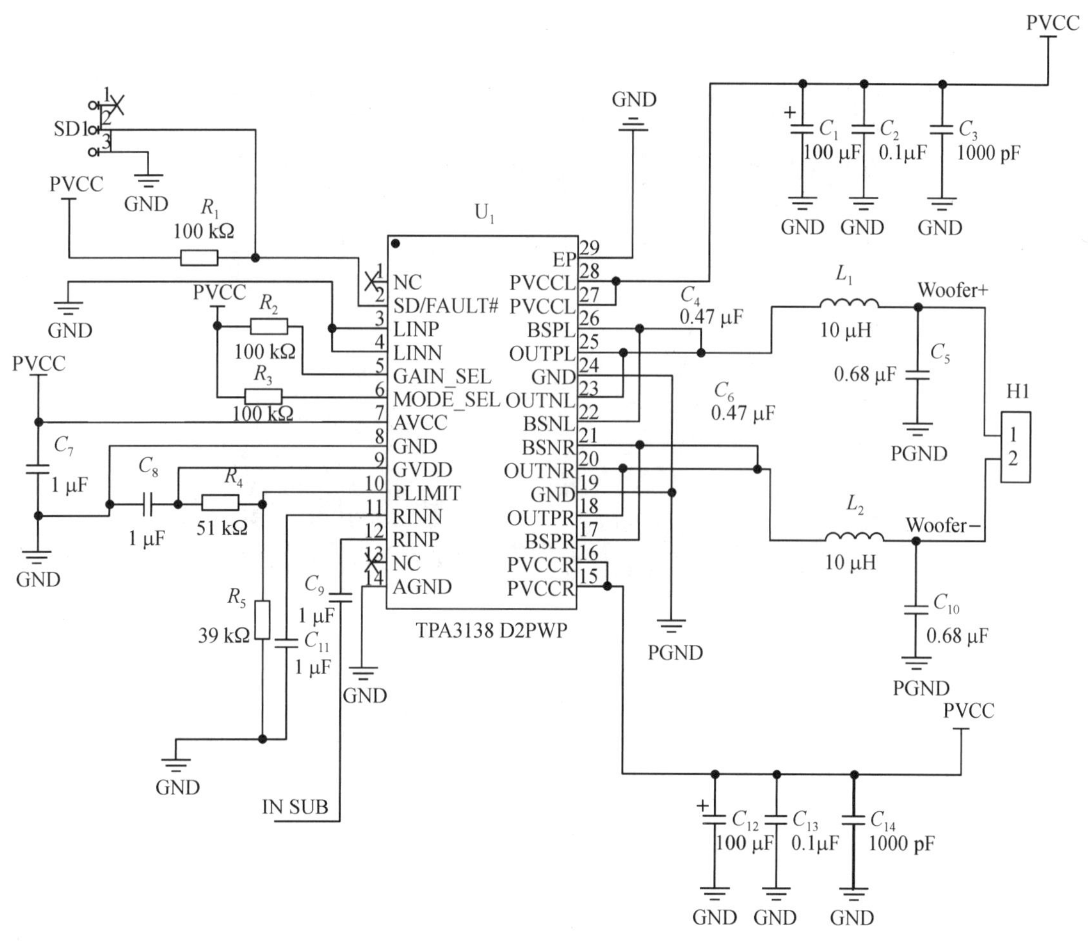

图 9　音频驱动模块原理图

3. 作品测试与分析

本作品通过瑞萨 RZ/G2L 开发板离线部署 MobileNetV2 模型实现的垃圾分类模型，

并通过对下位机 STM32F401 的控制，实现智能开盖、垃圾桶状态监测上传的功能。

综合考虑后，应对模型效果和各个模块的精度进行测试，检测是否达到垃圾分类的需求。

3.1 测试方案

1）模型效果对比

本作品选择其他预训练模型，包括 EfficientNet-Lite1、EfficientNet-Lite4、Inception V2、ResNet50，分别对垃圾分类数据集进行训练，并使用测试集与 MobileNetV2 模型效果进行对比，验证模型选择的正确性。

2）图像识别精度

本作品使用 MobileNetV2 模型对垃圾分类数据集进行迁移学习后，将其部署在瑞萨 RZ/G2L 开发板上，对不同种类的垃圾图片进行测试，测试模型精度。图 10 为模型实际效果测试图。

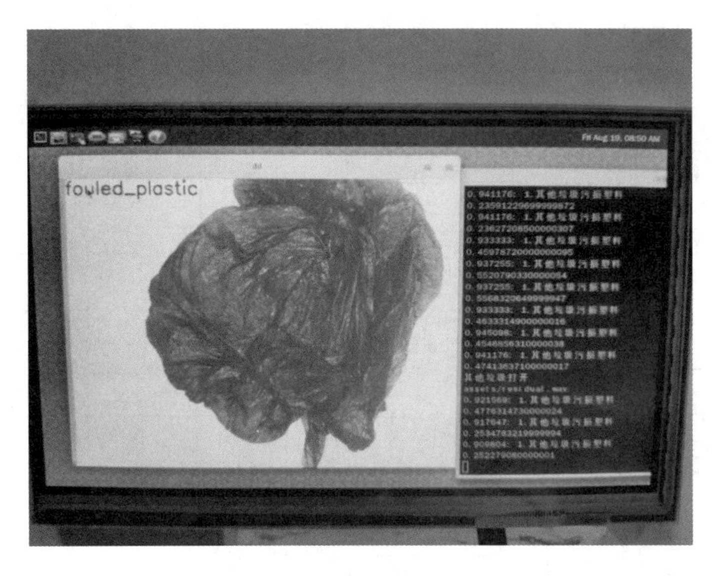

图 10　模型实际效果图

3）测距模块精度

测距模块通过测量顶盖到底部的距离换算出垃圾桶的余量，通过在垃圾桶中堆放不同程度的垃圾来测试测距模块精度。

3.2 环境搭建

我们使用 TensorFlow Lite 框架将垃圾分类模型部署在瑞萨 RZ/G2L 开发板上，并与 STM32 建立串口连接。将 WiFi 模块与云平台进行云端通信，设立合理的时间间隔将测距模块传感器信息上传云端。

3.3 测试设备与测试数据

测试设备包括 ESP8266、4K 摄像头、云服务器及测距模块。

垃圾分类模型指标如表 1 所示。

表 1　垃圾分类模型指标表

模型名称	推理时间/ms	准确率/%
EfficientNet-Lite1	107	83.48
EfficientNet-Lite4	160	87.32
MobileNetV2	250	92.36
InceptionV2	350	90.07
ResNet50	700	93.57

实际模型精度测试如表 2 所示。

表 2　实际模型精度测试表

预测垃圾类别	样本数量	平均推理时间/s	平均精度/%
饮料瓶	30	0.325	92.1
茶叶渣	30	0.289	93.2
干电池	30	0.348	92.5
污损塑料	30	0.365	93.4

测距模块精度误差如表 3 所示。

表 3　测距模块测量误差表

实际距离单位/mm	第一次测量		第二次测量		第三次测量	
	测量值	误差/%	测量值	误差/%	测量值	误差/%
30	28	6.67	29	3.33	27	10.00
50	47	6.00	49	2.00	47	6.00
100	99	1.00	99	1.00	98	2.00
130	127	2.31	129	0.77	128	1.54
150	150	0.00	150	0.00	149	0.67
200	197	1.50	199	0.50	198	1.00
230	228	0.87	229	0.43	229	0.43
250	249	0.40	248	0.80	250	0.00

3.4　结果分析

通过使用该垃圾分类系统一周，我们发现运行时无明显问题，服务器端和物联网平台连接稳定，未发生丢包和连接断开的情况，数据处理准确，可以满足日常需求。

将模型离线部署到瑞萨 RZ/G2L 开发板，根据测试数据以及测试集的表现，本作品推理时间在 250 ms 左右，精度在 92.36%左右，均能达到垃圾分类的需求。同时，根据实际测试，实际垃圾类别的识别平均精度达到90%以上，同时测距模块的平均误差在6%以下，能够满足对垃圾桶状态的检测要求。测试结果表明了本作品日常应用的可行性。

4. 创新性说明

4.1 模型优化

本作品使用TensorFlow封装的模型优化工具包对原始模型进行量化处理，这使模型能够达到小体积、高精度的要求，能够成功部署到瑞萨RZ/G2L开发板平台。同时能够有效改善模型的延迟，提高模型推理速度。为了模型的速度得到进一步提升，我们选择使用ArmNN对模型进行加速，模型优化后的速度可达到6帧/秒左右，能够有效满足垃圾分类模型在实际情况中的速度需求。

同时，为了便于模型进行再次训练，本作品使用TensorFlow Lite Model Maker，可以收集摄像头采集到的垃圾图片，并进行再次迁移学习。相对于其他方式，本作品大大缩短了模型训练时间，有助于进一步完善模型。

4.2 物联网

针对传统垃圾分类垃圾桶的痛点，本作品使用ESP8266收集测距模块数据的形式，将垃圾桶剩余量以MQTT协议形式封装，上传到OneNet云平台，并开发了网页端和安卓端软件，显示垃圾桶的状态，实现对垃圾分类的远程监控管理。

4.3 消息推送

为了提高垃圾分类的效率，我们为垃圾桶绑定了相应的管理人员，当垃圾桶状态已满时，可以通过邮件或短信的形式向管理人员实时发送消息提醒，避免无人清理或清理不及时的问题。

5. 总结

本作品以TensorFlow为深度学习框架，搭建了一套完整的垃圾分类系统，探索了图像识别算法在嵌入式设备上部署的可能性。同时，本作品应用了物联网技术，将垃圾桶的本地状态上传云端并进行用户交互界面的开发。

我们在进行设计开发时，遇到的问题如下：

第一，系统环境的配置，包括但不限于OpenCV下GUI界面的支持、不同模型的深度学习环境的冲突、Qt交叉编译环境的配置，在不断尝试用YOCTO交叉编译Linux镜像后终于解决了该问题，为软硬件开发铺平了道路。

第二，针对垃圾识别的模型选择，本队尝试了各类经典的图像分类算法和目标检测算法，对MobileNet、ResNet、VGG、EfficientNet等模型进行训练，可精度和推理时间均无法达到日常应用的精度要求。为此，我们查阅了诸多文献，经过数据集增广和TensorFlow框架的模型优化工具，最终模型精度达到90%以上，推理时间稳定在0.2 s左右，能够满足日常应用的需要。

解决这两个主要问题之后，在我们的努力之下，其他的问题均得到基本解决，保证了垃圾分类系统的运行。这次信息科技前沿邀请赛，为我们提供了一次将专业知识加以应用的机会，同时让我们能够接触到电子领域的前沿技术。虽然途中多有受挫，但团队三人紧密合作，共同研究神经网络、合力解决编译 Linux 系统时的各种问题，一同组建垃圾识别的逻辑开发，最后呈现了一个完整的垃圾分类系统，也算不负几个月的努力。

参考文献

[1] 杨皓文，胡琦瑶，李江南，等. 基于 NB-IoT 的智能垃圾分类系统[J]. 物联网技术，2020，10(8)：47 - 51.

[2] SANDLER M，HOWARD A，ZHU M，et al. MobileNet V2：inverted residuals and linear bottlenecks[C]. 2018 IEEE/CVF Conference on Computer Vision and Pattern Recognition，2018，4510 - 4520.

[3] RABANO S L，CABATUAN M K，SYBINGCO E，et al. Common garbage classification using mobileNet [C]. 2018 IEEE 10th International Conference on Humanoid，Nanotechnology，Information Technology，Communication and Control，Environment and Management，2018，1 - 4.

专家点评

该作品设计并制作了一套基于瑞萨 RZ/G2L 开发板的智能垃圾分类系统，实现了深度学习、图像识别、联网部署以及机械控制等功能。该系统能自动识别垃圾的类别并引导投放到相应的位置，节省了人工再次分拣的过程，并且能通过互联网实时上传工作状态，便于工作人员监控以及远程调试。测试结果表明：该系统功能稳定，垃圾的识别率高，在解决垃圾分类的问题上具有较大的实用价值。作品充分利用了瑞萨系统板的强大算力达到了图像识别的实时性，还利用了瑞萨系统板的深度学习及通信能力，满足了设计需求。

作品5　基于疲劳检测的行车安全预警系统

作者： 关舟　张梓健　王虹极　（西安交通大学）

作品演示

摘　要

在行车过程中，驾驶员有时需要长时间驾驶，容易导致身心疲劳。这往往是造成交通安全事故的主要原因之一，因此，对驾驶员的疲劳状态进行实时检测，并评估其危险程度，及时提醒或警告，有着重要的现实意义。本作品基于瑞萨 RZ/G2L 嵌入式平台，使用 Dlib 模型，对驾驶员的面部图像信息进行实时提取，识别关键特征点，根据多个指标判断驾驶员疲劳程度，结合建立了危险程度综合评估模型，对驾驶员发出不同的提示和警告，取得了较好的效果。

本作品的主要特点和创新之处在于：① 基于 RZ/G2L 平台开发，该平台满足便携、高效的任务需求。② 利用 Dlib 模型实时检测驾驶员的面部关键点，进一步对眼部、嘴部、头部等多个指标进行了时间累计的评估方法，高效、准确地推算出驾驶员的疲劳程度。③ 根据车速、驾驶时间等现场信息综合推算出危险程度，对驾驶员作出及时的提醒和警告。④ 作品能接入互联网，定时上报驾驶员驾驶记录到云端后台并对数据进行统计分析，方便在后台进行统一管理，更有效地防止事故发生。本系统关注当下的重点问题，切实保护驾驶员与乘客的人身安全，具有很好的应用前景与市场需求。

关键词： 疲劳驾驶；疲劳检测；危险评估；关键点检测

Safe Driving Warning System Based on Fatigue Detection

Author：GUAN Zhou，ZHANG Zijian，WANG Hongji(Xi'an Jiaotong University)

Abstract

In the process of driving, drivers sometimes need to drive for a long time, leading to physical and mental fatigue, which is often one of the main causes of accidents. So it is of great practical significance to detect fatigue state of drivers in real time, and assess its degree of danger, and to remind or warn in time. Based on the Renesas RZ/G2L embedded platform, this work uses the Dlib model to extract the driver's facial image information in real time, identify key feature points, judge the driver's fatigue degree according to multiple indicators, and combine the comprehensive assessment models of the degree of danger to issue different prompts and warnings to the driver, which has achieved good results.

The main features and innovations of this project are: ① It is based on the RZ/G2L platform, which meets the needs of portable and efficient tasks. ② The Dlib model is used to detect the key points of the driver's face in real time, and the time accumulation evaluation method is further carried out for multiple indicators such as eyes, mouth, and head, and the fatigue degree of the driver is calculated efficiently and accurately. ③ It can comprehensively calculate the degree of danger according to on-site information such as speed and driving time, and make timely reminders and warnings to drivers. ④ The product can be connected to the Internet, regularly report the driver's driving record to the cloud background and statistical analysis of the data, which is convenient for unified management in the background and more effectively prevents accidents. This system pays attention to the current key issues, effectively protects the personal safety of drivers and passengers, and has good application prospects and market demand.

Keywords: Fatigue Driving; Fatigue Detection; Hazard Assessment; Landmark Detection

1. 作品概述

1.1 项目背景

城市人口密度越来越大的今天，汽车的使用越来越频繁。从公安部获悉，截至 2022 年 6 月底，全国机动车保有量达 4.06 亿辆，机动车驾驶员达 4.92 亿。长时间驾驶容易引发疲劳驾驶和分心驾驶等危险驾驶行为，进而酿成安全事故，因此疲劳驾驶检测是目前备受关注的研究领域。根据 2018 年的数据统计，我国 42%的交通事故由疲劳驾驶引起。按公安部数据显示，2022 年我国因疲劳驾驶引发的交通事故约占事故总量的 20%。因此，驾驶员疲劳检测技术的研究对于预防交通事故有着重要的意义。交通事故原因分析如图 1 所示。

作为一种非常重要的生物特征，人脸包含了丰富的信息，如性别、身份等。基于视觉的驾驶员面部检测是疲劳检测的首要步骤。在基于视觉的驾驶员疲劳检测系统应用中，眨眼频率以及打哈欠是疲劳检测的重要指标。因此，我们开发了能实时监视驾驶员警觉水平，并在发现任何不安全状况时对驾驶员进行预警的系统。

人脸关键点(Facial Landmarks)是用于描述和定位人脸特定位置的点或标记，如图 2 所示。一般情况下，人脸关键点包括眉毛、鼻子、嘴唇和脸部轮廓等重要的位置。通过在人脸图像或视频中检测和定位这些关键点，可以更准确地分析和识别人脸的特征，从而进行人脸识别和疲劳分析。

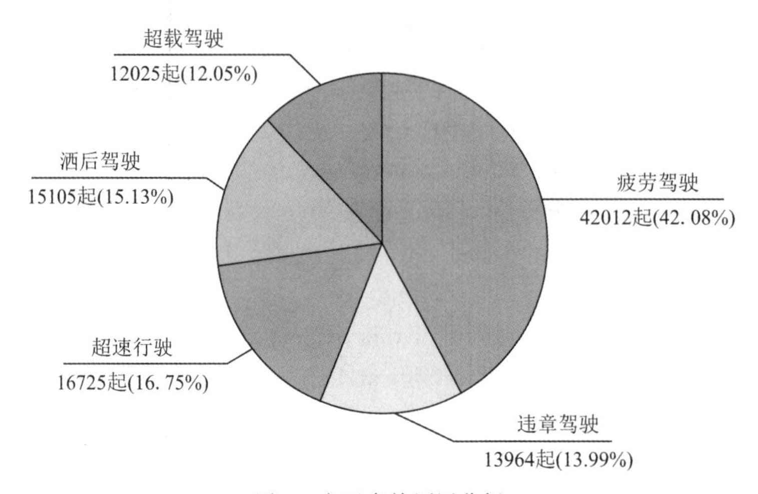

图 1　交通事故原因分析

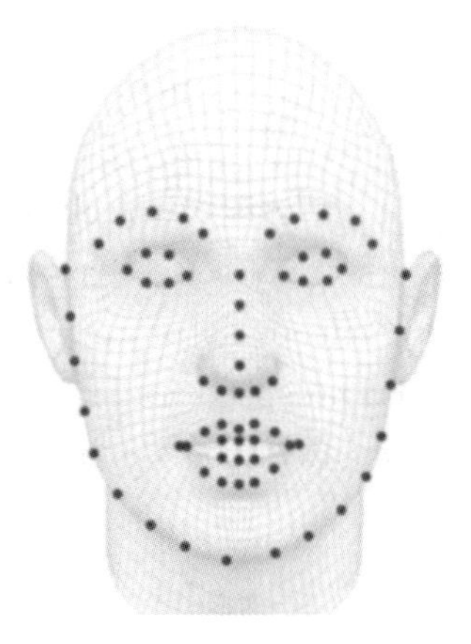

图 2　人脸关键点示意图

1.2　产品特色

1）基于 Dlib 模型的多维度疲劳检测算法

本作品使用成熟的 Dlib 人脸关键点检测模型进行视觉图像分析，模型具有轻量化的优点，可以与嵌入式的硬件系统相互适配，在确保一定准确度的同时满足了实时处理速度的要求。人脸关键点信息具有很强的可扩展性，为定量的状态分析提供了可行性。

2）基于驾驶综合信息的危险评估模型

本作品基于车速、路况、驾驶员驾驶时长等现场情况综合评估当前的危险程度，在出现轻度危险行为时对驾驶员发出轻柔提醒并建议其到安全路段休息，当出现重度危险行为时发出急促警告并上报至后台预警平台，由管理员选择报警或采取其他防范措施。

3）针对不同驾驶员的个性化精准提醒

本作品根据不同驾驶员的记录，分析其容易发生疲劳的驾驶持续时间、驾驶时间点、路段等信息，对其进行个性化的提醒与警告，提高安全预警的准确性和效率。

4）云端数据管理平台

本作品将驾驶员行驶记录上传网站进行记录，方便驾驶员根据历史记录调节驾驶习惯，同时也方便管理员对驾驶员行驶行为进行监管，提高数据管理的便捷性。

1.3 前景展望

1）普及 DMS 设备

Driver Monitoring System 简称 DMS，即驾驶监视设备，利用物联网和 AI 技术，能为驾驶员提供各种各样的服务，提高驾驶的安全性。目前，DMS 已在多个国家普及。欧盟新车安全评鉴协会发布了 2025 路线图，要求从 2022 年 7 月开始新车都必须配备 DMS。2018 年，交通部发文在道路客货运输领域推广应用智能视频监控报警技术。2021 年 4 月，工信部发布《智能网联汽车生产企业及产品准入管理指南（试行）》（征求意见稿），要求企业具备人机交互和驾驶员参与行为的监测功能。

2）满足行业需求

在家庭用车和交通行业中，驾驶员往往需要长时间驾驶，容易产生疲劳的危险状态，进而造成交通事故。通过安装驾驶疲劳检测辅助装置，在驾驶员疲劳时及时发出提醒和警告，并将驾驶报告统一上传到云端后台进行管理查看，这在确保交通安全方面具有广泛前景和重要意义。

2. 作品设计与实现

为解决家庭用车和交通行业中驾驶员长时间驾驶可能引发的疲劳驾驶等问题，同时满足家属和企业管理员便捷查看历史数据的需求，我们设计了一款能实时检测驾驶员疲劳状态，并结合车速、驾驶时长等信息综合评估当前行车危险程度，从而对驾驶员作出及时的提醒和警告，同时将驾驶员的驾驶报告上传至云端后台，方便家属和企业管理员进行统一管理和数据分析的行车安全预警系统。

2.1 需求分析

通过项目前期调研和背景分析，我们针对交通场景中一些主要的安全隐患，结合使用场景，总结出行车安全预警系统的功能需求如下：

1）准确轻量的疲劳检测模型

嵌入式平台具有系统体积小、系统精简、方便硬件设备部署的特点，常常用于小型设备的控制领域，同时嵌入式平台也有系统内核小、资源有限的特点，因此嵌入式平台代码模型也需要满足准确轻量化的特点，从而提高检测效率。

对于驾驶场景中驾驶员的疲劳状态评价，需要采用有效的策略，结合多维指标进行综合评估，准确稳定地评估驾驶员的疲劳程度，同时记录本次疲劳驾驶行为并上传云端。

2）针对不同场景的危险评估体系

针对不同的驾驶实际情况，如驾驶员停车时在车上休息、高速行驶时出现轻微的劳累等特殊情况，本模型结合多维信息，如车辆行驶速度、驾驶时长等因素以及系统对驾驶员疲劳状态的检测结果，推算出当前行车的危险程度，及时地对驾驶员作出语音提醒与警告，并将危险行为上传云端，使得模型更加具有鲁棒性。

3）云端管理

云端数据存储调取便捷，可以实时查看和整合数据。结合个人或交通系统等使用场景，搭建驾驶员管理后台，为每个驾驶员设置专属信息账号用于个性化的行车数据收集，包括行车路径、疲劳次数等信息，并通过云端后台对驾驶员驾驶状态数据进行统计分析，能在很大程度上方便家人及管理员查看和管理，从而对驾驶员的驾驶行为作出更好的纠正，市场潜力更大。

2.2 系统方案

根据以上分析，行车安全预警系统的整体设计如图 3 所示。系统的核心在于疲劳检测，得到当前驾驶员疲劳程度的推算结果，并结合现场信息对驾驶危险程度进行评估，对驾驶员作出相应的提醒和警告。此外，系统会定时将驾驶员的疲劳报告上传至云端后台，方便家人或者管理员查看和分析驾驶员的疲劳驾驶行为，系统据此生成个性化的提醒设置。

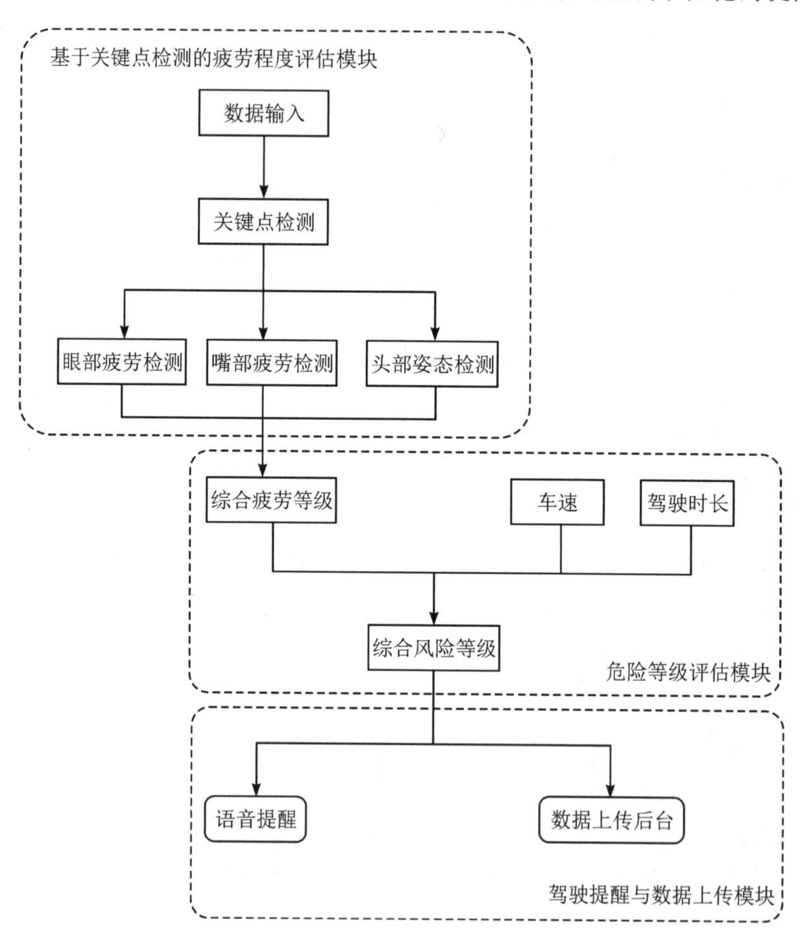

图 3 系统模块化设计

本系统由疲劳程度评估模块、危险等级评估模块及驾驶提醒与数据上传模块组成。

疲劳程度评估模块采用综合评价模型将疲劳检测细化为三个影响因子，进行综合表征描述。整体模型基于人脸关键点检测模型 Dlib 进行关键点检测，使用关键点中具有最好特征表征的选点，结合矩阵投射算等法，计算人体眼部长宽比、嘴部开合程度及头部角度等指标，利用综合评价模型确定指标权重，通过自定义疲劳等级，量化出疲劳程度。Dlib 模型具备识别准确度高、占用资源少的特点，在嵌入式设备上的运行具有较大的优势。

危险等级评估模块结合了综合疲劳等级，车辆实际行驶数据信息如车速和驾驶时长，自定义风险等级量化模型，综合评估实时危险程度，同时根据危险信息进行语音提醒及相关数据上传。

驾驶提醒与数据上传模块(云端后台部分)中，后台接收驾驶行程信息和疲劳危险信息，将信息进行综合整合，以图形化界面展示在后台，以供家人或者管理员查看。

本作品的软件开发是基于 C++的 Qt 项目，利用 aarch64-poky-Linux 工具链完成第三方库的交叉编译和项目移植。本作品使用 Dlib 和 OpenCV 来联合完成图像的识别和处理。

2.3　算法原理

2.3.1　关键点检测算法

关键点检测信息主要作为位置关系输入信息，用于后续人体各部分特征疲劳程度的检测。人脸关键点检测的整体流程为使用人体脸部图像数据集对神经网络进行训练，以提高网络的检测准确度，从而在检测任务中根据图片输入通过网络分析识别人脸位置，最后使用人脸图像进一步检测得到关键点信息。

考虑到嵌入式平台系统内核小、资源有限的特点，为了保证模型相对稳定流畅地运行，在模型选择上应当选取相对轻量化的模型。本作品采用了 Dlib 模型实现关键点的检测。Dlib 是一个现代 C++语言编写的工具包，包含机器学习算法和工具，用于用 C++创建复杂的软件来解决现实世界中的问题。它被广泛应用于工业和学术界，包括机器人、嵌入式设备、移动电话和大型高性能计算环境。Dlib 在传统机器学习领域的算法库非常丰富，在人脸识别领域，关键点识别效果显著。本队成员面部关键点检测效果示意如图 4 所示。

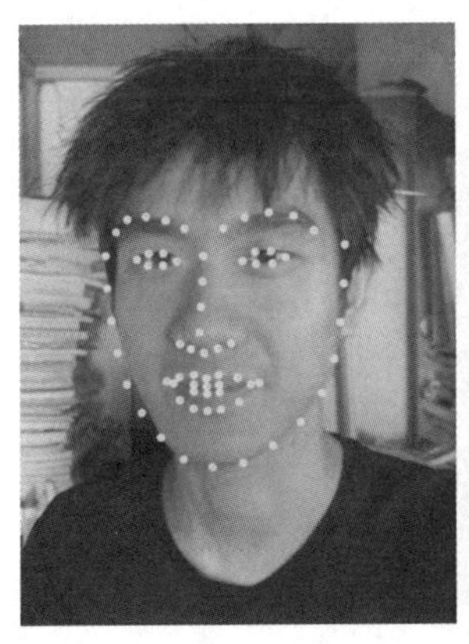

(a) 成员1

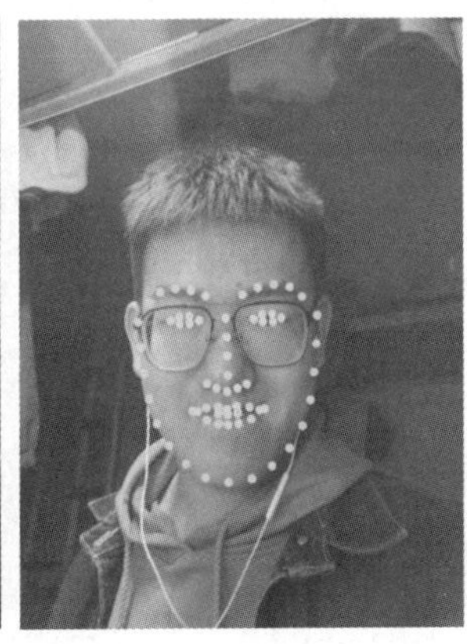

(b) 成员2

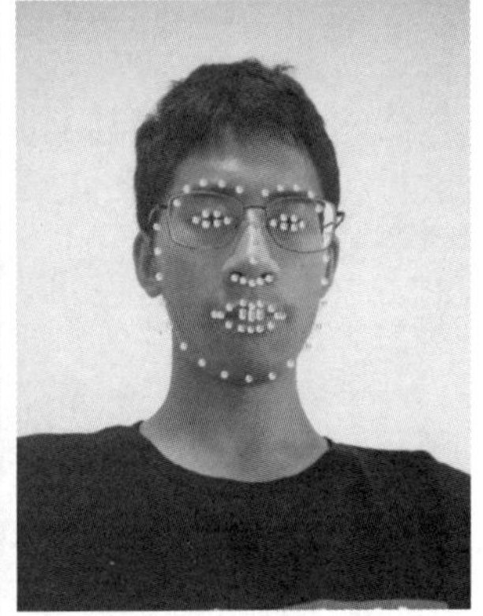

(c) 成员3

图 4　本队成员面部关键点检测效果示意

Dlib 的 HOG ＋ Linear SVM 人脸检测器快速高效。根据定向梯度直方图(HOG)描述符的工作原理，它不受旋转和视角变化的影响。Dlib 关键点模型的主干网络使用了 ResNet-34 模型结构，层数更少，相对轻量。ResNet 结构中采用了残差网络结构(见图 5)，可以实现各层图像特征融合前向传递，减少了图像特征损失，在图像处理部分有着广泛的应用，是目前深度学习领域常用的特征提取网络。

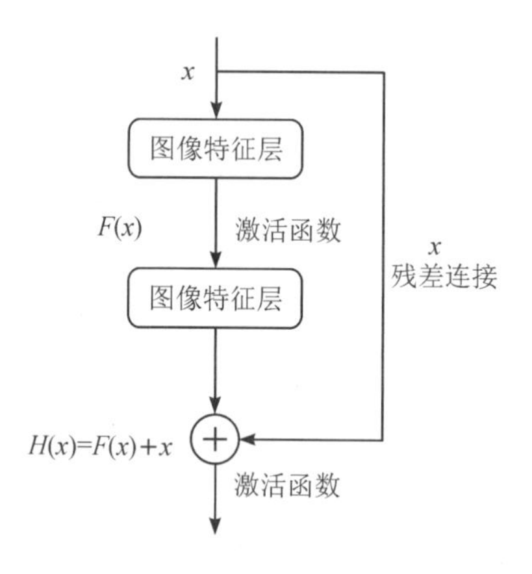

图 5　残差网络结构

残差网络在 300 万张图像的数据集(见图 6)上进行训练，使用了基于头部姿态以及眼睛和嘴巴姿态的数据增强，具体而言，模型使用了 300 万数据集，没有额外的数据及标注。在 300 万数据集中，包括现实采集的数据普遍存在一个问题：正脸较多、睁眼以及闭嘴的数据较多，超过 80%，这是典型的数据不平衡问题。因此，本作品模型在数据预处理阶段，对数据进行了数据平衡，根据关键点计算眼睛和嘴巴的状态，估计出其占数据集的比例，通过过采样的方式，扩充整个数据集，使得训练出的模型能够对不同的姿态以及脸部的状态有比较好的泛化能力。在 LFW(Lab Faces in the Wild)数据集上，该网络与其他最先进的方法进行了比较，准确率达到 99.38%。

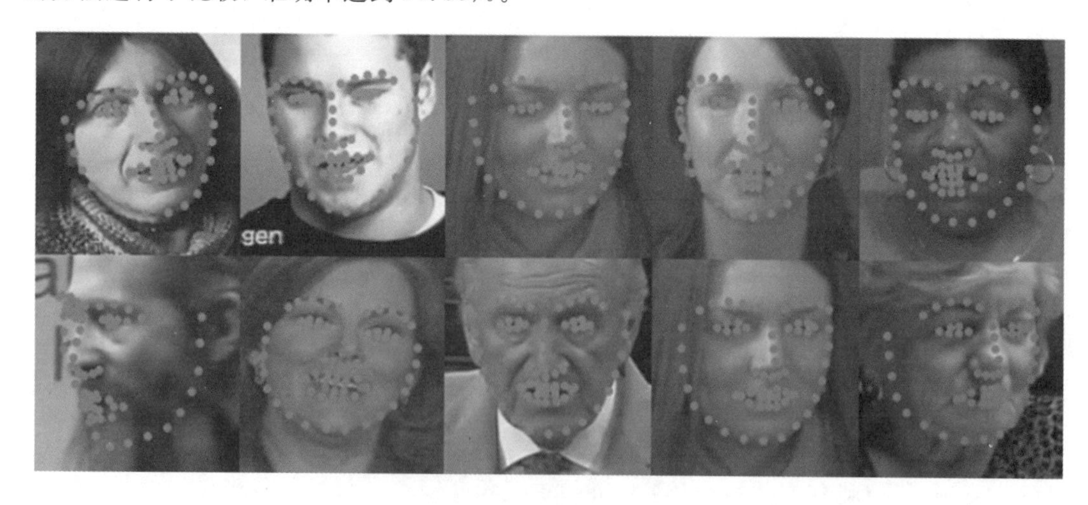

图 6　300 万数据集图像

2.3.2　疲劳程度评估模块

1）疲劳程度定义

为了增强疲劳检测模块的鲁棒性，我们从三个角度出发，建立了综合评估模型，对驾驶员当前行为进行综合评估。这三个角度分别为眼部疲劳检测、嘴部疲劳检测和头部姿态检测，分别用于检测驾驶员闭眼睡觉、打哈欠、偏头分神的情景。疲劳程度评估模块的检测内容与方法如图 7 所示。

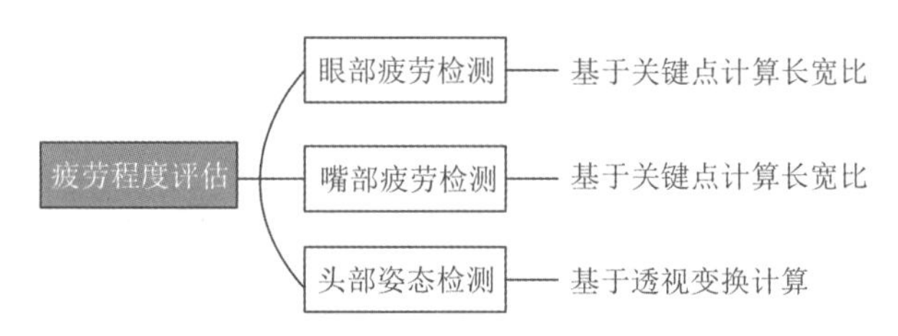

图 7　疲劳程度评估模块

通过不同的方法对单个因素进行检测后，根据检测结果映射和进一步分析，我们采用分级方法描述该因素的疲劳等级，将疲劳程度定义为表 1 所示的 4 级分级，用以表征单个因素的疲劳程度。

表 1　疲劳程度分级

状态等级	0 级	1 级	2 级	3 级
状态说明	精神饱满	心平气和	略感疲惫	昏昏欲睡

为了增强模型的检测稳定性，避免模型过度敏感出现的误检现象，表 1 中疲劳程度等级是通过标准状态差值时间累计的综合来计算的。本作品设定了每种状态的标准状态参考值，当现实状态与参考状态出现误差时，将误差值在时间上进行累计，将累计结果分段映射至疲劳等级，得到最终结果。这种方法增强了模型的稳定性，不容易出现误判。此外，当驾驶员恢复正常状态时，疲劳程度也不会马上恢复，而是基于时间累计逐渐减少，这种方法也可以有效地防止对驾驶员的疲劳状态发生误判。

2）口、眼开合度计算

基于上文介绍的人体脸部关键点检测模型，本作品采用了结合特征部位关键点的量化计算方法，眼部和嘴巴附近的关键点的横纵比（见图 8）可以在一定程度上反映人体特征状态，反映为眼部和嘴部的开合度，因此可以基于此特征进行疲劳分析。

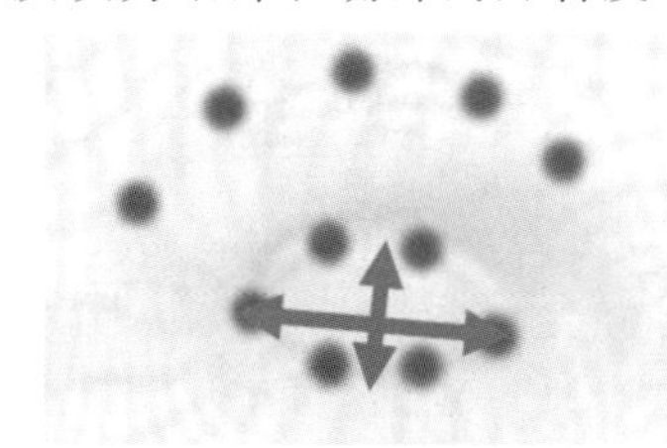

(a) 眼部开合度

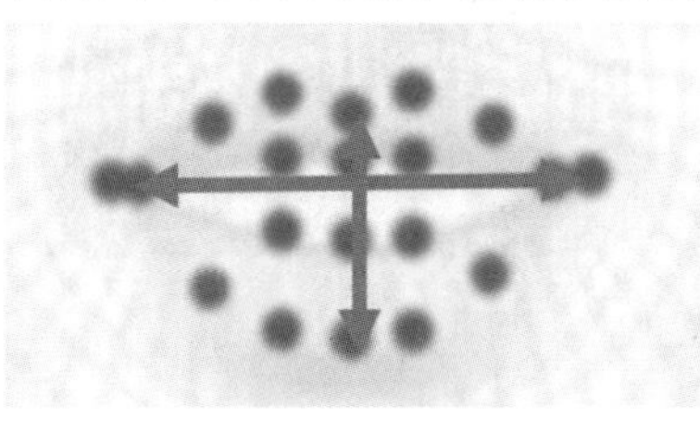

(b) 嘴部开合度

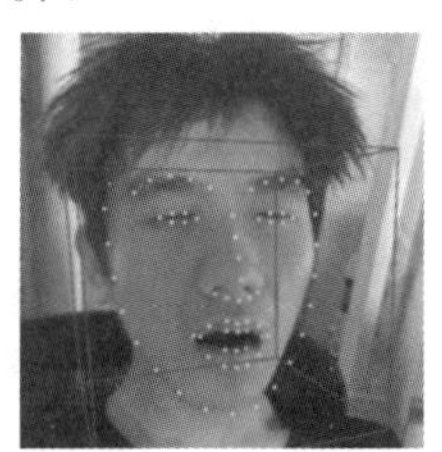

(c) 检测效果

图 8　眼部和嘴部状态检测方法

如前所述，疲劳等级判定采用的是状态时间累计的方法，对于眼部和嘴部而言，这种判定方法可以有效地避免眨眼和正常说话对于疲劳检测结果的干扰。具体的计算方法如下：

$$\mathrm{EYE}_{t+1}=\mathrm{EYE}_t+R_{\text{increment}}*t_{\text{gap}}\text{(bound EYE between 0 and upper bound)}$$

$$R_{\text{increment}}=\begin{cases}r_{\text{now}}-r_{\text{bound}}, & r_{\text{now}}>r_{\text{bound}}\\-1, & \text{else}\end{cases}$$

$$\mathrm{EYE\_S}_t=\begin{cases}0, & \mathrm{EYE}_t<\text{lower bound}\\1, & \text{middle}<\mathrm{EYE}_t<\text{lower}\\2, & \text{else}\end{cases}$$

式中，$R_{\text{increment}}$ 为部位开合度，EYE_{t+1} 表示眼睛在 $t+1$ 时刻的差值时间累计值，其计算结果受到上一时刻 t 累计值 EYE_t 的影响，在相同间隔时间下，累计增加量受到偏差值的影响。lower bound 和 upper bound 用于设置 EYE_t 状态确定的上下界值。将差值时间累计值限定在一定的范围内可以防止累计值过大不易恢复的问题。最后将累计值在疲劳等级上进行映射即可得到当前的单因素疲劳状态。

3）头部偏离角度计算

在驾驶员疲劳检测中，需要对驾驶员的头部姿态进行估计，以检测可能存在的疲劳行为。头部姿态检测重点在于估计头部在各角度上的偏转。头部姿态检测方法包括基于关键点的几何方法检测和神经网络直接检测方法，考虑到嵌入式系统资源有限的特点，引入新的网络结构可能造成模型计算复杂度过大的问题。因此，为了减少计算量，在关键点检测结果基础上，选择了基于关键点的几何检测方法。

具体而言，选取能够表示头部姿态的关键点，设定选点的标准相对位置，结合实际关键点的检测结果，考虑到无论人的头部方向如何转动，关键点的相对位置保持不变，将两者几何位置进行矩阵变换，即可得到头部方向几何模型，得出头部朝向。通过面部关键点与 3D 立方体中的对应点进行匹配，可以建模出头部立方体边界框架，从而得到头部的欧拉角度，从而分析出头部姿态，如图 9 所示。

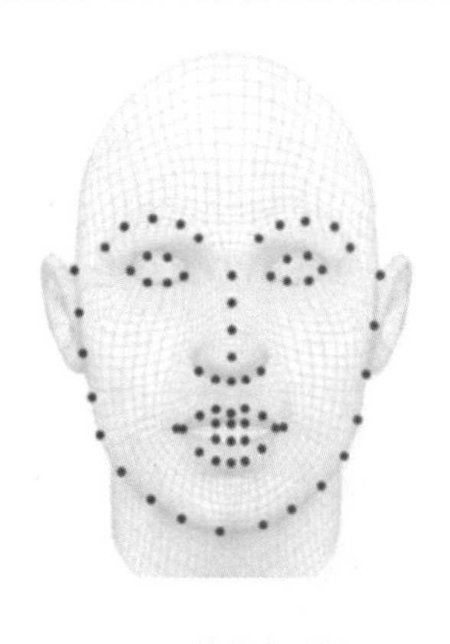

(a) 68关键点示例

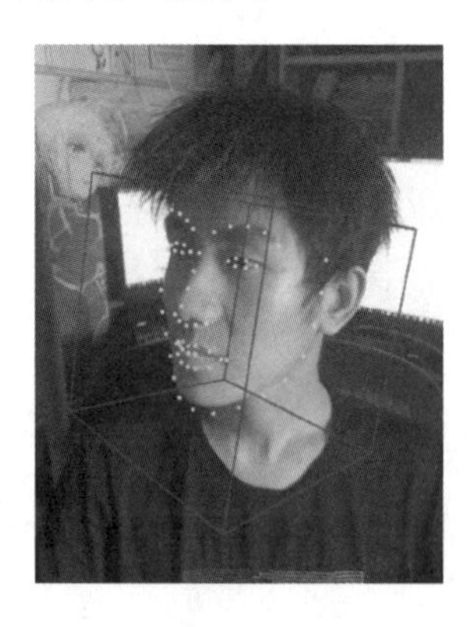

(b) 头部姿态检测

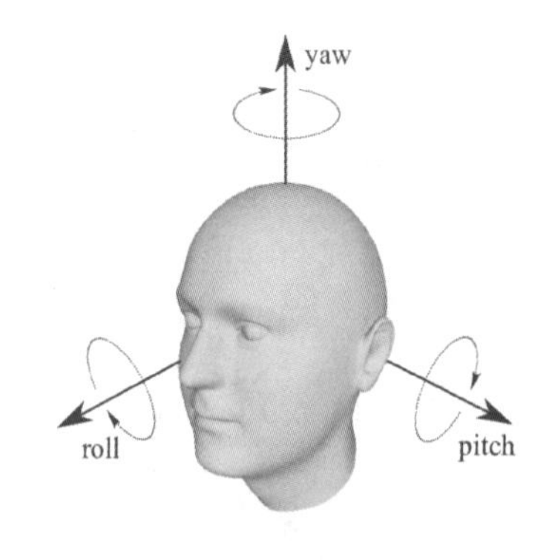

(c) 头部旋转方向

图 9　头部姿态检测方法

以下为头部姿态的差值时间累计计算方法，该方法与上文介绍的眼部检测方法相似，不再赘述。

$$\text{HEAD\_}x_{t+1} = \text{HEAD\_}x_t + R_{\text{increment}} * t_{\text{gap}} (\text{HEAD\_}x \text{ between 0 and upper bound})$$

$$R_{\text{increment}} = \begin{cases} r_{\text{now}} - r_{\text{bound}}, & r_{\text{now}} > r_{\text{bound}} \\ -1, & \text{else} \end{cases}$$

$$\text{HEAD\_}x\_S_t = \begin{cases} 0, & \text{HEAD\_}x_t < \text{lower bound} \\ 1, & \text{middle} < \text{HEAD\_}x_t < \text{lower} \\ 2, & \text{else} \end{cases}$$

4) 指标权重计算

指标权重计算采用了综合评价模型，将三个指标分别赋予权重，将加权结果映射至疲劳程度即可得到当前的综合疲劳等级。

$$\text{STATE} = \frac{1}{n} \sum_{i=1}^{n} k_i S_i$$

式中，k 为第 i 个指标的权重，S 为第 i 个指标的疲劳等级。在本作品，经过综合考虑，将眼部开合度、嘴部开合度、头部俯仰角的权重分别设为 0.4、0.2、0.4。

2.3.3　面部特征过滤

在现实情况中，可能有摄像头中出现多个人体面部画面的情况，因此需要采用有效的方式过滤其他面部特征。如果向模型中再次加入神经网络人脸检测模型，则会造成网络的计算复杂度较大，因此在实际使用场景中，摄像头主要向驾驶员方向拍摄，驾驶员为图像中的主体人像，故采用识别主体人像的方法作为检测目标对象方法。

2.4　危险等级评估模块

本模块将疲劳检测结果与实时驾驶情况相结合。例如：当驾驶员遇到红灯停车休息、主动停车休息、道路拥堵被动停车休息等状况时，即使其疲劳状态很高也不会产生较高的危险等级；相反，当车辆在高速行驶时，即使驾驶员出现轻微的疲劳也应该设为较高的危险等级。为适应类似的实际情况，本作品中采用了车速和行驶时长作为协同评定因素。

本作品通过 ATGM336H 北斗双模定位模块（见图 10）获取车辆当前的位置信息和速度信息，通过开启瑞萨板卡内置的定时器来获取当前的时间信息和驾驶时长。

图 10　ATGM336H 北斗双模定位模块

结合以上三个指标（疲劳检测结果、车速和行驶时长），危险等级评定方法同样采用了加权值映射的计算方法。

$$\text{Danger} = \frac{1}{n} \sum_{i=1}^{n} k_i P_i$$

式中，k 为第 i 个指标的权重，P 为第 i 个指标的映射值。

若系统结合驾驶员状态和车辆实时信息得到当前行驶处于危险状态，系统会及时向驾驶员发出警示语音，督促驾驶员调节状态，同时将危险状态进行记录以便上传云端。

2.5 云端后台构建

2.5.1 网站概述

产品配套网站的主要功能为驾驶员用户注册、行驶轨迹记录、危险状态记录等。网站分为后端和前端两部分，后端用于管理驾驶员资料信息，前端用于为驾驶员网站访问提供UI操作界面。

2.5.2 网站后端

网站后端使用了 Flask 框架，Flask 是一个使用 Python 编写的轻量级 Web 应用框架，拥有灵活的 Jinja2 模板引擎，提高了前端代码的复用率，从而可以提高开发效率，有利于后期开发与维护。网站后端登录界面如图 11 所示。在后端，管理员可以对各个已注册的驾驶员信息进行操作和管理(见图 12)，使用 SQL Alchemy 连接数据库，采用 Postgre SQL 数据库提高了部署效率，降低了部署难度，方便驾驶员信息的管理。

图 11　网站后端登录界面

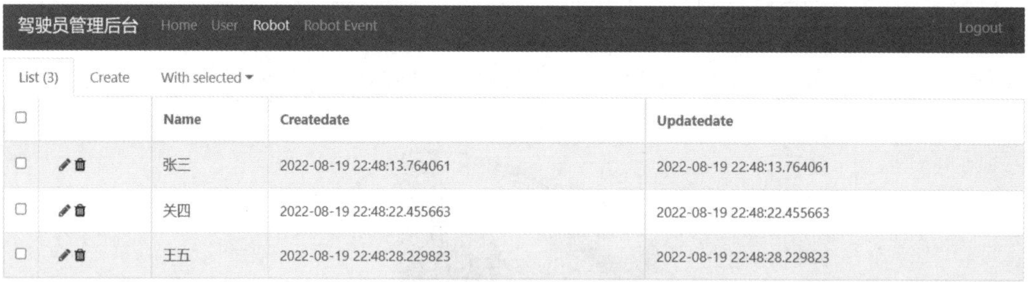

图 12　网站后端账户管理界面

2.5.3 网站前端

网站前端采用了 HTML5 ＋ Vue 的技术方案，主要用于提供用户访问的 UI(User Interface)，用户可以通过登录，选择历史驾驶记录进行查看。前端集成了地图 API 等接口，方便用户信息调用。前端采用了动态网站的设计方法，增加了人机交互性。网站前端操作界面如图 13 所示。

(a) 驾驶员名单

(b) 行驶记录

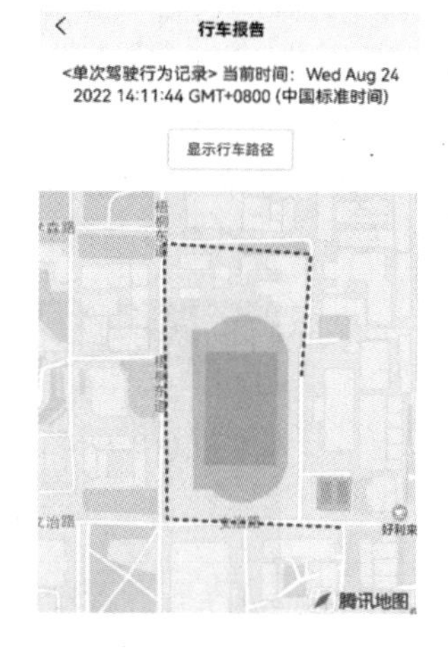

(c) 行车报告

图 13　网站前端操作界面

2.5.4　操作方法

启动 Flask 架构搭建的网络后端，在网站后端添加驾驶员信息，后端数据库为该驾驶员添加相应的数据条目，同时提供管理功能。之后在前端 Hbuilder 中对前端进行发布，此时即可通过 URL 的方式登录网站，进入网站的登录界面，输入相应的账号信息即可登录系统，在系统中存在多位已注册驾驶员信息，选择需要查看的用户即可进入对应的行驶历史记录页面。

2.6　软件开发

2.6.1　项目构建

本作品使用 Qt-creator 来开发基于嵌入式设备的 Qt 项目，使用面向对象的编程逻辑，所使用的平台和工具信息如下：

开发平台：Qt-creator 4.7.0。

开发语言：C++。

C 编译器：aarch64-poky-Linux-gcc。

C++编译器：aarch64-poky-Linux-g++。

Qt 版本：5.6.3。

交叉编译工具链：aarch64-poky-Linux。

C-maker 版本：3.17。

Debugger：aarch64-poky-linux-gdb。

宿主机操作系统：ubuntu 18.04。

2.6.2　UI 设计

UI 设计采用了 Qt 中的组件部分进行开发，结合触摸屏的特性，增加人机的信息交互体验。本项目共使用了三个窗口，分别是主窗口、用户登录窗户和现场信息输入窗口。

（1）主窗口。主窗口整体界面分为左右两部分，左边部分为信息部分，包括驾驶员信息及疲劳检测结果信息，右边部分为图像部分，包括驾驶员的摄像头图像、关键点检测结果以及各指标检测效果。

（2）用户登录窗口。系统为每个驾驶员都设定了专用账号，此窗口用于实现用户登录，设置个人信息。用户登录窗口如图 14 所示。

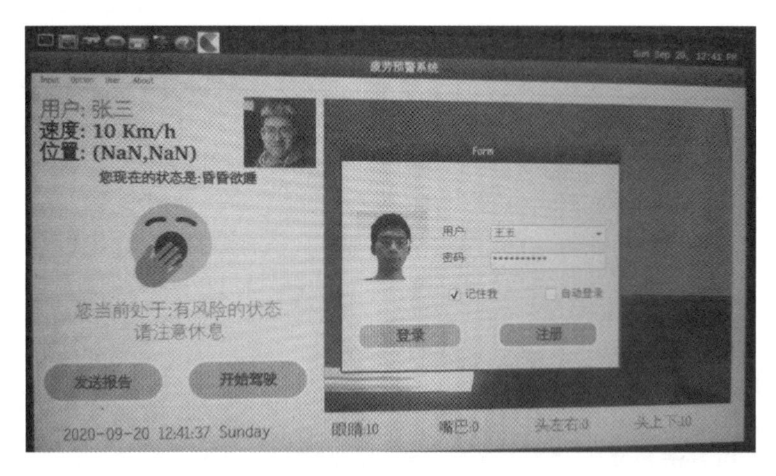

图 14　用户登录窗口

（3）信息输入窗口。信息输入窗口用于测试环节，可以用于设置车速信息以及设置网络连接。

2.6.3　平台适配

项目所使用的第三方库需要经过交叉编译才能在嵌入式设备上运行。工具链选用与项目编译相同的工具链。

项目在瑞萨 RZ/G2L 嵌入式开发平台上能够流畅运行，程序在关闭状态下占用系统内存 180.3 MB，占用 CPU 资源 10%；在开启状态下占用系统内存 199.8 MB，占用 CPU 资源 60%。总体来说，占用系统资源较少，运行速度快，发热量小，能满足嵌入式设备的使用场景。系统资源使用情况如图 15 所示。

```
root@gx-qsb-rzg2l:~/test# top -b | head -10
Mem: 700400K used, 1216080K free, 17648K shrd, 7672K buff, 283972K cached
CPU:  14% usr   4% sys   0% nic  71% idle   0% io   0% irq   9% sirq
Load average: 0.25 0.11 0.06 2/116 519
  PID  PPID USER     STAT   VSZ %VSZ %CPU COMMAND
  508     1 root     R     536m  29%  10% ./ourFace
  518   267 root     R     3200   0%   5% top -b
  246   219 root     R     389m  21%   0% /usr/bin/weston --log=/var/log/weston.log
  126     1 root     S     147m   8%   0% /usr/sbin/rngd -f -r /dev/hwrng
  158     1 systemd- S    81140   4%   0% /lib/systemd/systemd-timesyncd
  132     1 root     S    17348   1%   0% /lib/systemd/systemd-journald
root@gx-qsb-rzg2l:~/test# top -b | head -10
Mem: 701932K used, 1214548K free, 20196K shrd, 7672K buff, 286520K cached
CPU:  60% usr   0% sys   0% nic  35% idle   0% io   0% irq   5% sirq
Load average: 0.21 0.10 0.05 2/116 521
  PID  PPID USER     STAT   VSZ %VSZ %CPU COMMAND
  508     1 root     R     539m  29%  55% ./ourFace
  246   219 root     S     383m  20%   5% /usr/bin/weston --log=/var/log/weston.log
  520   267 root     R     3200   0%   5% top -b
  126     1 root     S     147m   8%   0% /usr/sbin/rngd -f -r /dev/hwrng
  158     1 systemd- S    81140   4%   0% /lib/systemd/systemd-timesyncd
  132     1 root     S    17348   1%   0% /lib/systemd/systemd-journald
```

(a) CPU使用情况

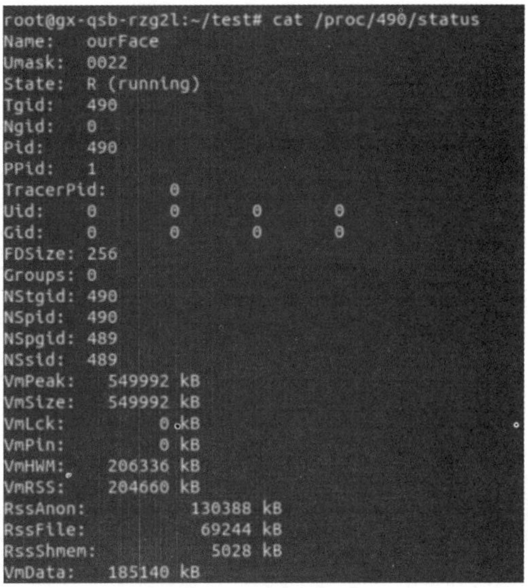

```
root@gx-qsb-rzg2l:~/test# cat /proc/490/status
Name:   ourFace
Umask:  0022
State:  R (running)
Tgid:   490
Ngid:   0
Pid:    490
PPid:   1
TracerPid:      0
Uid:    0       0       0       0
Gid:    0       0       0       0
FDSize: 256
Groups: 0
NStgid: 490
NSpid:  490
NSpgid: 489
NSsid:  489
VmPeak:   549992 kB
VmSize:   549992 kB
VmLck:         0 kB
VmPin:         0 kB
VmHWM:    206336 kB
VmRSS:    204660 kB
RssAnon:          130388 kB
RssFile:           69244 kB
RssShmem:           5028 kB
VmData:   185140 kB
```

(b) 内存使用情况

图 15　系统资源使用情况

2.7　硬件使用

系统基于 RZ/G2L 硬件平台实现。USB 摄像头与行车记录仪通过 USB 接口与硬件平台连接，实现视频传输，同时配备的车载触摸显示屏通过接口 I^2C & SPI 与设备连接，实现 UI 界面的显示，为驾驶员提供便捷的操作。除此之外，小程序通过网络与设备连接，为数据上传云端提供可能，实现了智能化、人性化的交互模式。系统实物展示图如图 16 所示，硬件系统框架图如图 17 所示。

图 16　系统实物展示

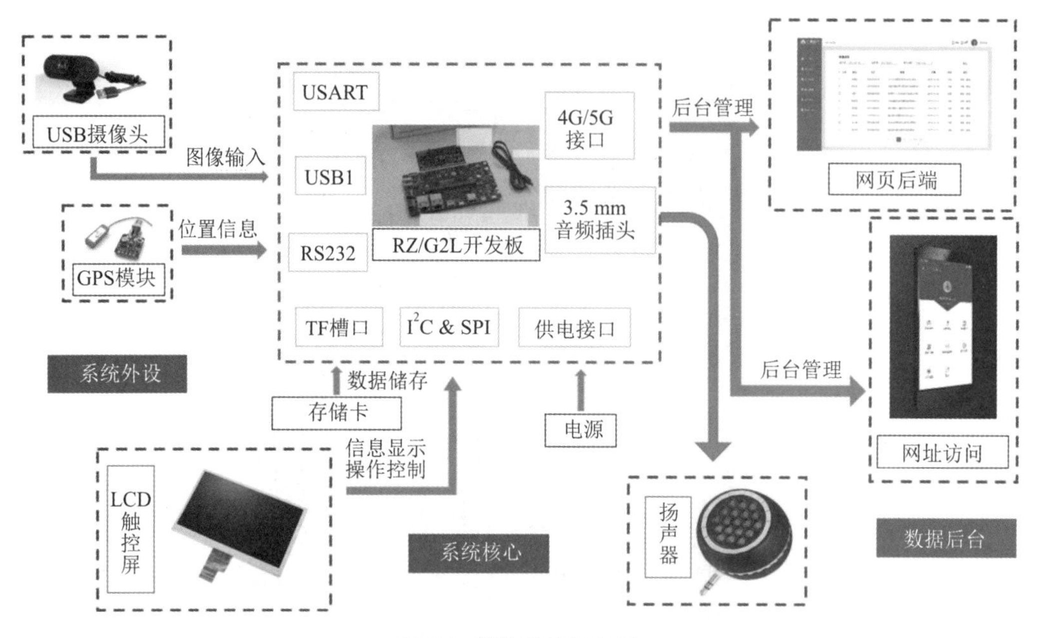

图 17　硬件系统框架图

各部分主要功能如下所示：

(1) USB摄像头：将驾驶员外貌图像信息输入开发板进行处理。

(2) GPS模块：用于实时获取位置信息，同时将位置信息通过串口传输给开发板。

(3) LCD触控屏：展示UI界面，作为人机交互的接口。

(4) 网站后端：用于与开发板信息驾驶信息的交互，存储驾驶数据，提供访问URL。

(5) 扬声器：用于在危险驾驶时语音提醒驾驶员调整驾驶状态。

(6) RG/G2L开发板：核心部件，用于信息的综合处理。

2.8　工作流程

本系统的工作流程如图18所示。首先用户进行登录，等待系统初始化完成，读取到当前的位置和速度信息，开始驾驶，此时系统开始进行疲劳检测。驾驶员的疲劳状态在左侧通过文字和表情图片进行显示，危险程度在下方通过醒目字体显示。当系统评估处于中度危险情景时，通过语音对驾驶员发出提醒和驾驶建议，如语音提醒驾驶员应及时休息；当系统评估处于高度危险情景时，对驾驶员发出严重警告并向后台管理端报警，

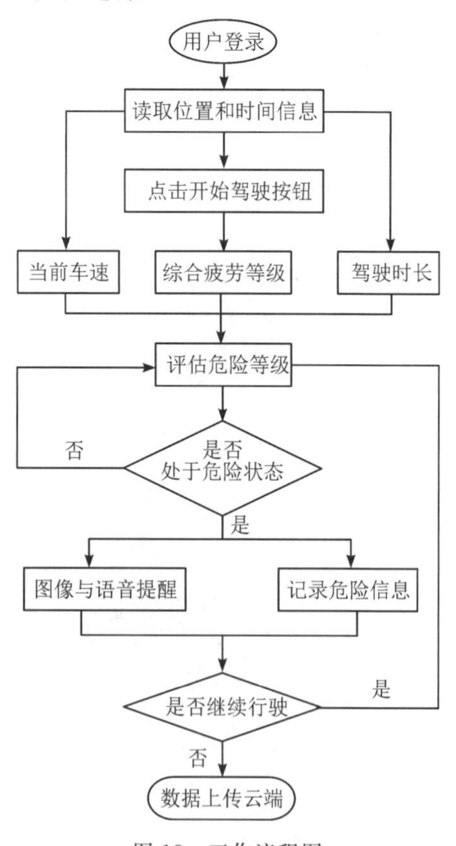

图 18　工作流程图

如语音要求驾驶员立即在合适的地方停车。同时，针对不同驾驶员，系统会在特定的驾驶路段和驾驶时间点、驾驶时长后对司机进行个性化的提醒。

系统可以通过点击上传的方式将驾驶员的疲劳报告上传至后台管理端。家属或管理员可在后台看到该驾驶员的每条历史驾驶记录，包括其疲劳行为历史、驾驶时长、驾驶行程等信息，方便系统进行数据的统计分析。

在演示模式中，由于无法通过 GPS 改变获得用户行车速度，因此可以通过在设置界面手动录入车速和位置等信息，用于模型效果评测。

3. 作品测试与分析

作品实物如图 19 所示。对行车安全预警系统进行相关性能指标的测试。

图 19　作品实物图

3.1　关键点检测准确度测试

3.1.1　模型准确度测试

本系统的人脸关键点检测使用了 Dlib 代码库提供的 ResNet-34 模型。在数据预处理阶段，对数据进行数据平衡，根据关键点计算眼睛和嘴巴的状态，估计出其占数据集的比例，通过过采样的方式，扩充整个数据集，使训练出的模型能够对不同的姿态及脸部的状态能有比较好的泛化能力。理论上，本系统能够很好地应用于在车内驾驶视角的驾驶员头部扭动场景。

为了测试实际识别准确度，我们选取了距离摄像头的不同距离及不同角度，观察其人脸关键点识别效果，结果如表 2 所示。

经过测试，系统关键点检测模型在 40 cm 距离、45°的角度内能达到很好的检测准确率。

表 2　模型准确度测试

距离/cm	偏离角度/(°)				
	0	15	30	45	60
10	稳定识别	稳定识别	稳定识别	稳定识别	间断识别
20	稳定识别	稳定识别	稳定识别	稳定识别	间断识别
30	稳定识别	稳定识别	稳定识别	稳定识别	间断识别
40	稳定识别	稳定识别	稳定识别	间断识别	不识别

3.1.2　人脸过滤测试

当镜头中出现多张人脸时，系统会根据人脸的大小等特征过滤检测的人脸，防止背景中其他人脸干扰。人脸过滤测试如图 20 所示。

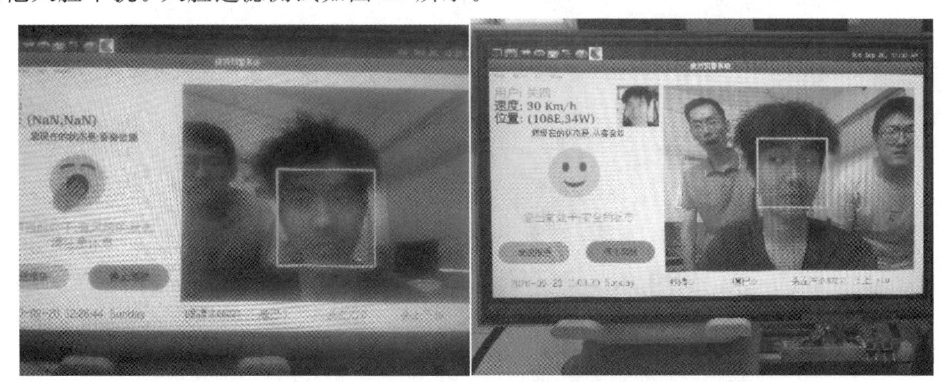

(a) 两人脸测试　　(b) 三人脸测试

图 20　人脸过滤测试

可以看到，系统能稳定识别到前方驾驶员的人脸而不受背景人脸干扰。

3.2　疲劳程度及危险度判断测试

3.2.1　疲劳程度检测测试

根据建立的模型，本系统共设立了 4 个疲劳程度，分别是精神饱满、心平气和、略感疲惫和昏昏欲睡(见表 1)。设定车速为 60 km/h，分别改变驾驶员的面部指标，观察检测结果如表 3 所示。

表 3　疲劳程度检测测试

头部偏离	口眼状态			
	睁眼，闭嘴	睁眼，张嘴	闭眼，闭嘴	闭眼，张嘴
正视	0 级	1 级	2 级	3 级
左/右偏	0 级	2 级	3 级	3 级
仰/低头	0 级	2 级	3 级	3 级

从检测结果可以看出，对于头部偏离的检测灵敏度最大，嘴巴开闭的检测灵敏度最小，符合模型中设定的权重，也符合实际直观感受，证明了其实用性。

3.2.2　危险程度评估测试

系统通过车速、疲劳度、驾驶时间等现场信息综合评估当前危险度，判断保持头部正视、闭眼、持续打哈欠的状态在不同的车速和驾驶时长下的预警等级(见表 4)。

表 4　疲劳度固定下危险程度评估测试

驾驶时长/h	车速/(km/h)			
	0～10	10～40	40～80	>80
0～0.5	0 级	1 级	2 级	3 级
0.5～1.5	0 级	1 级	2 级	3 级
1.5～4	0 级	2 级	3 级	3 级
>4	1 级	3 级	3 级	3 级

再保持驾驶时间为 1 h，改变驾驶员的疲劳状态和车速，观察其预警等级的不同(见表 5)。

表 5　驾驶时间固定下危险程度评估测试

疲劳状态	车速/(km/h)			
	0～10	10～40	40～80	>80
精神饱满	0 级	0 级	0 级	0 级
心平气和	0 级	0 级	0 级	1 级
略感疲惫	0 级	1 级	2 级	3 级
昏昏欲睡	1 级	3 级	3 级	3 级

可以看到，系统在不同的面部表情下均能较为准确地判断出驾驶员的疲劳程度，结合当前的车速信息，判断出当前驾驶员所处状态的危险程度，给出合理的建议和警告。

4. 创新性说明

本作品设计并实现了一个基于疲劳检测的行车安全预警系统，与传统基于生物信息的检测方案不同，本系统在嵌入式设备上，利用机器视觉算法对驾驶员面部区域和特点进行精确定位，再根据驾驶员的面部特征与头部姿态进行实时的疲劳驾驶检测，并将检测结果与疲劳度相关性较高的多个指标融合后进行疲劳驾驶的检测，当其中一个指标受到干扰无法准确获得时，基于其他指标也可以对驾驶员的驾驶状态进行实时精确的判断。同时构建插值时间累计算法，调节检测时间，使得系统具备合适的识别灵敏度，令其疲劳度检测更加准确有效。此外，系统可将驾驶员行车中的疲劳检测报告上传至云端后台，方便管理员查看分析。具体创新点如下：

(1) 嵌入式 AI 技术。本作品使用瑞萨 RZ/G2L 平台，在嵌入式设备上轻量且较为准确的Dlib人脸关键点检测算法实现了对司机的疲劳驾驶检测，模型能够在性能有限的嵌入式设备上流畅运行。检测系统可以脱离网络和较大型设备，具有很好的实时性，适合驾驶的场景。

（2）多指标融合计算。本作品的人脸检测系统采用基于关键点的人脸信息检测方法，采用卷积神经网络来自适应地提取特征，用300万数据集标注关键点，提取眼睛、嘴部区域，并进行头部姿态分析。与以往模板匹配，眼睛虹膜区域灰度投影曲线，基于LBP与SVM结合的眼睛开闭检测等算法相比，采用基于关键点的算法检测实时性好，而且该模型可以随驾驶员姿态变化、光照变化及遮挡等情况动态调整，鲁棒性好。

（3）时间累计插值算法。疲劳状态需要根据一段时间内的疲劳行为进行综合判断，为此本队建立了时间累计插值算法，通过将当前检测结果与标准状态的差量在时间上累计求和，实现对一段时间内疲劳行为的综合稳定分析，能有效避免模型单次检测容易造成误检的不稳定问题。

（4）综合危险程度评估模型。本模型对行车中的风险等级进行了定义，结合驾驶员行为状态、车速和驾驶时长等驾驶信息对驾驶员处于何种程度的危险状态进行动态评估，可以实现在不同情景下更科学的评估行车危险状态，作出更合理的提醒与警告。

（5）云端后台管理系统。驾驶员的所有驾驶信息都可以上传至云端平台，服务器将根据驾驶信息生成每日驾驶报告单，并对驾驶员给出个性化的指导意见。同时，对于运营车辆，公司管理人员可以在云服务端查看所有驾驶员的驾驶状态信息，方便公司掌握驾驶员驾驶状态，以便进行及时的调整。

5. 总结

目前市场上已经有了一些疲劳驾驶检测产品，均有价格昂贵、体积较大影响驾驶、检测准确率差等问题，仅有少部分车辆得以装配，难以进行普及。本作品采用瑞萨嵌入式开发板，大大降低了设备的体积和成本，对识别算法进行了优化，提高了识别的准确率，采用了云服务提高设备的使用舒适性，有很大的市场前景。

本作品基于深度学习、计算机视觉等技术，提出了基与嵌入式深度学习的驾驶员疲劳状态检测方案，并与已有方案进行了对比，实验结果表明该方案表现出了优越性。但是该方案仍然有很多不足，需要进一步去完善，今后可以从以下几个方面进行进一步的研究与完善：

（1）驾驶员行车时，光线充足，镜片反光会对检测造成干扰，影响准确率，如何完善是需要进一步考虑的。

（2）数据集有限，直接影响到方法的鲁棒性，今后应该不断完善数据集。

（3）多疲劳程度判别指标的个性化设置：在实际使用环境中，驾驶员之间的生理特征与驾驶习惯有很大的区别，只采用一个特定的标准，不一定适用于所有的驾驶员。未来，应根据每个驾驶员进行个性化的参数设置，以提高疲劳驾驶检测的准确性。

（4）通过对疲劳和非疲劳状态下样本的学习，提高疲劳驾驶判别决策置信度。未来可以在作品的使用过程中增加司机的反馈信息，在驾驶结束后司机可以对设备的疲劳检测报告情况进行评价，根据司机的评价来调整模型。

参考文献

[1] 熊睿，邓院昌. 疲劳驾驶交通事故的严重程度影响因素分析[J]. 中国安全生产科学技术，2022，18(4)：20-26.

[2] 徐建祥. 浅析汽车驾驶员的人为因素与交通安全[J]. 时代汽车，2020，15：185-186.

[3] 张宝. 高速公路交通事故规律分析与影响因素研究[D]. 北京：中国人民公安大学，2019.

[4] KING D E. Dlib-ml：A machine learning toolkit[J]. The Journal of Machine Learning Research，2009，10：1755-1758.

[5] CHUTORIAN E M，TRIVEDI M M. Head pose estimation in computer vision：a survey[J]. IEEE Transactions on Pattern Analysis and Machine Intelligence，2009，607-626.

[6] KAZEMI V，SULLIVAN J. One millisecond face alignment with an ensemble of regression trees [J]. Proceedings of the IEEE Conference on Computer Vision and Pattern Recognition. 2014：1867-1874.

[7] 300 Faces in the wild challenge (300-W)，ICCV 2013 [EB/OL]. (2023-11-10)[2022-08-04].

[8] FERNÁNDEZ A，USAMENTIAGA R，CARÚS J L，et al. Driver distraction using visual-based sensors and algorithms[J]. 2014，16(11)：1805.

专家点评

该作品充分利用RZ/G2L平台开发板所提供的资源，采用Dlib模型实时检测驾驶员头部形态及面部眼、嘴关键点形态及随时间的变化，形成了有效的评估方法，高效、准确地推算出司机的疲劳程度，及时作出提醒和警告，并定时将驾驶状态记录通过互联网上报云端后台，对数据进行统计分析，方便后台进行统一管理，可以有效防止事故发生。

作品6 “健来”智能运动健身辅助系统

作者：何公甫　赵文祺　黄振峰　（北京邮电大学）

作品演示

作品代码

摘　要

本作品是基于瑞萨GX/G2L设计开发的一套智能运动健身辅助系统，通过与开发板连接的摄像头完成对视频的采集，通过内置的AI模型对视频进行处理，完成对视频中人像的姿态识别。作品主要功能模块分为人机交互模块、图像采集模块和姿态识别模块，利用Qt应用程序框架完成人机交互和图像采集，利用基于TensorFlow框架的MoveNet模型完成图像处理、姿态识别，最终在外接显示屏上呈现出含有人体17个点位的人体关节识别的视频。本作品通过后续的完善可用于健身辅助教学、体育辅助教学、医疗康复训练等场景。

关键词：计算机视觉；人工智能；TensorFlow；MoveNet；运动健身辅助；人体姿态识别

“Jianlai” Intelligent Fitness Assistance System

Author: HE Gongfu, ZHAO Wenqi, HUANG Zhenfeng (Beijing University of Posts and Telecommunications)

Abstract

This work is a intelligent fitness assistance system designed and developed based on Renesas GX/G2L. Video collection is completed through camera connected with the development board, and the video is processed through the built-in AI model to complete the pose recognition of the portrait in the video. The main functional modules of this project are human-computer interaction module, image acquisition module and pose recognition module. The Qt application framework is used to complete human-computer interaction and image acquisition, and the MoveNet model based on TensorFlow framework is used to complete image processing and pose recognition. Finally, a video showing the recognition of human joints containing 17 points of the human body was displayed on the external display screen. On the basis of this system, subsequent improvement can be made for fitness auxiliary teaching, sports auxiliary teaching, medical rehabilitation training and other scenarios.

Keywords: Computer Vision; Artificial Intelligence; TensorFlow; MoveNet; Sports and Fitness Assistance; Human Pose Recognition

1. 作品概述

本作品实现了一款基于谷歌轻量级人体姿态识别模型 MoveNet 的智能运动健身辅助系统，包括人机交互模块、图像采集模块以及姿态识别模块，识别速度快、准确度高。

1.1 背景分析

1）人工智能技术推动传统健身智能化发展

随着计算机视觉和图像处理技术的高速发展，基于视觉信息处理的智能化训练系统逐渐被应用于运动训练和康复医疗领域。对于初学者而言，接受及时有效的指导和反馈不仅能够帮助其掌握动作，还能够有效避免运动损伤。通过技术手段对运动过程进行监控和评估，不仅能够帮助运动者掌握动作，还能够节省人力成本，增加训练过程的趣味性和互动性。据艾瑞咨询统计（和预测），中国智能运动健身市场规模在 2020 年已达到约人民币 134 亿元，预计 2025 年将突破约人民币 820 亿元，2021 年至 2025 年的复合增长率预计达到约 46%，中国智能运动健身市场还处于快速发展阶段之中，2019—2025 年中国智能运动健身行业市场规模如图 1 所示。

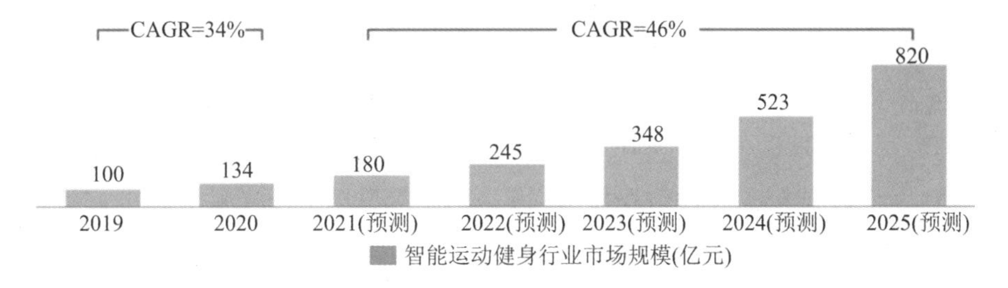

图 1 2019—2025 年中国智能运动健身行业市场规模

2）疫情影响下智能运动健身产品重构原有健身行业

新冠疫情成为推动智能运动健身产品发展的催化因素。后疫情时代，用户与场景的改变对原有健身行业提出了优化需求，对具有创新性的智能健身产品需求产生了催化作用，进一步验证了智能运动健身产品的应用场景及为用户提供的价值。

3）国家政策红利释放推动运动健身行业向智能化迈进

将大力发展体育产业作为国家级战略具有多重意义，体育产业的发展为智能运动健身行业的腾飞提供了坚实基础。在 2020 年 11 月公布的《中共中央关于制定国民经济和社会发展第十四个五年规划及二〇三五远景目标的建议》中，建设体育强国、发展体育产业再次被列为重要战略目标，体现出国家对体育产业的高度重视。

1.2 相关工作

1）项目方向调研

经过详细的背景调研，我们发现智能运动健身行业具有较大发展潜力，作品实现有可行的技术路线，故作品选题为智能运动健身辅助系统。

2）作品测试与分析

Qt程序PC端测试与开发板测试运行正常。我们分别在PC端和开发板上测试了Openpose和MoveNet两个模型，发现两个模型在PC中的识别准确度相似，但MoveNet模型中运行速度要快于Openpose；在开发板中，Openpose由于需要性能较高无法正常运行，但MoveNet可以相对正常地运行。因此，最终选择了谷歌轻量级的MoveNet模型实现人体姿态识别功能。

1.3 特色描述

1）硬件特色

本作品在原有的开发板和屏幕的基础上外加了一个摄像头，用于采集视频数据并基于此摄像头实现人体姿态识别功能。

2）模型特色

经过对开发板性能和内置库的研究，在Openpose和MoveNet两个具有相似处理性能的模型中选择了具有TensorFlow框架的轻量级模型MoveNet。

3）应用特色

本作品可以实现对人体姿态的准确识别，可以应用于运动健身和医疗康复等众多行业，实现远程健身教学和康复训练，促进全民健身和智能医疗的发展。

1.4 应用前景分析

1）作品服务优化

根据传统运动健身场景下的多用户需求开发用户系统，本作品可以分别存储每个用户的图像视频、识别结果以及动作指导建议，为不同用户提供个性化服务。

2）作品配套互联网产品研发

本作品可以将AI模型输出的人体姿态识别结果与标准的健身动作识别结果进行对比，并给出动作指导建议，进一步开发出本作品适配的网页用户端及手机App用户端，使其发展为运动健身行业的平台，吸引健身教练、运动大咖提供专业动作指导，同时为用户提供分享、社交的功能。

3）应用于智能医疗场景

本作品还可以应用于智能医疗康复领域，利用计算机视觉技术进行姿态估计，帮助医生对具有肢体运动障碍的患者进行康复训练，或者实现患者自主训练与康复效果评估。

2. 作品设计与实现

本作品的主要功能模块分为人机交互模块、图像采集模块姿态识别模块。

2.1 系统方案

2.1.1 人机交互模块

本作品使用 Qt 设计人机交互界面，Qt 版本为 5.6.3。人机交互界面由开机动画和主界面组成，其中主界面中包含的组件有：图像显示组件 Widget、输入设备选择组件 comboBox、开始与停止的按钮组件 button、AI 识别按钮组件等。

1）开机动画

在程序启动的加载过程中，我们加入了一个简短的开机动画，显示为一个小人在屏幕上奔跑，切合运动与智能结合的主题，如图 2 所示。

图 2 程序开机动画

2）程序主界面

程序主界面包括输入设备选择组件、Widget 图像显示组件、label 图像显示组件、Start 按钮、End 按钮、Play 按钮、record 按钮、stop 按钮以及 process 按钮，如图 3 所示。

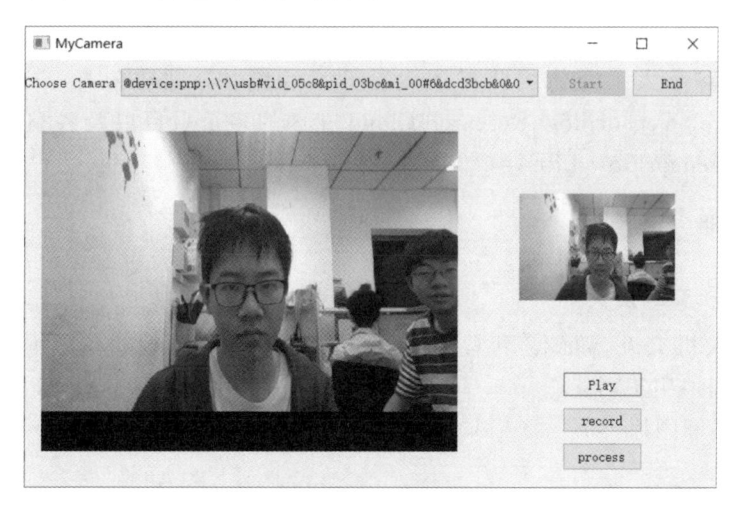

图 3 程序主界面

（1）输入设备选择组件。当开机动画播放完，进入人机交互界面后，用户可以通过输入设备选择组件进行对摄像头设备的选择，由于在本作品中使用的开发板仅外接了一个摄像头，因此只有一个 USB 摄像头可供选择。

（2）Widget 图像显示组件在主界面左侧，用来呈现摄像头实时采集到的视频。

（3）label 图像显示组件在主界面右侧，用来呈现在录制视频过程中截取的图片。

(4) Start 按钮的功能是开启摄像头。当单击"Start"按钮时，开发板使能摄像头，同时在左边的 Widget 图像显示组件中呈现出摄像头采集的视频。

(5) End 按钮的功能是关闭摄像头。当单击"End"按钮时，开发板使能摄像头，同时在左边的 Widget 图像显示组件中停止呈现摄像头采集的视频。

(6) Play 按钮的功能是播放经 AI 模型处理好的视频。由于 Qt 人机交互界面较小，不利于处理后视频的展示，当单击"Play"按钮时，将处理后的视频在开发板的右侧显示。

(7) record 按钮的功能是开启录制功能。单击"record"按钮，开发板开启录制的同时 record 按钮变为 stop 按钮。

(8) stop 按钮的功能是停止录制功能。单击"stop"按钮，开发板停止录制视频的同时，stop 按钮变为 record 按钮。

(9) process 按钮的功能是在录制视频的同时截图。当单击"process"按钮时，右侧的 label 图像显示组件会呈现出所截取的视频画面。

2.1.2 图像采集模块

图像采集功能在项目工程界面的实现主要通过 Qt 内置的库：QWidget、QCameraInfo、QCamera 等实现。视频采集的参数初步设计为 MPEG 格式，分辨率 640×480，30 帧。硬件则使用 USB 免驱摄像头进行对图像的采集。

2.1.3 姿态识别模块

TensorFlow 是一个基于数据流编程(Dataflow Programming)的符号数学系统，被广泛应用于各类机器学习算法的编程实现，其前身是谷歌的神经网络算法库 DistBelief。TensorFlow 拥有多层级结构，可部署于各类服务器、PC 终端和网页，且支持 GPU 和 TPU 高性能数值计算，被广泛应用于谷歌内部的产品开发和各领域的科学研究。TensorFlow 由谷歌人工智能团队谷歌大脑开发和维护，拥有包括 TensorFlow Hub、TensorFlow Lite、TensorFlow Research Cloud 在内的多个项目以及各类应用程序接口。本作品运用了 TensorFlow Lite 接口。

2.2 实现原理

2.2.1 人机交互模块

本作品的人机交互界面使用 Qt Creator 4.3.0 进行搭建，在界面中设置了五个 QPushButton 组件用于功能选择，一个 QComBox 组件用于摄像头选择，两个 QLable 组件用于显示文本和图片，一个 QWidget 组件用于显示摄像头传入的视频。人机交互模块的 UI 布局如图 4 所示。

2.2.2 图像采集模块

图像采集在 Qt 界面中实现，首先使用 QCamer 库和 QCameraInfo 库获取摄像头信息，将可使用的摄像头设备名加入 QComBox 组件中以供选择。由于摄像头未打开时不能使用关闭与截图功能，因此在初始化时禁用 End 与 process 组件。为了实现视频采集的功能，还要引入 QMediaRecorder 库与 QVideoEncoderSettings，同时在初始化时，构造好用于保存视频的对象并选择编码方式、视频采集的分辨率。

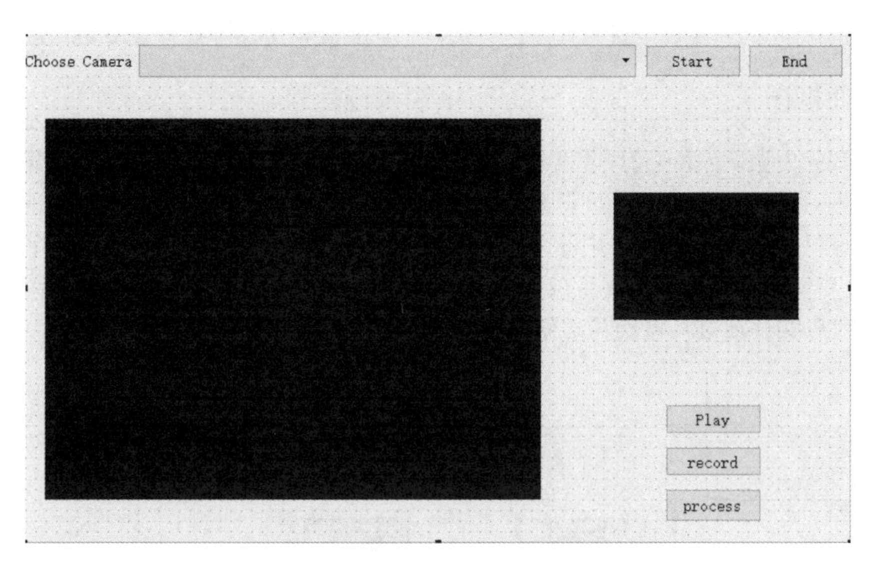

图 4 人机交互模块的 UI 布局

当用户选择好摄像头设备并单击“Start”按钮后，首先构造好摄像头对象以及截屏对象，再连接截屏信号与显示截屏图像的槽，调整 Widget 的大小，将摄像头输入的图像传入 Qt 界面中的 Widget 组件，准备就绪后启动摄像头，即可在 Qt 界面中看到摄像头设备输入的图像。同时要禁用开始按钮，启用结束与截屏按钮，构造 recorder 对象用于保存已接收的视频。

截屏功能用于保存摄像头的当前帧，并将其输出到用于显示截屏图像的 QLable 组件中。

在摄像头打开时，录像按键启用，点击 record 按钮之后，将录像保存为一个 MP4 文件，同时将按钮上的文本更换为 stop，状态切换为录像中。再次单击“stop”按钮，即可结束录像。

由于 Qt 界面大小限制，我们使用 Gstreamer 的 gst-launch-1.0 命令播放已经处理好的视频，play 按钮功能的实现为调用系统函数，此操作需要引入 cstdlib 库。

2.2.3 姿态识别模块

MoveNet 是谷歌推出的一种超快速且准确的模型，可检测身体的 17 个关键点。该模型可在 TF hub 上找到。该模型有两种变体，分别为 Lightning 和 Thunder。Lightning 适用于延迟关节的应用程序，而 Thunder 适用于需要高精度的应用程序。Movenet 模型的实现原理可以在 TF 官方提供的网站上查看。

在模型调用的实现过程中，使用 demo_singlepose_tflite.py 文件对 TF 官方提供的四种 MoveNet 模型进行测试。为方便测试，使用 argparse 库来获取命令行参数，使程序更易于测试。

通过命令行参数可以选择调用的模型、图像的默认像素、视频文件等。程序运行时会先对输入图形进行前处理，将图像进行尺寸裁剪、色域转换后通过模型进行推理，接着取出识别到的各关键点的点位信息，再将点位画在处理后的图像帧上，并在左上角标出处理时长，最后将每帧图像重新合成 MP4，生成 out.mp4 文件。图像处理、模型推理、关键点获取在 run_inference 函数中进行，标记关键点、生成视频文件等操作在 main 函数中进行。

2.3 硬件框图

本作品分为瑞萨 GX/G2L 开发板、摄像头、显示屏，PC 端四个硬件部分。第一个硬件部分为瑞萨 GX/G2L 开发板，负责为摄像头提供电源并读取摄像头采集到的视频数据。显示屏负责提供人机交互界面，并将摄像头采集到的视频和开发板处理好的视频呈现出来。PC 端通过局域网将在虚拟机中生成的二进制文件通过局域网传入开发板对 Qt 进行测试，修改好的代码文件通过局域网传送给瑞萨开发板。系统硬件框图如图 5 所示。

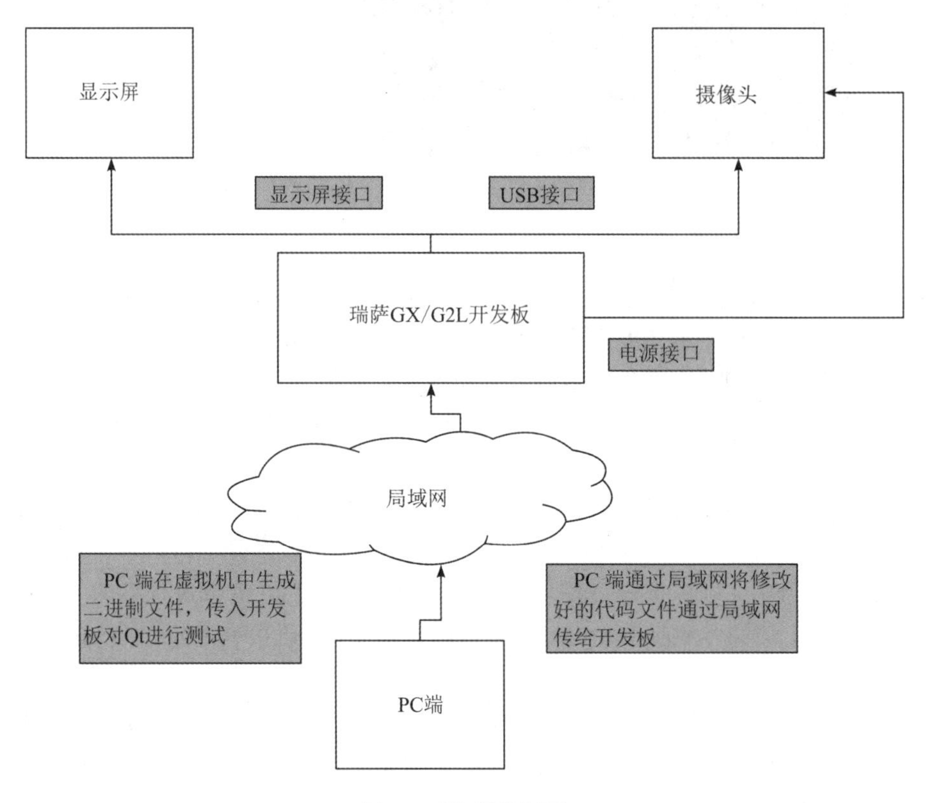

图 5　系统硬件框图

2.4 软件流程

用户的整个操作都在支持触控的显示屏上显示。当开发板连接电源后，显示屏上会播放开机动画，结束后进入到人机交互的界面。第一步，用户需要选择外接在开发板上的摄像头。第二步，单击“Start”按钮让开发板使能摄像头。第三步，单击“record”按钮开始视频的录制，此时注意到 record 按钮变为 stop。第四步，在摄像头工作过程中单击“process”按钮可以进行图片的截取。第五步，单击“stop”按钮停止视频录制，此时注意到 stop 按钮变为 record 按钮。第六步，PC 端输入命令行使开发板对已经录取到的视频进行处理。第七步，待视频处理完毕后，单击“Play”按钮播放已经处理结束的视频。软件流程图如图 6 所示。

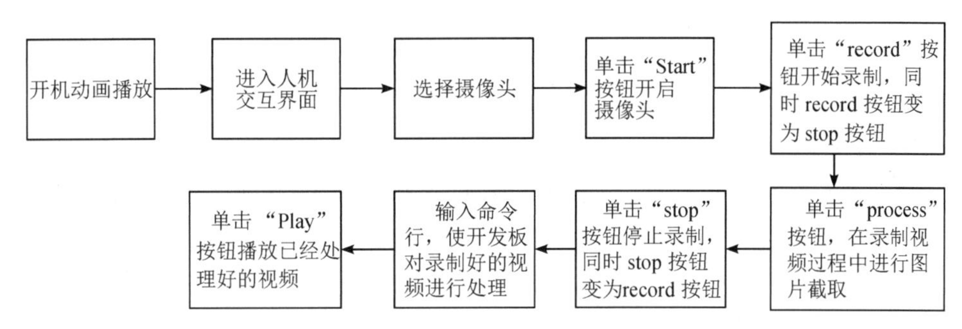

图6 系统软件流程图

3. 作品测试与分析

3.1 测试环境搭建

测试环境分为PC端(见表1)和开发板环境(见表2)。

表1 PC端测试环境

环境名称	版 本
Windows系统	10 21H2
Linux系统	Ubuntu 20.04.1
QtCreator	4.13.0
Qt(Windows系统下)	5.9.0
Qt(Ubuntu系统下)	5.6.3
TensorFlow	2.9.1

表2 开发板测试环境

环境名称	版 本
cv2	4.1.0
tflite_runtime.interpreter	2.1.0
ffmpeg	4.2.2
gstreamer	1.0

3.2 测试设备

测试设备及其型号如表3所示。

表3 测试设备

测试设备	型 号
电脑	HP 15-dk0019TX
瑞萨开发板	GX/G2L
摄像头	DSJ720P-HE

3.3 测试方案

3.3.1 Qt 测试方案

Qt 是一个跨平台的 C++图形用户界面库，由挪威 TrollTech 公司于 1995 年底出品。Qt 支持的操作系统有 Microsoft Windows 95/98、Microsoft Windows NT、Linux、Solaris、SunOS、HP-UX、Digital UNIX（OSF/1，Tru64）、Irix、FreeBSD、BSD/OS、SCO、AIX、OS390、QNX 等。

为保证 Qt 程序可以在开发板上正确运行，我们采用如下的 Qt 测试方案：在 Windows 中的 QtCreator 中编写 Qt 程序并查看效果，再通过局域网将代码上传到虚拟机中进行编译生成可执行文件，最后通过局域网将可执行文件传输到瑞萨开发版 GX/G2L 中，观察 Qt 程序在开发板上的运行效果。

3.3.2 AI 模型测试方案

我们采取两种方案进行 AI 模型的测试，一是采用 Openpose 模型，二是采用 Movenet 模型。测试方案为：首先在 windows 系统中测试两种 AI 模型各自的性能，然后将 AI 模型移植到开发板上继续测试。

3.4 测试结果分析

3.4.1 Qt 测试结果

经测试，Qt 程序可以在开发开发板上顺利运行，Qt 程序测试结果如图 7 所示。

3.4.2 AI 模型测试结果

1）Openpose 模型测试结果

本作品采用 Openpose 官方提供的模型进行测试，结果如图 8 所示。

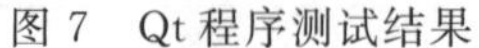

图 7　Qt 程序测试结果

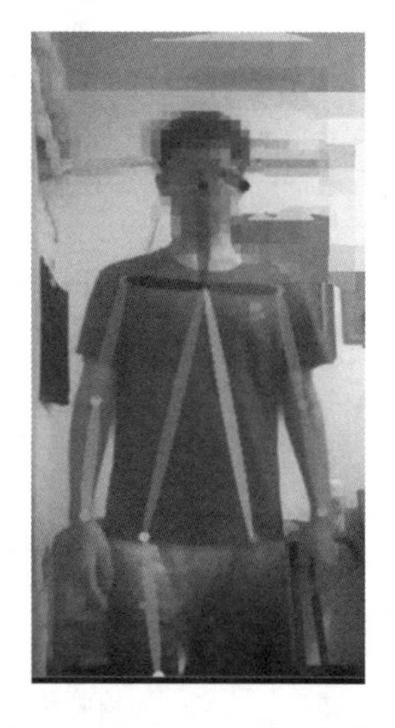

图 8　Openpose 模型测试结果

2）MoveNet 模型测试结果

本作品采用 3 种不同的 MoveNet 模型进行测试，测试结果如图 9、图 10 所示。模型 lite-model_movenet_singlepose_lightning_tflite_float16_4.tflite 识别用时 45 秒，模型 lite-model _movenet_singlepose_lightning_tflite_float16_4.tflite 识别用时 2 分 23 秒，模型 lite-model _movenet_singlepose_lightning_tflite_int8_4.tflite 识别用时 1 小时 21 分 25 秒。

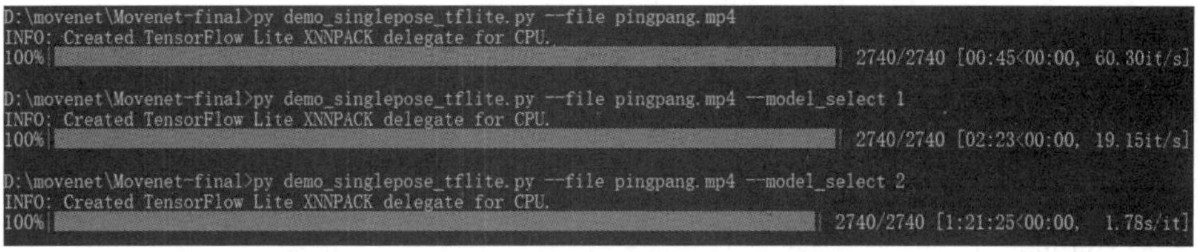

```
D:\movenet\Movenet-final>py demo_singlepose_tflite.py --file pingpang.mp4
INFO: Created TensorFlow Lite XNNPACK delegate for CPU.
100%|████████████████████████████████████████| 2740/2740 [00:45<00:00, 60.30it/s]

D:\movenet\Movenet-final>py demo_singlepose_tflite.py --file pingpang.mp4 --model_select 1
INFO: Created TensorFlow Lite XNNPACK delegate for CPU.
100%|████████████████████████████████████████| 2740/2740 [02:23<00:00, 19.15it/s]

D:\movenet\Movenet-final>py demo_singlepose_tflite.py --file pingpang.mp4 --model_select 2
INFO: Created TensorFlow Lite XNNPACK delegate for CPU.
100%|██████████████████████████████████████| 2740/2740 [1:21:25<00:00, 1.78s/it]
```

图 9 MoveNet 模型测试结果 1

图 10 MoveNet 模型测试结果 2

3）对比分析

测试发现，Openpose 模型和 MoveNet 模型对人体关键点的识别效果均符合预期要求，但 MoveNet 模型处理速度明显高于 Openpose 模型，因而在后续开发中选择 MoveNet 模型作为人体姿态识别模块的 AI 模型。

4. 创新性说明

本作品利用计算机视觉技术进行姿态估计，可以辅助教练对初学者进行动作规范，也可以辅助医生对肢体运动障碍的病人进行康复训练。本作品的创新性分为硬件创新、软件创新和应用创新。

4.1 硬件创新

在硬件上，我们使用了瑞萨 GX/G2L 开发板和自带的触控显示屏幕。为了在开发板上实现计算机视觉处理功能，我们自主购买了适配开发板的摄像头，用于采集视频。

4.2 软件创新

在软件上，通过研究开发板发现其自带 TensorFlow 库。我们选择了谷歌研发推出的轻量级人体姿态识别模型 MoveNet。原因是 MoveNet 是 TensorFlow 框架下的模型并具有轻量级的特点，可以在开发板上基于进行图像和视频的高速处理。

4.3 应用创新

在应用上，本作品通过瑞萨开发板并搭载谷歌 Movenet 轻量级姿态识别模型实现了一款运动健身辅助系统，为新型运动健身和医疗康复训练提供了一个可行思路，促进了智能医疗、全民运动的发展。

5. 总结

随着计算机视觉和图像处理技术的高速发展，基于视觉信息处理的智能化训练系统逐渐被应用于运动训练和康复医疗领域。本作品是基于瑞萨 GX/G2L 开发板实现的一款智能运动健身辅助系统，为智能训练系统和康复医疗系统提供了一种可行思路。

参考文献

[1] TING H Y, SIM K S, ABAS F S. Automatic badminton action recognition using RGB-D sensor[J]. Advanced Materials Research, 2014, 1042: 89 - 93.

[2] 郭天晓，胡庆锐，李建伟，等. 基于人体骨架特征编码的健身动作识别方法[J]. 计算机应用，2021，41(5)：1458 - 1464.

[3] 艾瑞咨询. 中国智能运动健身行业研究报告[R]. 艾瑞咨询系列研究报告，2021：760 - 815.

[4] 中华人民共和国中央人民政府. 中华人民共和国国民经济和社会发展第十四个五年规划和 2035 年远景目标纲要[N]. 新华社，2021 - 03 - 12.

该作品基于瑞萨 GX/G2L 开发板和摄像头，设计了一款智能运动健身辅助系统。该系统可展示含有人体 17 个点位的人体关节识别，并使用瑞萨开发板中的内置 AI 模型实现了姿态识别功能，较好地实现了作品的预设功能。建议进一步加强应用场景需求分析，提升作品的实用性。

作品 7　智能安防——基于语音和图像识别的突发事件追踪系统

作者：关贝贝　杨泽旭　徐彰　（东北大学）

作品演示

摘　要

本作品设计并实现了一种基于 Renesas GX/G2L-QSB 嵌入式开发系统的智能安防系统，可以基于语音和图像识别，针对街道上行人的突发事件进行自动报警和追踪，其具有智能语句提取、摄像头自动查找、路面目标识别与追踪、自动取证与保存、网络化报警与传输等诸多功能。本作品旨在第一时间报警并留取语音和视频证据继而实时追踪，提高犯罪成本，降低受害人生命和财产损失，有效维护社会秩序。

关键词：智能安防；人像识别；自动追踪；声源识别；声源定位；网络化传输

Intelligent Tracking System of Security Sudden Events Based on Voice and Image Recognition

Author: GUAN Beibei, YANG Zexu, XU Zhang (Northeastern University)

Abstract

This work designs and implements an intelligent security system based on Renesas GX/G2L-QSB embedded development system. Based on voice and image recognition, it can automatically alarm and track pedestrian emergencies on the street. It has many functions, such as intelligent sentence extraction, automatic camera search, portrait recognition and tracking, automatic forensics and preservation, network alarm and transmission, etc. The system is to report to the police at the first time, keep audio and video evidence and then track it in real time, so as to increase the crime cost, reduce the loss of victims' lives and property and effectively maintain social order.

Keywords: Intelligent Security; Portrait Recognition; Automatic Rracking; Acoustic

Source Identification；Sound Source Localization；Network Transmission

1. 作品概述

1.1 设计背景

安全防范是维系社会秩序的基本手段。由于一些扰乱社会治安活动甚至是犯罪行为本身具有一定的突发性与难以预知性，因此在接到主动报警电话或者通过警察监控后才能实施干预。而警力资源有限无法立即发现相关案件的发生，从而无法获得第一手的资料。本作品旨在设计一款协助警察维护和保障城市街道安全，可以较为有效地解决上述潜在问题的边缘智能安防系统。

1.2 设计目标

1.2.1 系统结构与功能简介

本系统由GX/G2L-QSB开发平台、AX7010音源计算节点、环形麦克风阵列、PWM舵机云台、局域网内PC报警机等模块构成，充分发挥了GX/G2L-QSB开发板的性能，把它作为系统数据处理中枢与总数据节点，完成了图像识别、人像的识别与跟踪、整体系统控制、数据打包与分发、网络数据上传等工作，依托了板载的USB2.0HOST、R232接口和千兆以太网口进行数据通信。本系统采用AX7010模块作为音源计算子节点，实现环形矩阵麦克风控制、PWM舵机云台控制、孤立语音检测、音源方位识别与角度解算等任务。音源检测节点与开发平台使用R232总线进行数据传输。将局域网内的PC报警机为报警终端，实现开发平台报警信息的网络内接收与存储。

1.2.2 系统功能设计

1）孤立语音检测并识别与声源定位

本系统使用AX7010结合梅尔滤波器与DTW实现对输入语音与预设模板的匹配求得最优解，利用多个麦克风在空间传播的延迟以及声源与麦克风的几何关系进行解算，实现声音识别与定位。

2）道路情况的识别与跟踪

本系统针对道路情况识别功能，使用了TensorFlow深度神经网络框架搭建MobileNet_SSD模型，并进行了训练。我们对嵌入式移动端、对模型进行了特定的优化与量化，使其在移动端中拥有尽可能快的运算速度。对卡尔曼滤波算法进行了合适的建模与实现，使用特定算法对帧率进行优化。结合TensorFlow Lite卷积神经网络模型与卡尔曼滤波器，实现了对目标的识别、预测以及跟踪。

3）特定信息的存储与网络传输

本系统以Qt为设计工具，配合TCP/UDP协议，通过开发平台的千兆以太网口，将保存的图片数据以及相关信息上传至局域网，而后经由预定的PC报警机接收并解析出相关数据，实现数据的网络传输。

1.2.3　系统运行流程阐述

音源计算节点挂接环形麦克风阵列持续采集并监测环境中的声音，当检测到求救等既定信息时，实时解算出音源方位。本系统通过 PWM 控制舵机云台转动，调整舵机上的摄像头拍摄方位，同时将相关信息发送给系统中控。系统中控接收到相关信息后，启用摄像头采集图像，开启人像识别与持续动态跟踪，同时拍照并将相关信息与照片通过网口传输至网络，预设的 PC 报警机将接收到相关信息与图片。

2. 作品设计与实现

2.1　声源识别与定位

2.1.1　声源识别系统简介

本系统采用 ZYNQ7010 和 Vivado 进行开发设计，主要通过 FPGA 端模拟 I2S 采集语音信号，再将数据送入 FIFO 进行缓存。然后通过 AXIS 总线将数据经 DMA 传输入 DDR3，在 ARM 端对语音信号进行识别及定位。音源识别设备整体框图如图 1 所示。

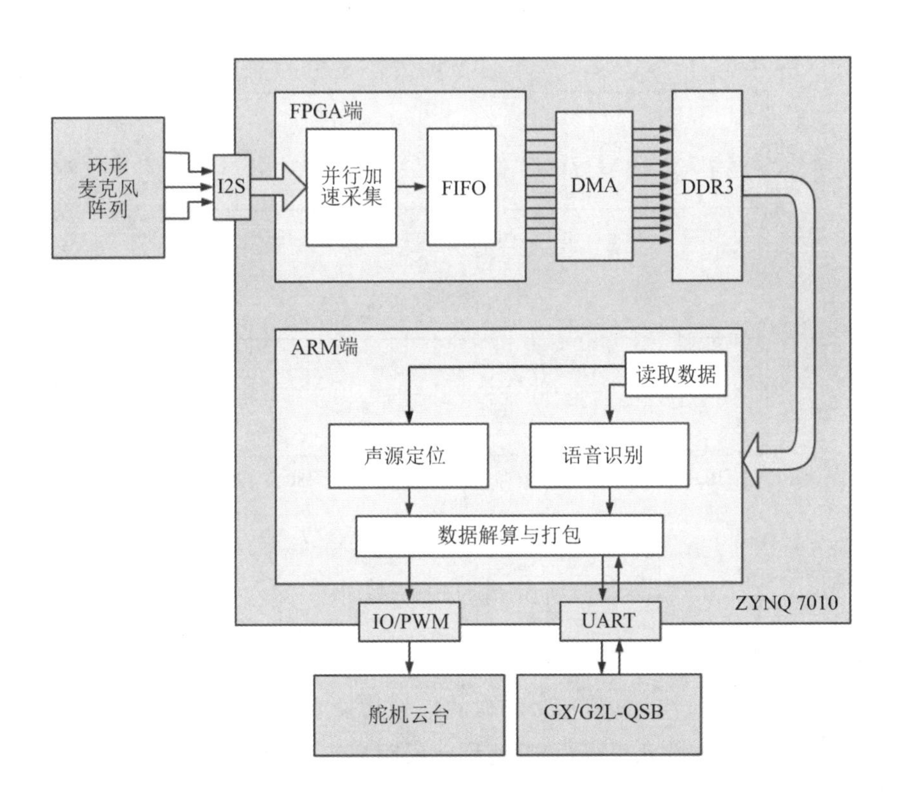

图 1　音源识别设备整体框图

2.1.2 端点检测

1）语音端点检测含义

语音端点检测即在一段包含语音的信号中检测出该语音的起始点及终止点。检测出语音信号的端点可以减少计算量，提高语音识别的效率。本系统采用短时能量和短时过零率对语音端点进行识别。

2）实际语音信号端点检测过程分析

整个端点检测过程分为四段，分别是静音段、过渡段、语音段和结束段。当处于静音段时，如果短时过零率或者短时能量超过低门限值，则标志为语音开始位置，同时进入过渡段；当处于过渡段时，如果短时过零率或短时能量超过高门限值，则进入语音段。在语音段中，当短时过零率和短时能量均低于低门限值，且持续时间大于最小语音时间时，则认为其是语音，否则认为其为突发噪声信号。端点检测示意图如图 2 所示。

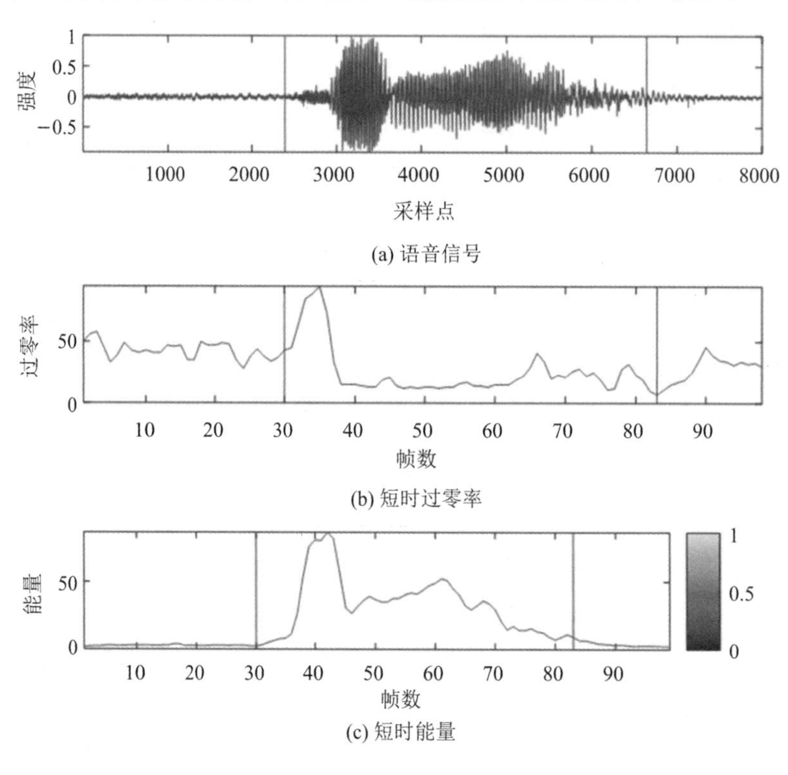

(a) 语音信号

(b) 短时过零率

(c) 短时能量

图 2 端点检测示意图

2.1.3 声源识别

由于语音信号的随机性，两段比较相似的信号其长度可能并不相等，如语速不同。在这种情况下，使用传统的欧几里得距离（简称欧氏距离），无法有效地求得其相似性。故而使用 DTW（Dynamic Time Warping，动态时间归整）算法将时间序列进行延伸及缩短，来计算两个序列之间的相似性。

1）DTW 算法原理

DTW 是一个典型动态规划方法，它利用满足一定条件的时间规整函数 $W(n)$ 描述测试模板和参考模板的时间对应关系，求解两模板匹配时累计距离最小所对应的规整函数。DTW成功解决了发音长短不一的模板匹配问题。

2) DTW算法构建

DTW需要满足几个约束。首先是边界条件，所选择的路径必须从左下角开始，在右上角结束；其次是连续性，DTW只能与相邻的点对齐；最后是单调性，其点必须随时间单调。因此，每一个格点只有三个方向，即$(i+1, j)$、$(i, j+1)$和$(i+1, j+1)$。

定义一个累加距离矩阵。从点$(0, 0)$开始匹配测试序列Q和参考序列C，每到一个点，之前所有的点计算的距离都会累加。到达终点(n, m)后，这个累积距离就是总距离，也就是序列Q和C的相似度。

累积距离$\gamma(i, j)$可以按下面的方式表示，累积距离$\gamma(i, j)$为当前格点距离$d(i, j)$，也就是点q_i和c_j的欧氏距离(相似性)与可以到达该点的最小的邻近元素的累积距离之和：

$$\gamma(i, j)=d(i, j)+\min\{\gamma(i-1, j-1), \gamma(i-1, j), \gamma(i, j-1)\} \tag{1}$$

式中，$\gamma(i, j)$为累积距离，$d(i, j)$为当前格点距离。

2.1.4 声源定位

基于到达时延差(Time Difference of Arrival，TDOA)估计的定位方法计算量小，实时性好，实用性强。

1) TDOA算法原理

TDOA算法一般分为两步，计算声源信号到达麦克风阵列的时间差(时延估计)和通过麦克风阵列的几何形状建立声源定位模型并求解，从而获得位置信息(定位估计)。TDOA使用基于广义互相关函数时延估计方法，广义互相关函数是为了减少噪声和混响在实际环境中的影响，在互功率谱域使用加权函数加权，然后经过IFFT运算后找到峰值估计时延。

2) TDOA算法实现方法

要确定出声源在二维平面内的位置坐标，至少需要三个麦克风。假设声速波长为λ，麦克风之间的距离为d，那么当声源与麦克风之间的距离r大于$2d^2/\lambda$时，符合远场模型，反之则为近场模型。对于远场模型，声源到达麦克风阵列的波形视为平面波。求得时延以后，通过几何关系对物体所在位置进行求解。

2.2 道路情况识别与目标跟踪

2.2.1 视觉处理功能基础流程设计

整体视觉识别系统主要包含两个方面的内容：基于卷积神经网络的道路行人检测与利用Kalman(卡尔曼)滤波算法的目标运动路径预测和跟踪。本系统主要运用了轻量化的MobileNetV1_SSD目标检测模型检测道路上的情况，使用Kalman滤波算法结合Haar特征分类器锁定目标行人，预测并跟踪目标的运动。在我们开发的程序中，主要针对模型进行了优化，比开发板自带例程中的模型帧率提高了2倍。计算机视觉处理部分程序的流程框图如图3所示。

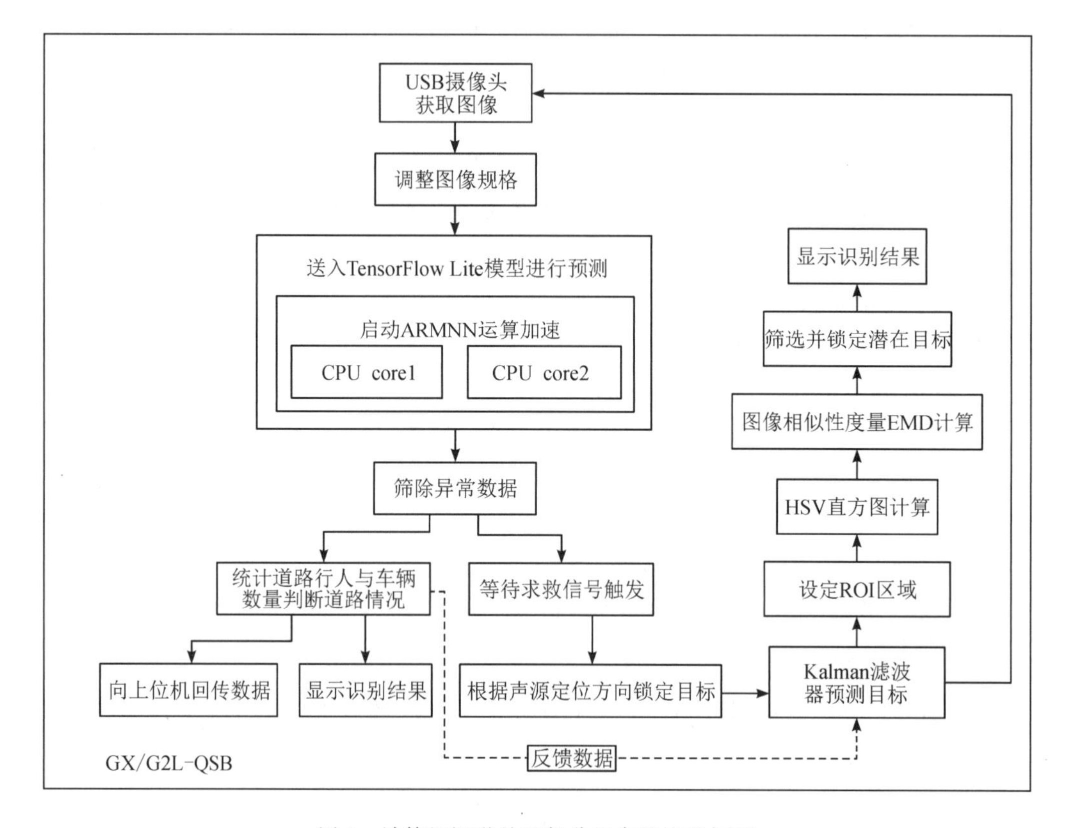

图 3 计算机视觉处理部分程序的流程框图

2.2.2 基于 TensorFlow 的 MobileNetV1_SSD 目标检测模型搭建与训练

1）特征提取网络的挑选

MobileNet 是一种小巧而高效的 CNN 模型，优点在于提出了深度可分离卷积，降低了计算量和参数量。深度可分离卷积包括深度卷积（Depthwise Convolution）和点卷积（Pointwise Convolution），先对不同输入通道进行深度卷积，然后采用 1×1 点卷积进行结合。在精度损失较小的情况下，大大减少了计算量和模型参数量。

2）目标检测算法的挑选

本系统采用 MobileNet_SSD 作为目标检测算法。MobileNet_SSD 在 SSD 的基础上，将特征提取部分由 VGG-16 替换为 MobileNet。在使用 MobileNet 进行特征提取的过程中，采用深度可分离卷积进行卷积运算，其他网络层仍采用标准卷积。MobileNet_SSD 算法降低了少量精度，但提升了系统运行速度，可在嵌入式设备上实时运行。

3）数据集的挑选

本系统在训练过程中使用了 VOC2007＋2012 数据集，数据集包括 20 个类：aeroplane、bicycle、bird、boat、bottle、bus、car、cat、chair、cow、dining table、dog、horse、motorbike、person、potted plant、sheep、sofa、train、TV monitor。本次使用到的数据集中共有 21 503 张照片。

4）基于 TensorFlow 的 MobileNet_SSD 模型搭建

（1）输入层设计。本次目标检测模型基于 TensorFlow 官方预训练 MobileNet_SSD 模型进行迁移学习得到，模型的输入图像的分辨率为300×300，且色彩空间格式为RGB格式。

(2) 先验框大小选定。6个先验框尺寸为$S_k \times 300 \in [30, 60, 111, 162, 213, 264, 315]$，其中，小目标使用30×30的先验框大小代替38×38有助于检测更小的物体。对于各个特征层，它的每个特征点分别建立了4个先验框。

(3) 特征层设计。分别将Conv4第三次卷积的特征、fc7卷积的特征、Conv6第二次卷积的特征、Conv7第二次卷积的特征、Conv8第二次卷积的特征和Conv9第二次卷积的特征层作为6个有效特征层，进行多尺度候选框回归，并进行下一步的处理来获取预测结果。所有特征层的输出规格如表1所示。

表1 各特征层的输出规格

有效特征层	先验框个数	num_priors×4的卷积后的shape	num_priors×num_classes的卷积后的shape	获得的先验框的shape
Conv4－3(38，38，512)	4	(38，38，16)	(38，38，84)	(38，38，16)
fc7(19，19，1024)	6	(19，19，24)	(19，19，126)	(19，19，24)
Conv6－2(10，10，512)	6	(10，10，24)	(10，10，126)	(10，10，24)
Conv7－2(5，5，256)	6	(5，5，24)	(5，5，126)	(5，5，24)
Conv8－2(3，3，256)	4	(3，3，16)	(3，3，84)	(3，3，16)
Conv8－2(1，1，256)	4	(1，1，16)	(1，1，84)	(1，1，16)

(4) 激活函数选择。在移动设备上实现神经网络时，选择ReLU6而不是标准的ReLU作为激活函数主要是出于性能和资源利用的考虑。移动设备和其他低功耗设备通常使用定点来提高效率和减少能耗，所以运算数据的精度较低。ReLU6通过将激活限制在[0，6]的范围内，可以提高模型在量化后的稳定性和鲁棒性。这是因为量化过程中的小误差不太可能导致超出激活函数预期范围。而ReLU函数对激活范围不加限制，输出范围为0到正无穷，移动设备无法很好地精确描述如此大范围的数值，带来精度损失。激活函数ReLU与ReLU6函数对比如图4所示。

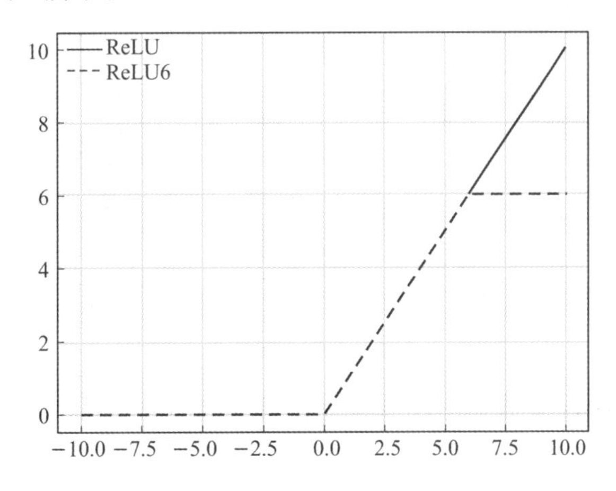

图4 ReLU与ReLU6函数对比图

5）基于 TensorFlow 的 MobileNet_SSD 模型训练与效果测试

（1）训练耗时。本次训练共迭代约耗时 19 h，训练过程如下：

本次训练使用官方“MobileNet_1_0_224_tf”作为预训练模型进行二次训练；对特征提取网络训练 200 次，batch 大小为 16；损失与均值平均精度(mAP)曲线如图 5 所示。

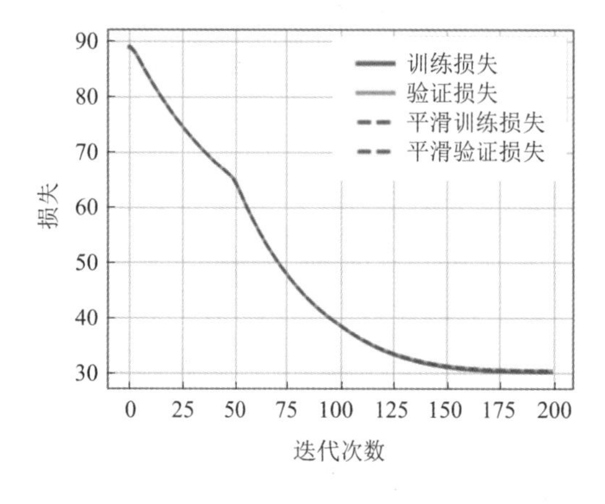

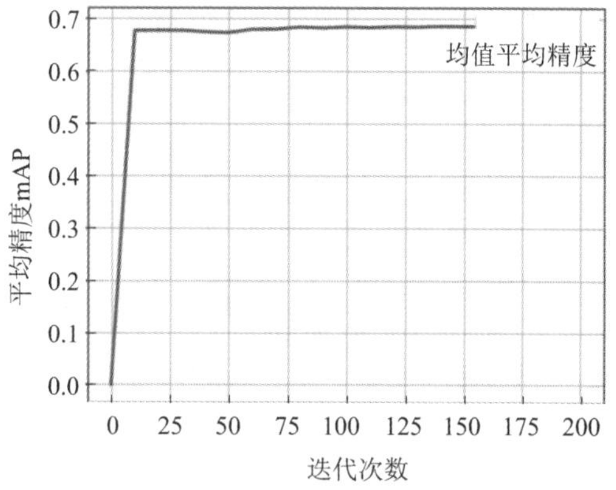

图 5　损失与均值平均精度曲线

（2）Mobilenet_SSD 模型预测效果如图 6 所示。

图 6　模型预测效果

2.2.3　基于 Kalman 滤波与 IOU 算法的目标预测与跟踪

1）Kalman 滤波算法的模型建立

（1）状态量 $\boldsymbol{X}$ 与观测方程 $\boldsymbol{H}$ 的确定：

$$\boldsymbol{X}=\begin{bmatrix} x \\ y \\ w \\ h \\ d_x \\ d_y \end{bmatrix} \tag{2}$$

式中，(x, y)为目标中心坐标，(w, h)为目标框的宽与高，(d_x, d_y)为目标二维移动路程。

$$\boldsymbol{H}=\begin{bmatrix} 1 & 0 & 0 & 0 & 0 & 0 \\ 0 & 1 & 0 & 0 & 0 & 0 \\ 0 & 0 & 1 & 0 & 0 & 0 \\ 0 & 0 & 0 & 1 & 0 & 0 \\ 0 & 0 & 0 & 0 & 1 & 0 \\ 0 & 0 & 0 & 0 & 0 & 1 \end{bmatrix} \tag{3}$$

(2) 状态转移矩阵：

$$\boldsymbol{A}=\begin{bmatrix} 1 & 0 & 0 & 0 & 1 & 0 \\ 0 & 1 & 0 & 0 & 0 & 1 \\ 0 & 0 & 1 & 0 & 0 & 0 \\ 0 & 0 & 0 & 1 & 0 & 0 \\ 0 & 0 & 0 & 0 & 1 & 0 \\ 0 & 0 & 0 & 0 & 0 & 1 \end{bmatrix} \tag{4}$$

(3) 过程噪声矩阵(超参数)的确定：由于观测时直接使用计算机的2D图像，处理误差可以忽略，因此超参数中只需要确定过程噪声矩阵$\boldsymbol{Q}$，不需要设置测量噪声矩阵$\boldsymbol{R}$。其中，对(d_x, d_y)设定方差为15是因为通过二维对目标速度进行计算时误差较大，方差也大。

$$\boldsymbol{Q}=\begin{bmatrix} 1e-2 & 0 & 0 & 0 & 0 & 0 \\ 0 & 1e-2 & 0 & 0 & 0 & 0 \\ 0 & 0 & 1e-2 & 0 & 0 & 0 \\ 0 & 0 & 0 & 1e-2 & 0 & 0 \\ 0 & 0 & 0 & 0 & 15 & 0 \\ 0 & 0 & 0 & 0 & 0 & 15 \end{bmatrix} \tag{4}$$

2) Kalman 滤波 IOU 算法的实现

使用Kalman滤波器对快速运动的物体进行测试，图中红色框代表使用Kalman滤波和IOU算法进行的运动预测的结果，绿色框为实时检测结果。当预测结果与检测结果重合度(IOU)区域较高时，判断为统一目标。Kalman滤波器预测与跟踪效果如图7所示。

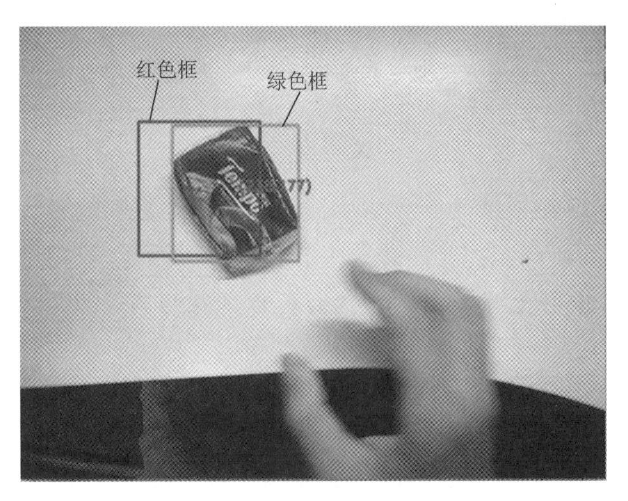

图 7　Kalman 滤波器预测与跟踪效果图

2.3　系统嵌合与 UI 设计

2.3.1　系统软件框架介绍

1）嵌入式开发板软件介绍

在整个系统运作流程中，基本数据流动保持线性，并且以 USB 摄像头数据采集为核心，相关模块的运转都依附于 USB 摄像头的视频画面。因此，采用多线性定时循环框架，以定时器触发定时读取循环为系统运转核心，定时循环使用 Qt 本身自导的 timer 类实现，使用定时溢出这一动作作为主循环的驱动信号。其余外部功能与模块以改变或者调整参数的方式影响主定时循环。

本作品中大量使用多信号与槽触发机制，多处采用信号与槽的动态连接机制，本身使用 R232 总线与音源识别模型进行数据传输。软件启动流程如图 8 所示。

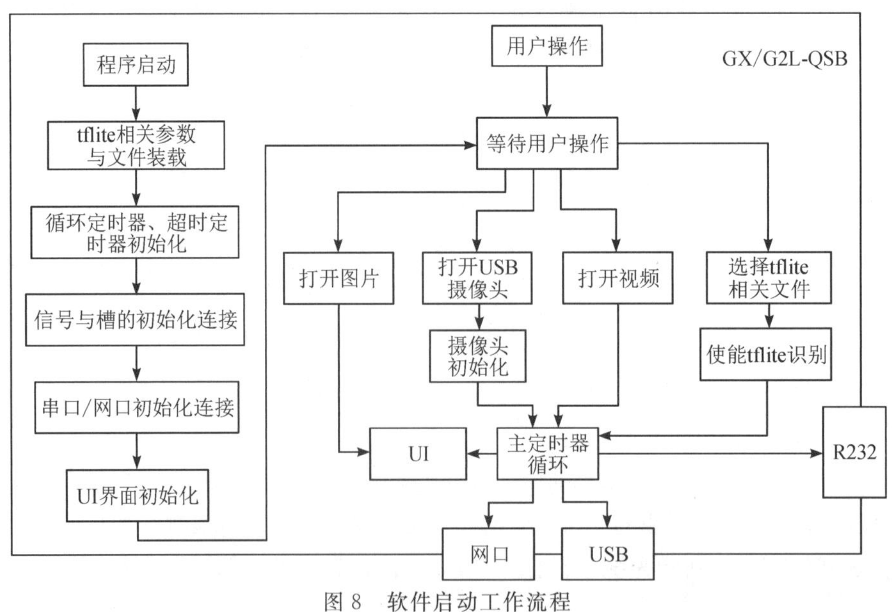

图 8　软件启动工作流程

2) PC 上位机软件介绍

上述软件运行于开发板。而本作品中包括 PC 上位机，因此，在上述基础上，使用同一版本的 Qt 在基于 Ubuntu LTS16.04.7 Linux 系统的上位机中设计了与开发板内软件相对应的上位机软件。其内使能网络功能，实现了通过局域网动态接收来自开发板的相关信息与图片信息，实现了相关文件的保存与删除。软件流程框图如图 9 所示。

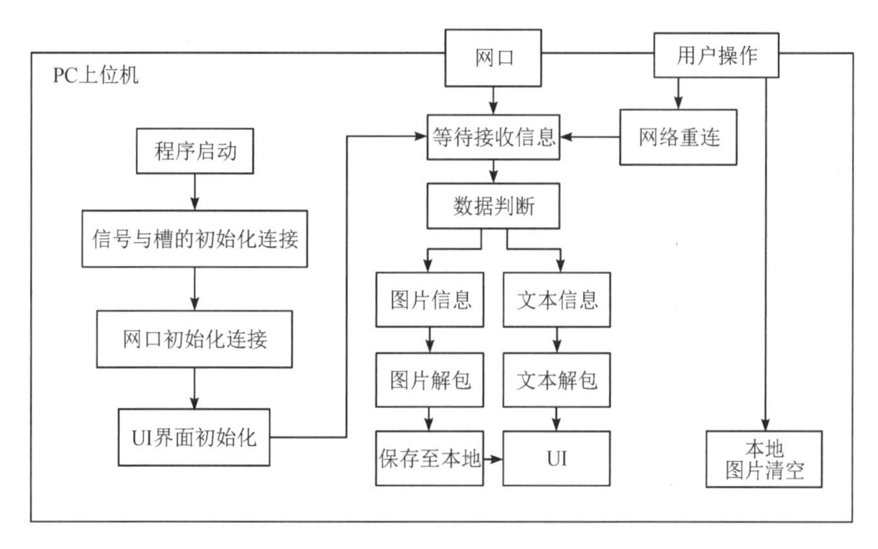

图 9 上位机软件工作流程

2.3.2 数据流设计

1) 嵌入式开发板软件数据流设计

(1) UVC 免驱摄像头驱动与数据读取。使用 OpenCV 中的 VideoCapture 类方法，用以实例化摄像头为 m_pVideo，并使用 m_pVideo->set(int propId, double value)函数进行视频流分辨率、读取格式、帧率等的设置。而后使用 CV：MAT 格式进行帧读取，使用定时器按照设定帧率以一个固定间隔读取 srcMat，从而得到数据流。

(2) TensorFlow-Lite 识别与数据传递。在识别前使用 tfliteWorker 函数完成模型与标签的导入，并在相关参数设置完毕后，定时主循环将接收到的来自摄像头的信息传入 tflite_receiveImage 函数。在其中进行相应的调整以适合所导入的识别模型的参数要求。而后使用 Invoke 函数进行识别，最终将识别结果的数据传入 const QVector<float>类型的多维数据数组。最终将该数组传入显示相关的功能函数，成功显示在界面上。

(3) 声源识别数据传递。声源计算节点与开发板之间使用 R232 总线连接，波特率设置为 115 200 L/S，无奇偶校验位，无停止位，无流控制，有效数据长度为 8 位，使用双方约定好的数据帧格式进行数据传递。开发板接收信息的帧格式总长 8 位，以 2、3、3 的方式隔断，起始两位为声音识别模块当前监测到的声音的识别结果；中间三位为一个 0～999 的数字，用于表述声源识别设备的所识别出来的横向位置信息；最后三位用于表述声源识别设备的所识别出来的纵向位置信息。

开发板向声源识别模块传递信息的帧格式与接收信息的帧格式保持一致。经过相关运算与打包后，回传数据发送给音源处理设备，音源处理设备对数据解包后作出相应的操作。

(4) 网口数据传递。网口部分设计采用了 QUdpSocket，使用 UDP 协议。具体实现时，首先开启相关套接字，使之处于等待读写的状态；而后将目标主机的 IP 地址与目标端口位置以及所要发送的信息通过 QUdpSocket 类下的 writeDatagram 函数进行打包发送；当目标 IP 与端口设置无误且未被占用时，相关信息即可发送成功。在本系统中，跟踪模式被成功触发与启动时，每间隔 2 s，不间断地将当前窗口内的信息打包上传给局域网中的上位机。

2) PC 上位机软件数据流设计

上位机设计采用线性设计，软件启动后自动打开监听功能，不间断检测来自网络的信息。当检测到来自网络的信息时，自动进行数据截取、数据来源验证、数据判断、数据拆包及图像复原。当接收的信息无误时，将解包后的图片与文字信息在 UI 上进行展示，并且将接收的图片实时保存到本地并打上时间戳。

2.3.3 功能函数设计

1) 嵌入式开发板软件功能函数设计

(1) 识别框绘制函数设计。此函数用于识别结果的识别框以及类别与置信度的绘制与展示。在识别中，每识别到一个物体，就会将识别到的位置信息、置信度信息、类别信息存入类型为 const QVector＜float＞的多维数据矩阵，因此最终识别框的绘制是按照数据载入的形式进行反解的。使用 HTML 标签，将识别的类别与置信度信息以文本形式进行展示，使用 Qt 中的 pen 语句绘制识别框的四个边，最终实现识别中的检测框的绘制。

(2) UART 数据帧解析与打包函数设计。帧解析与打包函数用于管理系统与音源模块的数据交换问题。由于 UART 本身的特性，接收到的信息为字符类型。而由于传输的数据本身为数字类型，因此需要使用 ASCII 码表的特性，实现数据的正确解析与打包。数据解析具体实现方法为将接收到的信息按位取 int 类型并减去 48，并使用十进制规律将单个的数字恢复为完整的数据。同理，数据的打包即是以上操作的逆运行。

(3) 图像转码流设计。图片的网络化传输即将图片转换为数组格式，而后通过相关网络协议，将产生的数组发送至局域网，图片与数组的转换用到了 Qt 库函数。图片转换时，首先将图片使用 QImage 类实例化并打开，通过 QImage 类的 save 成员函数将 QImage 类型数据转换为挂接至 QBuffer 的 QByteArray 类型上，然后使用 QByteArray 的成员函数 toBase64 转义为真正的 QByteArray 类型，之后使用 QTextCodec 类的编码类，使用 GB2312 格式编码为 QString 类型的函数。最后将该包含图片信息的数组通过 UDP 网络协议发送出去。值得一提的是，经过测试发现，当图片过大时图像码流传输无法成功。因此，设计了图片的递归式保存函数，即设定好图片大小上限，经过有限轮的递归即可得出最大不超过预设上限的图片以供网络传输使用。

2) PC 上位机软件功能函数设计

(1) 字符串文本信息解包设计。由于传输的文本信息既包含自定义信息，又包含图片内容的相关解释性信息，因此需要设计字符串解包函数，text_data_unpack 为解包函数的名称，传入参数为接收到的字符串，函数直接返回 QStringlist 类型数据组，同时也将相关数据传送至自定义的 box_parameter 结构体中。当相关数据解包有误时，将会返回相关错误信息以供参考。

(2) 图片码流信息解包设计。此处的图片码流转换为上文提到的图像转码流的逆过程，按照反向的操作步骤，结合 Qt 提供的类与成员函数，即可实现码流转图片的操作。上位机在每次接收到正确的图片信息后都会将对应的图片实时保存到 PC 上位机本地。

2.3.4　UI 设计

1）整体 UI 设计

嵌入式开发平台 UI 整体展示如图 10 所示。

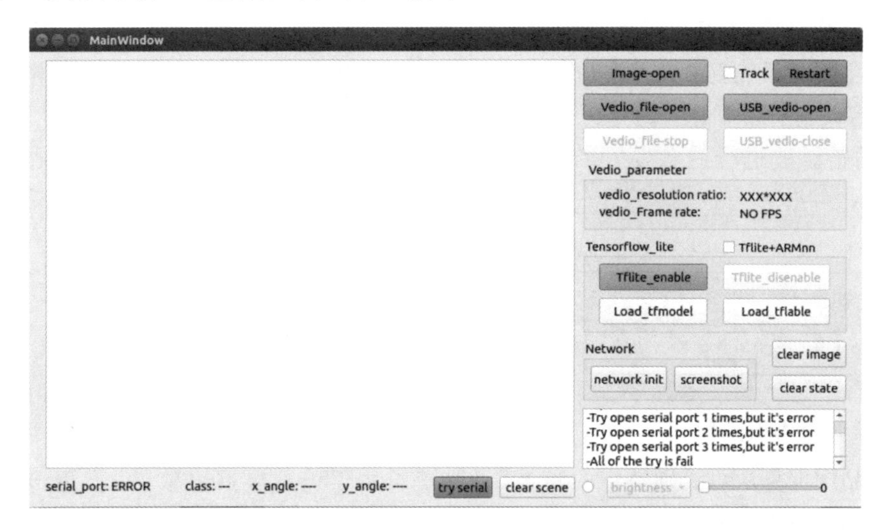

图 10　嵌入式开发平台 UI 整体展示图

2）PC 上位机 UI 设计

PC 上位机 UI 整体展示如图 11 所示。左边区域用于显示从网络获取到的图片，右边区域上半部分用于展示当前系统状态，右边区域下半部分展示来自开发平台的文字信息。listen 与 clear image 按钮分别用于重启上位机的 UDP 网络功能与清空上位机所保存的所有图片信息。

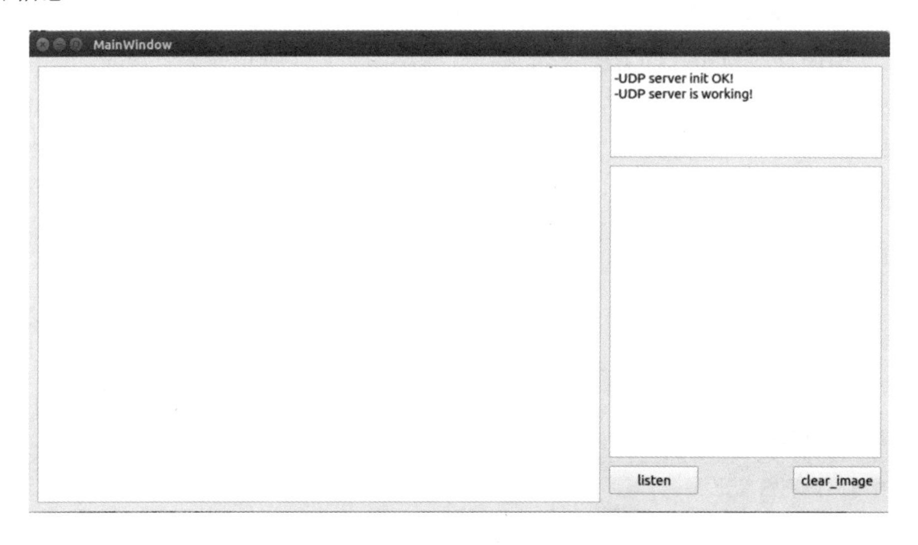

图 11　PC 上位机 UI 整体展示图

3. 作品测试与分析

3.1 声源识别与定位测试

3.1.1 抑制噪声能力

为抑制噪声干扰，减少运算，加快识别速度，故将信号滤波后，通过短时能量以及短时过零率设置阈值。该阈值约为－8～－7 dB，故考虑使用信噪比分别为－15 dB、－25 dB、－40 dB的正弦波进行误触发判断，每个信噪比进行20次判断。误触发测试结果如表2所示。

表2 误触发测试结果

信噪比/dB	－15	－25	－40
误触发率/%	25	5	0

3.1.2 词语识别率

本作品中的算法可识别特定的词语，此功能可用于识别求救信息。为避免误触发，测试词语识别率，分别使用“救命”“你好”“再见”三个词语，每个词语分别测试10次以判断。孤立词语识别测试结果如表3所示。

表3 孤立词语识别测试结果

词语	救命	你好	再见
识别率/%	100	90	90

3.1.3 横向角度解算

本作品中的算法使用TDOA，通过加速互相关运算，计算出时延，进而计算出声源与麦克风组的距离差，再通过特定的几何关系，计算得出声源与麦克风的角度，再转动云台使得摄像头对准该方向。测试60°、90°、120°时的识别角度，每个角度分别测量5次，声源定位测试结果如表4所示。

表4 声源定位测试结果

实际角度/(°)	60	90	120
第一次识别角度/(°)	69	90	110
第二次识别角度/(°)	52	90	130
第三次识别角度/(°)	69	95	130
第四次识别角度/(°)	92	90	110
第五次识别角度/(°)	92	105	137
最大误差/(°)	32	15	17

3.2　人像识别与追踪测试

3.2.1　PC 端各版本 MobileNet 特征提取网络运行帧率

在 PC 端针对 MobileNetV1_SSD、MobileNetV2_SSD、MobileNetV3_SSD 及比赛举办方的模型四种 TensorFlow Lite 模型对比了运算速度(整体程序主框架已优化)，运行帧率对比结果如图 12 所示。可以看出比赛方官方的模型运行帧率最低；而我们自行训练的模型中，使用 MobileNetV3 搭建的 SSD 目标检测模型的运行速率最快，平均帧率可以达 16 帧/秒以上，但运行速率波动较大；使用 MobileNetV2 与 MobileNetV1 版本的模型速度均比 MobileNetV3 版本的速度慢但相对稳定。

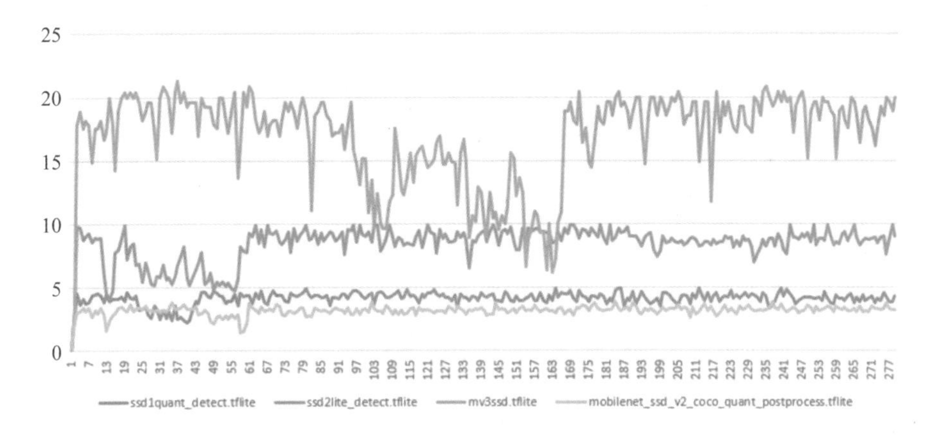

图 12　PC 端各版本模型运行帧率测试

3.2.2　目标跟踪效果测试

测试目标预测功能，图 13 展示了对物体移动的预测；图 14 展示了在物体在运动过程中发生了遮挡而丢失检测目标的情况下对目标进行预测，可以看见当检测目标丢失时，预测运动路径可以很好地描述出正确的运动方向。

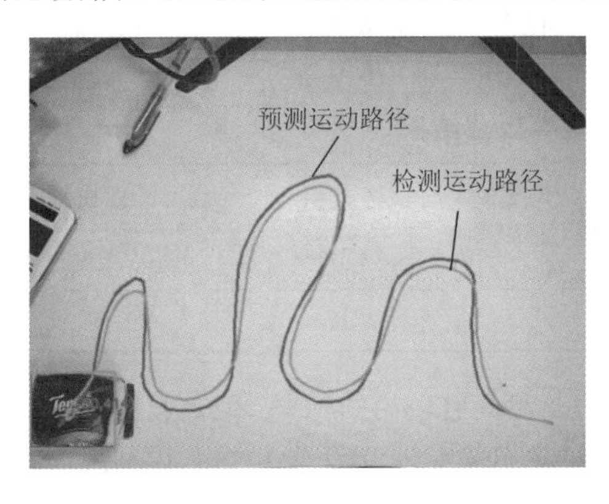

图 13　无遮挡运动轨迹预测

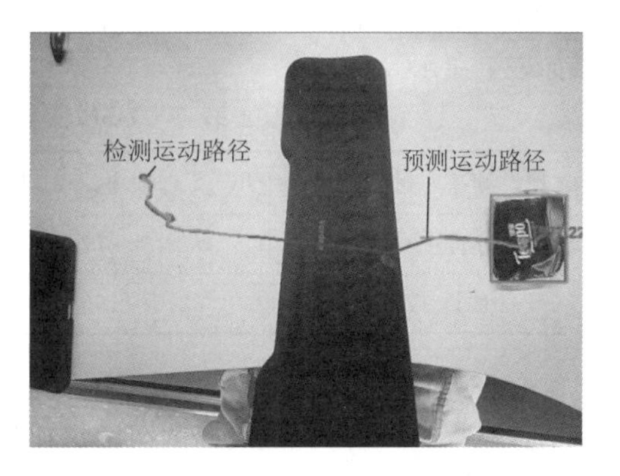

图 14　有遮挡运动轨迹预测

3.3 系统环境与UI测试

3.3.1 摄像头帧率分析与测试

1）空载帧率测试与分析

我们分3次测试了在空载状态下摄像头主循环的耗时，即空载帧率，分别设置为10帧/秒、20帧/秒、30帧/秒。空载帧率测试结果如表5所示。30帧/秒的实际误差的出现是由于定时循环填写为毫秒数，而设置的参数为帧率。两者存在倒数关系，设置的时间无法严格等于计算出的时间，即计算出来的时间存在小数位。误差在可接受范围内。

表5 空载帧率测试结果

预设帧率/(帧/秒)	10	20	30
理想帧率/(帧/秒)	10	20	30
实际帧率/(帧/秒)	10.0～10.1	20.0～20.4	31.25～32.25

2）摄像头种类的分析与测试

先后使用三种摄像头进行测试，分别为罗技C920、派尔C-EP28WD306和杰锐微通USB工业摄像头，都调整为640×480分辨率，在PC上皆可达到预设帧率，但是在开发平台上皆有所不同。不同摄像头种类的帧率测试结果如表6所示。

表6 不同摄像头种类的帧率测试结果(30帧/秒)

摄像头种类	罗技C920	派尔C-EP28WD306	杰锐微通USB工业摄像头
PC实时帧率/(帧/秒)	31.25～32.25	31.25～32.25	31.25～32.25
开发板实时帧率/(帧/秒)	9.5～10.5	9.5～10.7	15.87～32.33
画面质量	较好	较好	一般

从表6测试结果可以看出：在同等预设分辨率与帧率的情况下，在PC上并未见明显差距；但在开发平台上，工业摄像头的帧率要高于其余两款摄像头。USB工业摄像头测试结果如表7所示。

表7 USB工业摄像头测试结果

预设帧率/(帧/秒)	PC实时帧率/(帧/秒)	开发板实时帧率/(帧/秒)	画面质量
预设60	62.5～71.4	17.85～33.33	一般
预设120	62.5～166.66	17.54～27.2	一般

结合表7的测试结果，得出USB工业摄像头虽然具有较高的帧率，但是画质相较于前两个摄像头损失严重。经过实际的图像识别测试，我们发现USB工业摄像头识别率远不如其他两个，权衡后选择了罗技C920。

3.3.2 线性与多线程运行速率对比

为了进一步提升帧率，提升效率，我们尝试了将摄像头读取部分的操作运行于子线程中，主线程运行图像识别。单线程与多线程测试结果如表8所示。

表 8　单线程与多线程测试结果

线程类别	单线程	多线程
摄像头帧率/(帧/秒)	15～30	15～30
识别帧率(无 ARMnn)/(帧/秒)	3～5	3～5

从表 8 中的数据可以看出，是否使用多线程并不影响整体的帧率。使用多线程后，相关的信号与槽的设计会存在一些困难与不便。因此，在经过测试与对比后，暂时舍弃了多线程的设计。

4. 创新性说明

4.1　道路求救信号检测——语音识别算法

对比家用安防摄像头，道路监控摄像头对于语音处理的难度更大。市面上的家用安防摄像头多为简单的语音传输，并没有特定语音识别的功能，由于遇到危险时人类的本能几乎是下意识说简短的求救信息，故可认为是孤立词语，利用含有丰富信息的深度学习去识别少量的求救信息，反而造成了大量的冗余计算，大大降低了计算效率，对嵌入式系统提出了巨大的考验。而我们利用 VAD 识别语音段与抑制噪声，再通过提取 MFCC 系数，通过 DTW 算法匹配出最优解，极大地提高了识别效率，同时拥有较好的识别性能。

4.2　定位求救信号——检测声源定位与并行加速采集

复杂的道路环境空间纵深广，声音情况复杂。对于保障道路安全的安防人员来说，通过求救信号快速定位受害者以及相关人员是一件困难的事情。而本作品的目标是做到在检测到道路上有人进行呼救时，及时地发现并将摄像头对准相关人士，尽最大可能辅助相关安防人员的工作。针对这一目标，我们进行了特定的开发与设计。在进行麦克风测试的时候，使用普通的单片机无法协调多路高速 I2S 信号，故考虑使用 FPGA 的并行特性，保证 I2S 协议时序的稳定性，同时达到加速采集多路信号。

利用较高的采样率，通过 TDOA 算法计算出麦克风与麦克风之间的时延，再利用几何关系进行求解。但在计算时延的时候，使用常规互相关算法计算效率低，故而利用麦克风灵敏度的特性，限制其在某一最长距离(即某一个互相关区间)，以达到加速计算时延的效果。

4.3　良好的运行速率与稳定性——多线性循环加速框架

整个系统运行的数据流动保持线性，以摄像头数据数据流的采集与轮转为核心，其余相关辅助模块的运转都围绕该核心展开。因此，采用多线性定时循环框架，采用高精度定时器触发该定时循环轮换核心，定时循环使用 Qt 本身自导的 timer 类实现，使用 high_resolution_clock 相关实现方法，以定时溢出这一动作作为主循环的驱动信号。

其余外部功能与模块以线性操作为主，附加以逻辑互斥与状态机的轮换与改变，以直接或者间接的方式改变或者调整参数，以此改变或者影响主定时循环。同时为保持系统的高效与精简，在本作品中大量引入多信号与槽触发机制、采用信号与槽的动态连接机制，实现系统调用层与函数实现层之间的独立性与隔离性，实现系统的高速运转。

4.4 边缘智能安防设备——道路监控、目标识别与跟踪

人们日常获得的信息中有90%来自视觉，所以计算机视觉在理论上可以应用现实生活中的诸多情况。对于一个边缘设备，仅仅拥有数据传输能力是远远不够的，网络的传输能力是有限的。拥有边缘计算能力的安防设备是必要的。本作品的创新点在于让边缘智能安防设备成为现实，同时当多个边缘智能安防设备组网后便可以形成一个有利的安防手段，可以完成嫌疑人连续追踪等功能。

在整体的程序实现过程中，我们使用 TensorFlow 进行卷积神经网络模型的搭建和训练，该模型可以识别多种目标，如汽车、单车、行人等。当接收到求救信号时，可以结合语音信号对图像中的可疑人物进行锁定。同时可以识别出嫌疑人上车、多人聚集的信息。

针对摄像机静止的情况，我们提出了一种对固定视场内运动目标进行检测、跟踪的方案，解决了跟踪中的关键问题：提取当前帧中的目标区域，引入更新函数实现实时更新背景；建立帧间目标"关系矩阵"并采用 Kalman 滤波器预测目标参数，可在运动目标遮挡、暂时消失等情况下实现目标跟踪，算法简单有效，在实时监控系统中能实现运动目标检测及跟踪。

5. 总结

5.1 测试总结

5.1.1 音源识别与定位总结

本作品已完成声音识别、定位的功能实现，并且完成了联调，拥有较好的抗噪声性能，同时拥有良好的识别效果，其功能的稳定性较好，识别求救信息的效果已经达到既定预期效果。声源定位识别的精度基本满足应用需求，同时系统具备较为良好的稳定性，拥有长时间稳定工作的能力。

5.1.2 人像识别与跟踪总结

使用 TensorFlow 搭建了基于 MobileNet_SSD 目标检测算法的深度学习模型，成功在 GX/G2L-QSB 开发平台上运行，并且对比不同版本的轻量化模型，我们所使用的目标检测模型拥有良好的运算速度；使用 Kalman 滤波算法实现了对目标的预测和跟踪，同时把 Kalman 滤波器与目标检测框架以及图像的统计特征进行紧密结合，实现目标的预测与跟踪。完成使用目标检测算法对各种街道可能发生的情况进行判断，比如人流量车流量判断、聚集性活动等情况；同时完成了与下位机的语音识别系统的合作，实现了从声源定位到目标锁定的过渡。

5.1.3 系统嵌合与 UI 总结

整体框架的搭建完成后，本作品完成了全部既定功能模块的设计与联调，诸多模块与循环核心的连接以及整体状态机与局部功能状态机密切配合，相关跳转完备，数据流转正

常，信号与槽机制相关设计跳转正常。UI界面历经多次改版，最终达到了设计预想，也较好地完成了各个模块之间的协调与灵活调用。

5.2　整体总结

整个系统有三个重要的组成部分，分别为音源计算节点、人像识别与跟踪算法以及系统嵌合与UI设计。在进行这三部分的构想与设计时，我们发现每个部分都包含有与其他两个部分完全不重叠的部分，在后续的开发与测试中也印证了这一点。音源计算节点设计中包含了孤立词语识别与声源定位这两大块，在人像识别与跟踪算法中包括了整个基于TensorFlow Lite的图像识别与基于Kalman滤波算法的图像跟踪，在系统嵌合与UI设计这部分设计中包含了瑞萨开发平台的相关软件环境与运行测试以及系统联调。

在整个项目的开发与设计的过程中，每个部分的推进都遇到了大大小小的困难，在我们的通力协作下，不断尝试、不断试错，遇到的问题最终都被一一解决了。

5.3　未来展望

截至目前，整个系统的框架搭建已经完成。虽然已经完成既定目标，但是在诸多方面都存在进步的空间，比如在孤立语音检测与声源定位部分中，可以尝试更多更优秀的算法、优化语音处理流程、将数据运算移植至FPGA端进行并行加速运算等，在图像识别与跟踪方面，还可以在当前基础上添加效率更高、性能更好的算法。

在整体系统层面上，还可以添加多个云台与摄像头，使目前的二维识别变为三维探测，同时采用两自由度云台，使摄像头捕捉范围更加灵活多变，从而避免因为单个摄像头被视角内杂物遮挡而造成追踪对象丢失的不利局面。同时，在此基础上，还可以连接至工厂中的诸多传感器，从而实现生产线实时的安保监控，也可以设置多个声源触发词，以适应游泳馆溺水报警、家庭安防、酒店安全管理等诸多场合。

参考文献

[1]　张娟，张雪兰. 基于嵌入式Linux的GUI应用程序的实现[J]. 计算机应用，2003，23(4)：115-117.

[2]　范朋. 基于Qt的嵌入式Linux系统GUI的研究与实现[D]. 北京：北京邮电大学，2011.

[3]　徐广毅，张晓林，崔迎炜，等. Qt/Embedded在嵌入式Linux系统中的应用[J]. 单片机与嵌入式系统应用，2004(12)：14-18.

[4]　李保伟，张兴敢. 基于广义互相关改进的麦克风阵列声源定位方法[J]. 南京大学学报(自然科学)，2020，56(6)：917-922.

[5]　王松. 基于TDOA的声源定位算法研究与实现[D]. 济南：山东大学，2020.

[6]　屈顺彪，俞华，芦竹茂，等. 面向声源定位的改进广义互相关时延估计方法[J]. 导航定位与授时，2021，8(6)：118-124.

[7]　周炳良. 非特定人孤立词语音识别算法研究[D]. 南京：南京邮电大学，2018.

[8]　徐智. 基于改进型DTW的语音识别系统的研究[D]. 合肥：安徽大学，2019.

[9]　尹旷，王红斌，胡帆，等. 利用开关卡尔曼滤波器的目标跟踪技术研究[J]. 机床与液压，2021，49(12)：23-28，40.

[10]　刘志军，陈朝阳，沈绪榜，等. 基于卡尔曼滤波器的背景抑制及小目标检测[J]. 华中科技大学学报

(自然科学版)，2004，32(12)：7-9.

[11] 张子恒，肖建，王新宇，等. 基于 MobileNet_SSD 的交通违章检测系统[J]. 计算机技术与发展，2021，31(11)：64-70.

[12] 刘颜，朱志宇，张冰. 基于 SSD-Mobilenet 模型的目标检测[J]. 舰船电子工程，2019，39(10)：52-56.

[13] 任宇杰，杨剑，刘方涛，等. 基于 SSD 和 MobileNet 网络的目标检测方法的研究[J]. 计算机科学与探索，2019，13(11)：1881-1893.

[14] 吴天成，王晓荃，蔡艺军，等. 基于特征融合的轻量级 SSD 目标检测方法[J]. 液晶与显示，2021，36(10)：1437-1444.

针对街道行人在突发事件呼救响应状况，该团队设计并制作了基于 Renesas GX/G2L-QSB 嵌入式开发系统的智能安防系统。该系统可以在第一时间采集报警人的呼救语音并利用图像识别技术保留视频证据。该作品较好地利用了 Renesas GX/G2L-QSB 嵌入式开发系统的语音图像资源，模拟测试验证了作品的原理功能。

作品 8　基于风格迁移的实时翻译系统

作者：刘明帆　张真源　王玙（哈尔滨工业大学）

作品演示

作品代码

摘　要

随着全球化的发展，人们对翻译的需求逐渐增加。目前在自动翻译中虽然广泛地应用了计算机辅助翻译，但主要的发展方向还是自动将各种形式的待翻译的文本识别转换为纯文本再进行机器翻译，翻译结果以纯文本形式呈现。针对此，本作品在翻译结果呈现的方面作出了创新，具体而言，是基于目前已经成熟的光学字符识别（OCR）和机器翻译（MT）技术，并结合新兴的风格迁移（ST）技术，将图片或视频中外文的翻译结果以原文字的格式呈现出来，使翻译结果明确、自然。同时，随着增强现实（AR）和虚拟现实（VR）技术的发展，本文提到的全新的呈现方式要适应未来新的人机交互方式，因此我们设计并完成了结合了风格化翻译和网络化实时翻译的风格化实时翻译技术。同时，由于现阶段的风格迁移主要发展方向为图像的风格迁移，而本作品处理的内容为视频中的文字内容，因此我们在实时性和防闪烁等方面做了很多优化与本地适配方面的工作。

作品最终很好地完成了风格化实时翻译的任务，能够将嵌入式终端录制的视频进行较好的风格化翻译并实时显示在嵌入式终端的屏幕上，完成了从录制到显示，从识别到呈现的全过程闭环自动化翻译。因此，实时风格化翻译在嵌入式终端和移动终端有较大应用前景，本项目对翻译结果呈现方式的创新性的改变也有一定意义。

关键词：风格迁移；机器翻译；嵌入式开发

Real-time Translation System Based on Style Transfer

Author: LIU Mingfan, ZHANG Zhenyuan, WANG Yu (Harbin Institute of Technology)

Abstract

With the development of globalization, people's demand for translation has gradually increased. Computer Assisted Translation is widely used, while the main development direction is focused on automatically converting various forms of text to be translated into plain text and then translating it through Machine Translation, ultimately presenting the translation results in plain text format. Therefore, this project innovates in the presentation of translation results. Specifically, it leverages the mature Optical Character Recognition (OCR) and Machine Translation (MT) technologies, combined with the emerging style transfer (ST) technology, to present the translation results of foreign languages in pictures or videos in the style of the original text, making the translation results clear and natural. Additionally, with the development of Augmented Reality (AR) and Virtual Reality (VR) technologies, the novel presentation method mentioned in this article needs to adapt to future new human-computer interaction methods. Therefore, a stylized real-time translation technology that combines stylized translation with networked real-time translation is designed and implemented. However, since the current development of style transfer mainly focuses on image style transfer, and the content processed in this work is the text content in videos, we have done a lot of optimization and local adaptation work in terms of real-time performance and anti-flickering.

Finally, this project successfully accomplishes the task of stylized real-time translation. Namely, it is able to translate the videos recorded by embedded terminals in a stylized manner and display them in real-time on the screens of the embedded terminals. It completes the closed-loop automated translation process from recording to display and from recognition to presentation. Therefore, real-time stylized translation has significant application prospects in embedded terminals and mobile devices. The innovative change in the presentation of translation results in this project also has progressive significance for people's lives.

Keywords: Style Transfer; Machine Translation; Embedded Development

1. 作品概述

本作品是基于瑞萨 RZ/G2L 开发板制作的网络化智能设备，为基于风格迁移的实时翻译系统。

1.1 风格化翻译

一般而言，翻译包含如图 1 所示的三个过程：对待翻译语言 A 的识别、对 A 语言内容向 B 语言的翻译以及翻译后的内容在 B 语言中的呈现。完成了这三个过程的自动化便自然完成了翻译的自动化。在这三个过程中，翻译过程率先被机器完成。随着现代计算机和信息科学的发展，Warren Weaver 最早提出了机器翻译(MT)的概念，经多年不断发展，已逐渐成熟。目前以谷歌、百度等公司研发的机器翻译程序已经取得了很好的成果，并能够在较大的程度上代替人工翻译。

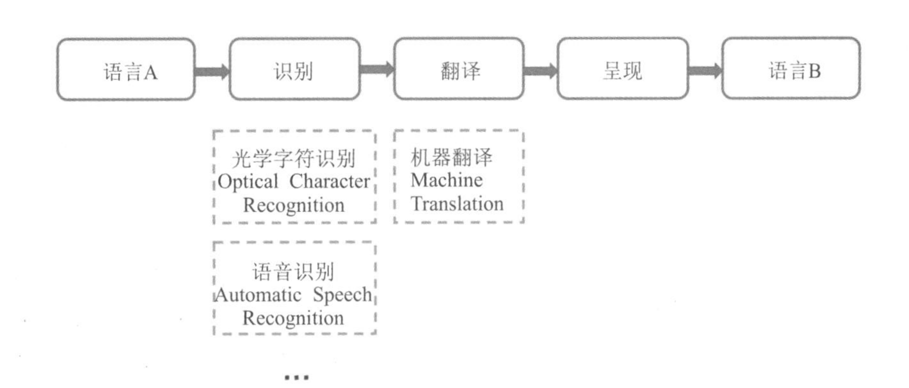

图 1　翻译的一般过程

随着光学字符识别(Optical Character Recognition，OCR)和语音识别(Automatic Speech Recognition，ASR)等技术的发展和成熟，翻译过程在识别领域再一次进行了自动化的革命。这些新技术摆脱了对人工识别输入的依赖，从而进一步地降低了机器翻译的门槛，使机器翻译能够更加快速、便捷。因此，这些技术也得到了大量的投入和开发，其中谷歌翻译能够取得较好的效果。

但我们注意到在整个翻译过程中，文字的呈现形式没有优化，仅局限为将翻译后的内容以文本的形式提供。而在当画面较为复杂、色彩较为丰富时，这样的呈现方式并不能很好地展示出文字本身蕴含的信息。因此我们将风格迁移(Style Transform，ST)用于翻译的呈现过程，并结合了现有的 OCR 和 MT 技术，设计并实现了风格化翻译。从而使得原场景中的外文内容能够自然地转换为与原来外文字体风格相似的中文内容，并取得了如图 2 所示的效果，从而大大地丰富了翻译的呈现形式，使翻译过程更加自然、流畅。

图 2　本组完成的风格化翻译一例

1.2 网络化实时翻译

随着技术的发展进步，计算机与人的交互方式也在不断变化。从最初的键盘、鼠标到显示器、触摸屏，人机交互的方式在不断地变革与发展。风格化翻译的呈现过程也要面向未来的人机交互方式。

可以预见的是，随着虚拟现实(VR)、增强现实(AR)等技术和移动终端算力和移动通信的发展，个人终端势必会向着网络化、智能化、多样化的方向迈进。我们完成了面向未来的移动终端设计并设计了网络化实时翻译功能，即将翻译等模型部署在服务器，通过大量的优化和调试实现网络化实时翻译。

在这种情况下，将风格化翻译与网络化实时翻译结合在一起就得到了本文所研究的风格化实时翻译。这种翻译形式极大地改善了翻译的呈现方式，将翻译后的结果自然、清楚、准确、实时地展示在人们眼前，从而填补上了自动化翻译的最后一块拼图。

2. 作品设计与实现

本作品的基本功能框图如图 3 所示，主要包含瑞萨开发板和服务器两端，风格迁移、机器翻译、文字检测与识别、屏幕播放、数据采集五个功能模块与网络通信一个过程。

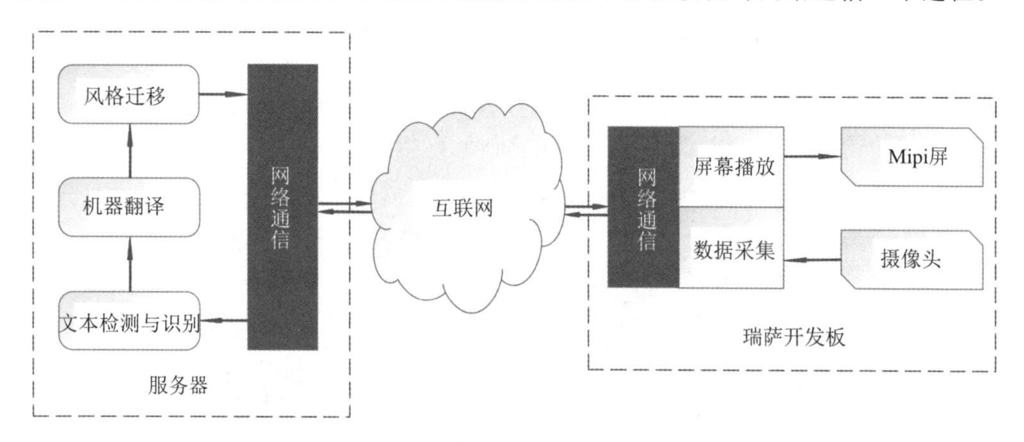

图 3 作品基本功能框图

具体而言，作品的实现过程为：通过嵌入式终端采集摄像头拍摄的视频，并通过TCP/IP 协议以视频流的形式传至服务器，服务器先逐帧对视频进行文字检测与识别过程，随后调用机器翻译模块得到翻译结果，再对结果进行风格迁移后，封装视频流返回嵌入式终端并在屏幕上显示，本部分将从“两端”“五个模块”和“一个过程”的角度逐一介绍。

2.1 服务器端的模型设计

本部分从设计架构和算法架构分别介绍服务器端模型的总体实现情况，并详细介绍各模块的实现细节及训练过程。

总体而言，服务器采用数据流架构风格，其结构如图 4 所示。

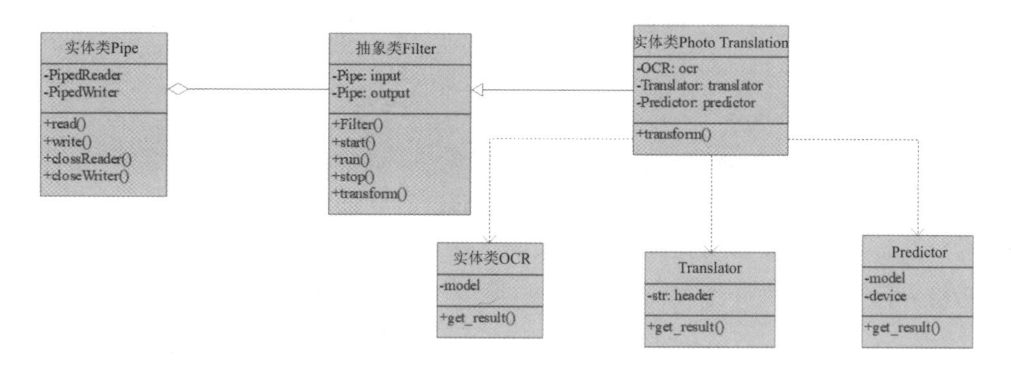

图 4 服务器端类图

实体类 Pipe 用于与嵌入式终端进行通信，其 Write 方法被映射为 URL，嵌入式终端只需使用 http post 向其写入数据。

抽象类 Filter 用于处理 Pipe 中的视频流。

实体类 Photo Translation 继承抽象类 Filter，用于将视频流逐帧进行风格保真迁移，其中文本检测、机器翻译、生成与回填功能分别对外委派以保证泛化能力。

实体类 OCR、Translator 和 Predictor 分别为 PhotoTranslation 提供文本目标检测、机器翻译和风格保真生成服务。

从算法角度而言，服务器端部署深度学习模型对来自嵌入式终端的输入视频流进行处理，其主要包括文本检测和识别、机器翻译、风格保真生成与回填三个部分，服务器端采用的算法架构示意如图 5 所示。

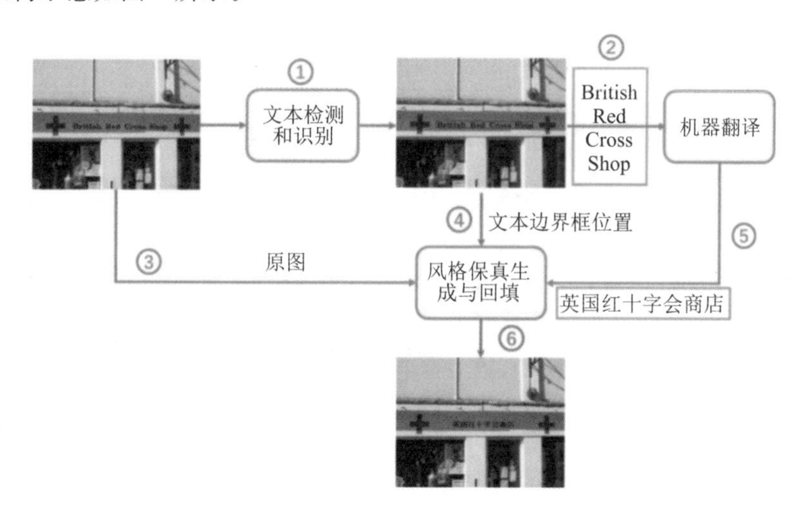

图 5 服务器端采用的算法架构示意图

文本检测和识别：通过调用本地部署的百度 OCR 的模型来检测图片中的文本的锚框位置和文本内容。

机器翻译：通过调用百度翻译 API 将已识别出的英文内容“British Red Cross Shop”翻译为中文内容“英国红十字会商店”。

风格保真生成与回填：以原图、文本锚框位置和翻译后的目标文本为输入，调用服务器端部署的文字风格保真生成模型，将合成后的图像覆盖到原图文本区域，获得结果。

以下就文本检测和识别、机器翻译和文字风格保真生成与回填及模型训练这三个方面介绍。

2.1.1 文本检测和识别、机器翻译

由于自然场景中的文本检测和识别算法较为复杂，同时机器翻译的模型较为复杂和庞大，两者均很难在短时间内获得很好的结果，因而这两部分采用已有的服务：百度 OCR 和百度翻译。百度 OCR 能够检测图像中的文本边界框与文本内容，百度翻译可以将图像中的源语言文本翻译为目标语言文本。由于时间关系，本作品目前支持将图像中的英文翻译为中文。

经过实际测试，采用 API 调用的方式会造成几百毫秒级别的延迟，这与视频实时性所要求的几十毫秒的延迟有冲突，因此需要尽可能避免 API 调用，故选择将百度的 OCR 模型部署到本地服务器，并采用流水线策略调用百度翻译 API，从而尽可能降低实际任务中的延迟。

2.1.2 文字风格保真生成与回填

文字风格保真生成与回填模型可分为三个模块：文本替换模块、背景修复模块和融合模块。

总体而言，文本替换模块负责将文字风格从“StyleText”迁移到“内容文本”，使“内容文本”这四个字能够拥有“StyleText”文字的字体、颜色和形状，从而完成风格迁移的任务；背景修复模块负责将“StyleText”擦除，得到一张干净的无文字背景图像，以便接下来的融合过程；融合模块将背景与文字结合并获得最终结果，从而保留了背景纹理与前景文字的风格，最终完成风格迁移的过程。下面分别介绍这三个模块的详细结构与损失函数。

1）文本替换网络模块

文本替换网络模块的主要目标是将目标文本图像迁移为原图像风格。文本替换网络模块以源风格图像 I_s 和目标文本图像 I_t 作为输入，旨在提取 I_s 的前景文字风格并迁移到 I_t 的文本中。本模块输出 O_t 图像文本为 I_t 中的文本内容，文字风格与 I_s 中的一致。我们将目标文本用标准字体渲染到灰色背景图像上，背景像素值设为 127，即 I_t。

文本替换网络分别使用 3 个下采样卷积层和 4 个残差块对内容图像和风格图像进行编码，然后将这两个特征图沿深度轴连接并馈送到自注意力网络，该网络会自动学习内容特征图与风格特征图之间的对应关系，最后将输出的特征图输入 3 个上采样反卷积解码器网络获得风格文本图像。

我们用 L_1 损失作为文本替换网络损失函数：

$$L_T = | T_t - O_t |_1 \tag{1}$$

式中，O_t 为文本替换网络的输出，T_t 为真实值。

2）背景修复模块

背景修复模块部分的主要目标是擦除图像中的文本，补充背景纹理，得到无文字的背景图像。背景补充网络生成器遵循编码器-解码器模式，其各部分结构与文本替换模块中相关结构完全相同。首先将风格文本图像通过 3 个下采样卷积层和 4 个残差块进行编码，然后使用解码器通过 3 个上采样卷积层生成原始大小的输出图像，在每一层卷积之后都使用 LeakyReLU 激活函数，并将 Tanh 激活函数用于最后一层。

生成对抗网络能够获得更真实、分辨率更高的图像，我们在这一部分采用 GAN 架构。U-Net 能够合成视觉效果更加逼真的图像，故在编码器-解码器架构中引入 skip-connection 作为本模块的生成网络。在下采样过程中，编码特征图被保留下来，与上采样过程中尺寸相同的特征图沿通道轴连接起来，可以在上采样过程中恢复丢失的背景信息，这样有助于保留更加丰富的纹理。另外，将上采样过程中产生的特征图保留下来，可用于后续的融合模块，减少模型中参数。

背景修复模块的生成网络损失函数可写为

$$L_{BG}=-E(\log D_b(O_b, I_s))+\lambda_b|O_b-T_b|_1 \tag{2}$$

式中，O_b 为生成网络的预测结果，T_b 为真实值，G_b 和 D_b 分别表示背景生成器和鉴别器，λ_b 是设置为 10 的平衡因子。

背景修复网络的鉴别网络采用 PatchGAN，采用全局和局部判别器的架构，可以有效地捕捉局部纹理的差别，能够更好分辨生成网络的输出样本和真实值。鉴别器损失如下：

$$L_{BD}=-E((\log D_b(T_b, I_s))+\log(1-D_b(O_b, I_s))) \tag{3}$$

3）融合模块

融合模块将目标文本图像与背景纹理信息进行协调融合，合成文本替换后的图像。这一部分采用 GAN 架构。融合网络生成器遵循编码器-解码器结构，类似于背景修复网络，我们将文本替换网络生成的前景图像送入由三个下采样卷积层和 4 个残差块组成的编码器。接下来，编码器使用 3 个上采样反卷积层生成最终的图像。值得注意的是，在融合解码器的上采样阶段将背景补全网络的解码特征图连接到具有相同分辨率的相应特征图，从而避免对背景图像再次编码，减少了模型参数。这样，融合网络也能输出背景细节，将背景与前景文字融合。融合网络鉴别器结构和背景补全网络相同，同样采用 PatchGAN 架构。

与背景修复模块相同，我们使用 GAN 和 L_1 损失函数，O_f 为生成网络输出的预测结果，T_f 为真实值，用 G_f 和 D_f 表示融合网络生成器和鉴别器，λ_f 为设置为 10 的平衡因子，融合网络的生成器损失为

$$L'_{FG}=-E(\log D_f(O_f, I_t))+\lambda_f|T_f-O_f|_1 \tag{4}$$

为了让生成结果更加真实，我们在融合模块引入 VGG 损失。将 O_f 与 T_f 一起输入 VGG-19 网络，计算对应特征图的感知损失与风格损失。感知损失通过定义预训练网络的激活特征图之间的距离度量来处理在感知上与标签不相似的结果，风格损失计算对应特征图之间的风格差异。VGG 损失如下：

$$L_{VGG}=\theta_1 L_{per}+\theta_2 L_{style} \tag{5}$$

$$L_{per}=E\left(\sum_i \frac{1}{M_i}|\Phi_i(T_f)-\Phi_i(O_f)|_1\right) \tag{6}$$

$$L_{style}=E_j(|G_j^{\Phi}(T_f)-G_j^{\Phi}(O_f)|_1) \tag{7}$$

式中，Φ_i 为 VGG-19 中 ReLu1_1，ReLu2_1，ReLu3_1，ReLu4_1 和 ReLu5_1 层产生的特征图。$\boldsymbol{G}$ 是 Gram 矩阵 $\boldsymbol{G}(F)=\boldsymbol{F}\boldsymbol{F}^{\mathrm{T}}$。$\theta_1$ 和 θ_2 分别设为 1 和 500。

融合网络生成器损失为

$$L_{FG}=L'_{FG}+L_{VGG} \tag{8}$$

融合网络鉴别器损失为

$$L_{FD}=-E(\log D_f(T_f, I_t)+\log(1-D_f(O_f, I_t))) \tag{9}$$

整个网络以端到端的方式训练，将上述三个子模块整合为一个生成网络，其生成网络总损失为

$$L_G = L_T + L_{BG} + L_{FG} \tag{10}$$

2.1.3 模型训练

1）训练数据合成

由于现实中并不存在文本替换后的成组数据，也没有相关的数据集，故本作品采用合成数据的方案。本模块收集双语语料库、风格字体、无文字图片等数据来生成训练数据。

(1) 收集双语语料库。本作品使用 Corparo(词数 16 万以上)作为英文词库，THUOCL (词数 15 万以上)作为中文词库。同时为了避免字体文件无法渲染某个中文字符的问题，我们仅采用 THUOCL 词库中 3500 常用字部分。

(2) 收集风格字体文件。对于英文字符，本作品使用 Google 开源字体文件仓库渲染英文字符，该文件库有 3947 个文件用于合成数据。对于中文字符，我们使用爬虫从 chinesefontdesign.com 网站下载字体文件，共计 1600 余个。由于部分字体文件中文字体有很强的风格，但英文字符却只是普通的黑体，故遴选后保留 531 个文件，确保中英文字体风格一致。

(3) 收集无文字背景图。本作品采用 SynthText 项目和 Describable Textures Dataset (DTD)纹理图像数据集。SynthText 项目包括了 8000 张不包括文字的背景图像，而 DTD 数据集中则包括了 5640 张图像。

如图 6 和图 7 所示，一组数据包括 5 张图片，依次为 I_s，I_t，T_t，T_b，T_f，其语义如表 1 所示。

图 6　中文数据组

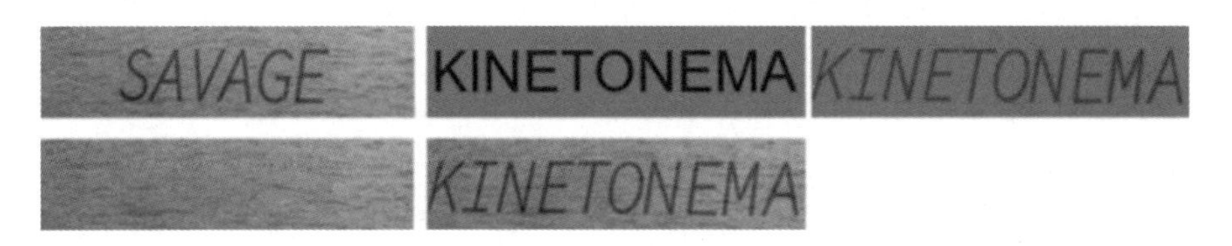

图 7　英文数据组

表 1　语　义　表

图片	语　　义
I_s	将风格文本 A 渲染到背景图像上生成的图像
I_t	将标准文本 B 渲染到灰色背景上生成的图像
T_t	将风格文本 B 渲染到灰色背景上生成的图像
T_b	背景图像
T_f	将风格文本 B 渲染到背景图像上生成的图像

图片合成流程如图 8 所示，代码主要参考了 SynthText 和 SRNet-Datagen。首先选取字体、文本、背景等参数，然后使用 freetype 估计文本所占范围，并按字符渲染文本为图像 surf1 与 surf2。接下来对 surf1 与 surf2 做透视变换，其中包括旋转、缩放、剪切变换、透视等复杂变换。变换后，根据 surf1 与 surf2 的最大宽度与最大高度选择足够尺寸的背景图像，裁切产生 T_b，并将 surf1 与 surf2 都调整到与 T_b 相同的尺寸。接着使用数据增强库 Augmentor 对前景文字图像执行随机的弹性变形，对背景图像亮度、颜色和对比度变换。

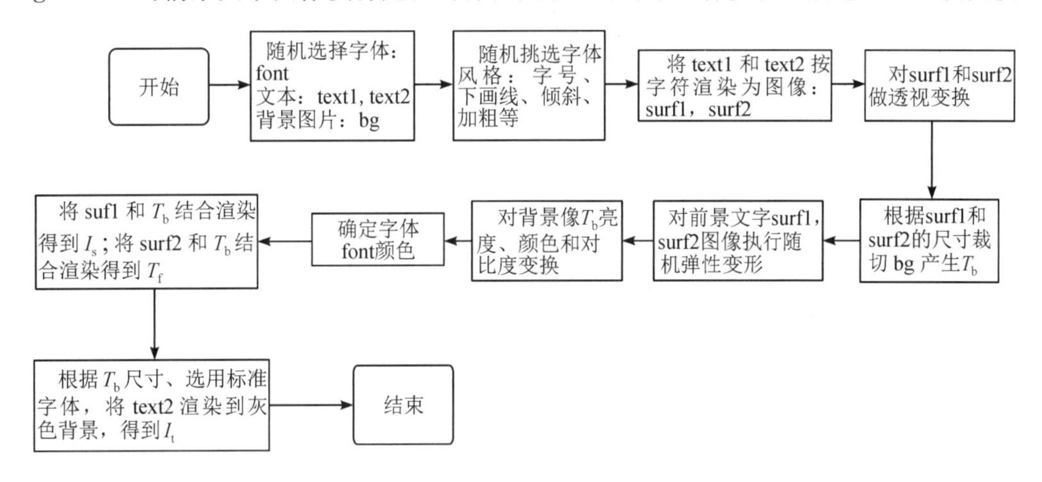

图 8　图片合成流程图

为了确定字体颜色，SynthText 从 IIIT5K Word Dataset 中裁剪下来的文字图像中学习得到一个颜色模型，该文件可从 GitHub 获得。它使用 K-means 将每个裁剪的单词图像中的像素划分为两组，得到颜色对，其中一种颜色近似于前景(文本)颜色而另一种颜色近似于背景。渲染新文本时，选择背景颜色与目标图像区域最佳匹配的颜色对(使用颜色空间中的 L2 范数)，并使用相应的前景颜色渲染文本。

将 surf1 和 surf2 渲染到背景图像 T_b 时，对 2%的文本中每个字符加边框，主要通过 OpenCV 中的膨胀函数 dilate 实现。对 2% 的文本加阴影，主要使用高斯滤波器 Gaussianblur 对文本进行高斯模糊，然后移动位置。为了让背景与前景文本融合更加真实，采用泊松图像编辑技术。

为了将替换文本 text2 渲染为图像，选择微软雅黑为标准字体，并将背景像素值设为 127，即上文提到的灰色背景。

2）模型训练

本作品使用 RTX3080 显卡训练，数据每组 6 张图片，批处理大小设置为 8，各批次图像高度可统一为 64 像素，同一个批次的图像应该处理为统一大小，高度均为 64，宽度使用这一批次的平均值并处理为 8 的倍数。图片像素值需要规范化为[-1，1]之间(像素值÷127.5- 1)。

由于生成对抗网络训练不稳定，采用 WGAN 优化。训练过程中，优化器使用 RMSProp 算法，学习率配置为 10^{-4}，判别网络最后一层不使用 sigmoid 函数，生成网络与判别网络的损失函数不取对数并对判别网络每一个卷积层应用谱归一化。

2.2 嵌入式终端与两端通信

由于开发板硬件资源的限制，大部分模型都无法在开发板端运行，而本作品对实时性有极高的要求，因此我们采用了基于网络化的结构，将大部分运算过程都放置在服务器端，而嵌入式部分仅作为一个终端。

在这种情况下，如图 4 所示，本作品主要有获取摄像头数据、将获取到的数据通过 TCP/IP 上传到服务器端、接收服务器端的数据、并且将数据通过显示屏或其他设备显示出来等功能。

2.2.1 摄像头读取与视频上传服务器

如图 9 所示，摄像头读取与视频上传过程主要分为视频编码和网络通信两个模块。为实现功能，我们采用的是 OpenCV-Python 库的函数直接读取摄像头数据，随后利用 socket 发送到服务器的对应端口的方式。

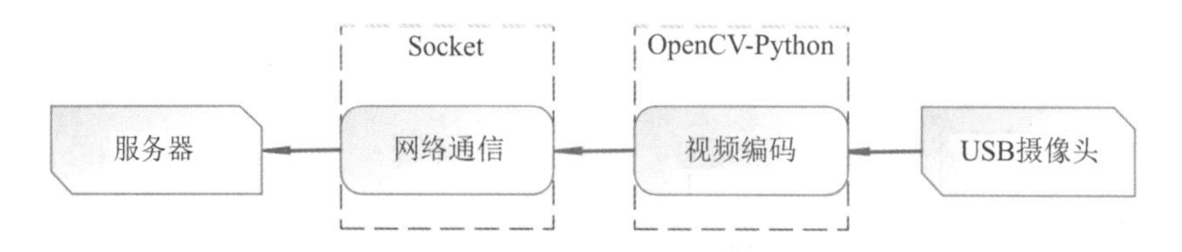

图 9　视频信息采集和上传流程框图

硬件上，我们选用了分辨率为 720P 的摄像头，利用 VideoCapture 函数来读取摄像头的数据后对视频逐帧以.jpg 格式编码，形成视频效果。最终使用 Socket 将视频发送到服务器的对应端口进而完成通信过程。

服务器端接收到的视频如图 10 所示，在服务器端通过从对应端口接收数据，并将其按一定帧率排列完成解码过程，从而实现数据上传的过程，以便进行后续处理。

图 10　服务器端接收到的视频

2.2.2　服务器下发数据并且将其显示在屏幕上

服务器下发数据的方式与上传数据的方式类似，这里不再赘述，图 11 为服务器下发数据与显示流程。

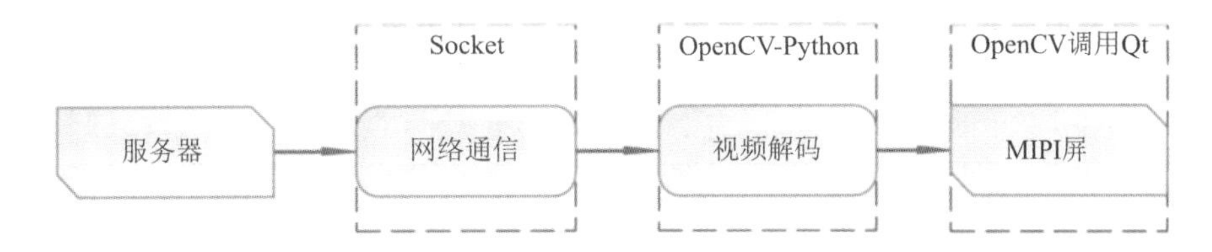

图 11　服务器下发数据与显示流程图

需要额外说明的是，由于 Python 版本的 OpenCV 缺乏图形支持库，无法通过简单的 imshow 函数来显示图片。为了解决这个问题，我们选择了通过 Python 调用 Qt 程序的方式来显示服务器下的图片/视频。

具体而言，将下发的图片存于缓存池，再利用。System 打开 Qt 程序显示图片，利用 QTime 函数以一定的速度刷新图片从而实现如图 12 所示的效果。

图 12　嵌入式开发板屏幕所显示出的图像

3. 作品测试与分析

作品测试分为两个部分，即服务器端与开发板端单独测试与调试和二者联合测试与调试过程。

3.1　服务器测试与调试

本部分主要描述作品服务器端的测试环节，主要包括模型推理测试和实时性测试。

3.1.1 模型推理测试

本项测试的目的是检测模型在各种鲁棒性测试用例下的推理效果是否符合预期。

1）测试设备

由于本轮测试仅用于测试模型推理效果，对实时性并无要求，因此测试直接在 PC 中进行，其环境如表 2 所示。

表 2 PC 配置表

操作系统	Windows 11 专业版	处理器	Intel Core i7 9750H
L1 缓存	32 KB 八通道指令缓存、数据缓存	L2 缓存	256 KB 四通道数据缓存
L3 缓存	12 MB 十六通道数据缓存	内存	双通道 32 GB，DDR4
显卡	NVIDIA Geforce GTX 1650		

2）测试方案

本轮测试首先对 COCO 数据集进行 OCR，将得到 bounding box 和文本内容的图片进行下一步文本保真翻译步骤，得到最终结果。

3）测试结果与分析

本轮测试将测试结果分为简单用例、复杂用例和攻击性用例，以下逐一分析。

（1）简单用例。在简单用例中，目标文字在图片中易于发现，且几乎没有旋转、变形、扭曲等情况，图像语义相对简单，没有过于复杂的纹理信息。本组用例主要用于模拟现实中的路牌、路标和较为简单的广告牌。

对于简单用例，本作品 OCR 模块的 F 指数(一种 OCR 评价指标)达 4.64%。简单用例测试两例如图 13 所示，模型风格迁移效果极好，完全满足简单用例在实际场景中的需求。

图 13 简单用例测试两例

（2）复杂用例。在复杂用例中，目标文字主要存在于纹理信息复杂的场景中，并且文字本身可能存在旋转、变形等情况，图像语义相对复杂。本组用例主要模拟实际场景中一些复杂的广告牌、电视广告和复杂光影效果下的物体。

复杂用例测试三例如及结果如图 14 所示，最上方一组图片为 Tetley 广告的插图，OCR 很好地检测出了“Tetley”，并没有检出单独的字母“U”，“Tetley”迁移效果较好，风格与原图像保持一致且并未超出原图像中文字边缘的文字框；中间一组图片为 DEBENHAMS 的广告牌，图片中纹理信息较为复杂，并伴随有较大的光影变化，OCR 完全检测出图片中英文字母，同时翻译后的汉字并非为其他文本的宋体或黑体，而是带有一定扭曲的“幼圆体”，证明迁移效果良好；最下方一组图片为 Ian Sommerville 所著的“Software Engineering”，在此用例中，书本中央存在严重的反光，其光影效果变化较大，

图 14　复杂用例测试三例

而迁移后的文本从字体风格、大小等等方向都有区别，且文字风格正式，证明本作品的迁移模型能够在该场景下较好地将源语言图像迁移至目标语言图像。

综上所述，本作品的深度学习模型可以在复杂光影条件和背景纹理的干扰下较好地完成迁移任务，更加证明了模型的有效性，同时证明了模型也具有较强的鲁棒性。

(3) 攻击性用例。本轮测试根据实际场景将攻击性用例分为两类，即 OCR 攻击用例和保真风格翻译模型攻击用例。

OCR 攻击用例主要攻击本作品中的 OCR 模型，使其无法检测出文本，在图 15 所示的街头涂鸦中，由于英文字母有着较为夸张的扭曲变形，本作品的 OCR 模型无法从中检测出文字，无法进行下一步骤的风格迁移。

图 15　攻击性用例导致无法识别两例

保真风格翻译模型攻击用例主要是一些纹理信息较为复杂的图片，如图 16 所示，该图片中“Summer’s Here!”有红色轮廓和黄色字体。在本用例中，作品的模型仅转换了黄色字体而忽略了红色轮廓，迁移效果较差。同时这个例子也体现出由于中文和英文本身特性，相同的信息中文所需要的宽度远小于英文，存在识别错误和困难。因此我们有理由推测，本作品在相似语言间(如英语、德语、俄语和法语间、汉语和日语间)有着更好的效果。

图 16　攻击性用例导致识别问题一例

综上所述，本作品中的文字保真翻译模型对于应用场景中的大部分用例具有较强的鲁棒性，在实用场景中也具有较强的泛化能力，但其在部分过于复杂的场景下仍具有一定的局限性，需要进一步完善。

同时，由于所使用模型的特性，本作品的拓展性较强，能够轻易地迁移到其他语言间，并能够在特定语言间取得更好的效果。

3.1.2　实时性测试

本项测试的目的是检测模型是否能够对视频进行实时处理，这也是本作品的难点和主要创新点之一。

1）测试设备

由于在本项测试时所使用的服务器和显卡正在邮寄，因此本轮测试所使用设备与模型推理测试部分设备一致。本轮测试主要通过测试找出性能瓶颈，采用合理的流水线方法优化并在理论上计算部署设备是否可以达到实时性要求。而实际环境测试将在联合测试部分展示。

本轮测试针对所使用的 USB 摄像头进行，测试所使用的视频片段主要参数如表 3 所示。

表 3　视频参数表

帧宽度	720	帧高度	1280
数据速率/(kb/s)	3172	总比特率/(kb/s)	3220
帧速率/(帧/秒)	29	时长/s	51

2）测试方案

针对本轮测试的目的，测试方案主要分为两部分，首先通过提前录制的视频模拟摄像头录制视频和硬件检测软件 MSI Afterburner 实时监测硬件资源调用情况的方式，测试发现作品的性能瓶颈。在测试出的性能瓶颈的上采用流水线策略进行优化，比较二者的效果，并通过理论计算的方式估算出部署设备的处理速率。

(1) 性能瓶颈测试。本作品中有三大模块：OCR、语言翻译和风格迁移，测试将在无优化的情况下对三大模块的平均时长进行计时，发现性能瓶颈。

(2) 实时性测试。在性能瓶颈测试基础上，决定流水线优化策略，并基于此策略对作品性能进行优化，记录优化后模型运行时间，对比本机显卡与部署设备显卡(NVIDIA RTX 3090)的算力差别，理论上计算部署设备上是否可以达到实时性要求。

3）测试结果与分析

(1) 性能瓶颈分析。经过测试，本作品在无优化情况下各模块的单帧平均推理速率如

表 4 所示。

表 4　无优化情况下各模块单帧平均推理速率表

模块	OCR 模块	语言翻译模块	风格迁移模块
推理时间/s	0.07	0.21	0.23

分析表 4 中数据可知，风格迁移模块和语言翻译模块的耗时最高，其中语言翻译模块为远程调用百度 paddle 翻译 API，无法通过提升设备性能优化，故需要使用流水线策略，即每次处理均缓存若干帧的 OCR 结果，将其通过一次远程 API 调用进行翻译，这样可大大降低网络访问间隔时间。

(2) 实时性分析。通过上述分析，我们分别将缓冲区设为 24 帧和 48 帧，对其处理速率进行分析，测试结果如表 5 所示。

表 5　不同缓冲区对处理事件的影响

缓冲区大小	OCR 模块处理速率/(帧/秒)	语言翻译模块处理速率/(帧/秒)	风格迁移模块处理速率/(帧/秒)
1(单帧)	0.07	0.21	0.23
24	1.40	0.28	3.63
48	3.06	0.32	7.53

本次测试所使用的显卡为 NVIDIA GTX 1650，部署设备使用显卡为 NVIDIA RTX 3090，二者算力如表 6 所示。

表 6　两种显卡的算力表

显　卡	FP16	FP32	FP64
NVIDIA GTX 1650	3.967 TFLOPS	2.984 TFLOPS	93.24 GFLOPS
NVIDIA RTX 3090	35.58 TFLOPS	35.58 TFLOPS	556.0 GFLOPS

在 PyTorch 模型中，浮点数大多为半精度浮点数(16 位浮点数)，RTX 3090 的 16 位浮点运算能力大约是 GTX 1650 的 9 倍。

在缓冲区大小为 24 帧时，处理 24 帧所需时间为

$$t=\frac{1.40+3.63}{9}+0.28\approx 0.839\ \text{s} \tag{11}$$

计算出的帧率为 28.6 帧/秒，可以满足实时处理的需求；缓冲区大小为 48 帧时，处理 48 帧所需时间为

$$t=\frac{3.06+7.53}{9}+0.32\approx 1.497\ \text{s} \tag{12}$$

计算出的帧率为 32.2 帧/秒，满足实时处理的需求。

综上所述，在使用流水线优化后，本作品模型在部署设备上具有很高的运算效率，满足实时处理的需求。

3.2 瑞萨开发板端测试与调试

瑞萨开发板端的功能主要为视频数据的上传和接收。本项测试的目的是检查数据从开发板上传至服务器与下发至开发板的过程是否通畅，并检测视频的帧率与延迟是否满足实时性要求。

1）测试设备

测试设备包括瑞萨开发板、USB摄像头、服务器等。

2）测试方案

将装有USB摄像头的瑞萨开发板与服务器(电脑)连接到同一部路由器上，形成一个局域网来简单模拟实际网络环境。同时在保证开发板与服务器之间能相互ping通的情况下打开电脑防火墙的对应端口，随后将摄像头读取到的视频利用OpenCV-Python Socket等发送到服务器(电脑)上并显示，随后服务器将收到的图片下发给瑞萨开发板，通过Qt显示在屏幕上。

3）测试结果与分析

测试结果如图17所示，通过该图可以证明视频传输的延迟极低，视频帧率高于20帧。因此可以验证视频传输上服务器的低延迟可以有效地保证视频的实时性。

图17　最终显示在开发板上的某一帧图片

3.3 服务器与开发板联合测试与调试

本节将开发板与服务器置于同一台路由器的子网下，通过相互的IP地址相互访问，从而达到联合测试的目的。主要测试整个系统的连通性与成品效果的及时性。

1）测试设备

测试设备包括TP-LINK路由器一台、运行有服务器端模型的电脑一台、瑞萨开发板及其配件、调试开发板的电脑一台。其中服务器配置如表7所示。

表7　服务器配置表

操作系统	Windows 10 专业版	处理器	AMD Ryzen R9 5900HX
L2 缓存	4 MB 数据缓存	L3 缓存	16 MB 数据缓存
显卡	NVIDIA Geforce RTX3080	内存	双通道 32 GB，DDR4

2) 测试方案

(1) 为了模拟实际网络环境，本组将开发板与服务器置于同一台路由器的子网下，通过将开发板通过摄像头获取的 720P 视频上传服务器，并在服务器端对视频进行运算处理，最终压制成 360P 视频下发至开发板的方式进行实际测试。

(2) 通过将手机调至秒表模式放置在摄像头前，实时观察开发板收到服务器下发图像中秒表的示数的方式进行单位时间内帧数的计数，进而计算实时帧率。并通过计算开发板端和服务器端示数的差异，反映板端与服务器之间的延迟。

(3) 通过实时观察开发板上的效果来反映系统工作状态。

3) 测试结果与分析

(1) 延迟与连通性测试。开发板端显示数字为“00:19:92”，服务器端显示数字为“00:20:73”，二者相差不到 1 s，证明二者可以连通。大量的实测数据表明，实际的延迟在 1.5 s 左右，与估计值差别不大。

(2) 帧率测试。在本项测试中，通过上述方式计算 10 s 内的帧数，并在不同时间段记录 5 组数据，并得到最终结果，帧率约为 2 帧每秒。

(3) 效果测试。实际翻译效果显示，三幅图片中均对识别到的英文单词进行了较为恰当的翻译且完全保留了原文字的风格。仅在文字边缘的位置上存在一些背景纹理清除不完全的情况，但并不严重，取得了极好的实验结果。

综上所述，我们全面完成了对于作品的各方面测试，其中以成像效果和延迟为代表的大多数指标均完美符合理论设计指标和实际要求，仅在帧率方面与理论设计有所出入，造成这一现象的原因是复杂的，其中硬件资源的紧张是主要原因，当然也与时间紧、任务重而导致优化不足脱不开干系。

总而言之，本作品成功通过了各项测试，实现了设计之初的各项功能，形成了一个完整的实时风格化翻译系统。

4. 创新性说明

本作品创新地将风格迁移技术应用于视频处理和机器翻译领域，提供了一种全新的机器翻译的呈现方式。以下介绍本作品主要的创新点。

4.1　项目创新

经过本小组的思考和研究，我们将自动化翻译过程划分为识别、翻译和呈现三个模块。进而通过对过程的分析和思考，我们发现了在呈现方式上的创新潜力，并结合近来方兴未艾的风格迁移技术和未来发展的趋势，提出了基于风格迁移的实时翻译系统设想。

据本小组调研，该作品为极少地将计算机视觉和机器翻译紧密结合，在图像、视频领域直接进行文本保真翻译的产品。具体而言，则是在机器翻译的呈现方式上做出了较大改进，即由过去的纯文本显示升级成了结合计算机视觉技术的风格化显示。使翻译结果生动而易于理解。在自动化文字识别和机器翻译的基础上，实现了呈现方式的自动化，进而完善了自动化翻译过程。

由于调用成熟的机器翻译接口以及风格迁移其本身的特性，使得本项目不仅适用于英译中这种单独场景，对于任何其他语言之间的互译都有较好的扩展性，能够轻易地实现多种不同的语言间互译的功能，且由于语系的原因，某些语言间的转换要更加优秀。

4.2 模型创新

本作品采用文字骨架及文本融合技术，在合成训练的数据同时兼具锚定框和文字骨架，这使得模型收敛速率大大提升；在生成器中，本作品巧妙地利用了 skip-connection 将编码器和解码器密切偶联，防止模型退化；在判别器中，本作品将 PatchGAN 与 WGAN 巧妙融合，并对特征图使用谱归一化，进一步降低模型退化的可能性；在模型骨架中，考虑到部分设备可能没有能够支持深度模型的算力，本作品的骨架可采用 ResNet 和 MobileNet，前者可以最大化地保证模型精度，后者可以在损失接受精度的前提下，减少模型运算量，使模型的部署更为灵活。

5. 总结

5.1 作品成果总结

在本次信息科技前沿专题邀请赛中，我们通过应用风格迁移并将其应用于翻译领域，体现出了本作品的前沿性；同时将模型部署于服务器中，实现了开发板终端和服务器之间的交互，充分体现出了本次大赛“网络化语音图像检测与识别”的主题；在瑞萨开发板方面，我们对开发板进行了充分学习研究，为瑞萨 RZ/G2L 开发板量身订制了程序，并充分调用了软、硬件资源。最终在截止时间前圆满完成了大赛的所有要求。

我们通过灵活运用光学字符识别(OCR)、机器翻译(MT)等技术，并通过大量的反复优化工作，完全实现了选题初期所设计的目标。最终，作品能够对视频中的外文内容进行准确的识别和效果成熟的实时风格化翻译且效果颇佳。同时，通过对硬件的学习熟悉过程，充分利用硬件的编码和网络方面的性能，我们成功地实现了将瑞萨开发板开发为网络化终端的目的，也获取了大量的实践经验。

除此之外，我们通过本次比赛对嵌入式开发流程有了全新的认识，也通过整个项目的过程增长了工程实践上的优化经验，这是弥足珍贵的。

5.2 团队的展望

由于时间和能力上的原因，作品在呈现方式上仍有较大进步空间。接下来我们小组拟从终端的层面入手，通过将显示屏幕换为 AR 设备的方式进一步提升风格化翻译的沉浸感和自然感。同时，我们也将从风格化迁移本身进一步提升其性能和鲁棒性。最后，我们还拟从翻译语言的角度扩展出多种语言和文字之间的互译服务，进一步提升其适应性。

5.3 致谢

本作品的完成克服了重重困难，在截止时间之前保质保量地完成了全部开发任务，在此我们对指导教师在赛前、赛中、赛后提供的帮助表示诚挚的感谢，对瑞萨论坛的工程师和赛事群中的谷新科技的工程师和组委会老师们的悉心指导和帮助表示诚挚的感谢，对赛事群中其他同学表示诚挚的感谢，对这段时间内以各种方式为我们提供学习、生活上的帮助的老师和同学们表示诚挚的感谢。

参考文献

[1] WEAVER W. Machine Translation of Languages [J]. Translation，1955，14：15 - 23.

[2] YANG X，CHEN H，ZHANG T，et al. Global，regional，and national burden of blindness and vision loss due to common eye diseases along with its attributable risk factors from 1990 to 2019：a systematic analysis from the global burden of disease study 2019[J]. Aging(Albany，NY)，2021，13(15)：19614 - 19642.

[3] 赵庆帅，腾浩，刘谦，等. 智能导盲设备的研究现状[J]. 山东工业技术，2022(02)：22 - 28.

[4] WU L，ZHANG C，LIU J，et al. Editing text in the wild[C]. The 27th ACM International Conference. ACM，2019.

[5] GOODFELLOW I J，POUGET-ABADIE J，MIRZA M，et al. Generative Adversarial Nets[C]. Neural Information Processing Systems. MIT Press，2014.

[6] HE K，ZHANG X，REN S，et al. Deep residual learning for image recognition[J]. IEEE，2015：770 - 778.

[7] ISOLA P，ZHU J Y，ZHOU T，et al. Image-to-Image Translation with Conditional Adversarial Networks[C]. IEEE Conference on Computer Vision & Pattern Recognition. IEEE，2017.

[8] MIYATO T，KATAOKA T，KOYAMA M，et al. Spectral normalization for generative adversarial networks[C]. International Conference on Learning Representations. ICLR 2018.

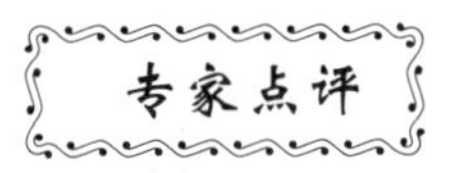

专家点评

该作品基于光学字符识别(OCR)和机器翻译(MT)技术，实时地将图片或视频中的外文翻译成中文，并利用风格迁移(ST)技术将结果以原文风格呈现出来。整个作品由嵌入式终端(开发板)和服务器两部分组成，开发板主要完成视频的上传和接收，文本检测识别、机器翻译通过百度 OCR 和百度翻译完成。该作品技术含量较高，具有良好的应用前景。

作品9 全自动身份识别与核酸采样机器人

作者：李宛欣 鲁汉宁 （杭州电子科技大学）

作品演示

作品代码

摘 要

针对新冠疫情爆发以来核酸采样工作耗费人力，且人工核酸采样受环境影响程度大这一现状，本队设计出了一台用于自动核酸采样的全自动身份识别与核酸采样机器人，通过摄像头获取被检测人脸图像，使用深度学习模型进行身份识别，分析计算后可以反馈到自动核酸机器平台开始核酸采样，通过摄像头标定口腔位置与距离信息，反馈至机械臂进行自动核酸采样，从而构建起一整套快速有效的核酸采样系统。

关键词：深度学习；人脸识别；机械控制；核酸采样

Automatic Identification and Nucleic Acid Sampling Robot

Author：LI Wanxin，LU Hanning(Hangzhou Dianzi University)

Abstract

In view of the situation that the nucleic acid sampling work has consumed manpower since the outbreak of COVID-19 and the artificial nucleic acid sampling has been greatly affected by the environment，we have designed an automatic identification and nucleic acid sampling robot. The detected face image is acquired through camera，and deep learning model is used for identity recognition. After analysis and calculation，it can be fed back to the automatic nucleic acid machine platform to start nucleic acid sampling. The oral position and distance information are calibrated by the camera and fed back to the robot arm for automatic nucleic acid sampling，so as to build a complete set of fast and effective nucleic acid sampling system.

Keywords：Deep Learning；Face Recognition；Mechanical Control；Nucleic Acid Sampling

1. 作品概述

1.1　现有产品

全球首台全自动鼻咽拭子核酸采样机器人原型机——“鹏程青耕”，以人工智能技术为核心，在运动规划系统控制下进行机械臂自动获取鼻、咽拭子，在机器视觉辅助下追踪并精准定位被采集人面部和鼻孔，精确力控下轻柔地完成鼻、咽拭子的采集；实现了抓取、标定、采集和消杀全自动工作流程，以及全程无须人工干预核酸采样的整体解决方案。

湖北首辆全自动移动核酸采样车价值 340 万元，搭载了全自动、便携式一体化新冠病毒核酸采样系统，将全部实验步骤集成到全封闭的移动实验室中。同时搭载咽拭子采样机器人，快速灭活仪和 5G 检测直报系统。通过“人工”+“机械”两种方式取样后，标本在车厢内即可完成检测，45 min 即可出结果。

上海大学研发的一款全自动核酸采样机器人，完成一次核酸采样最快只要 22 s，具有“全自动、非接触、大通量、高快速、云监控”的特点，可实现从拭子剥离、定位夹取、试管上位、试管扫码、口腔采样、样本剪切、试管下位到采样末端部位消毒等功能。同时，智能友好的音视频人机交互界面也优化了接受被采集人的体验。

1.2　作品特色

本作品具有识别速度快、自动化操作便捷、产品集成度高以及安全无接触的特点。区别于传统扫码检测，本作品采用自动人脸检测与深度模型的身份识别，可以实现自动人脸图像捕捉与身份信息的确认。

此外，现有的核酸采样机器人样机大多将采样者头部接触式固定，或设计“咬口器”让采样者咬合以方便机械臂在固定孔位操作，不但增加交叉感染的风险，而且造价极高。我们借鉴目前市面上的产品，设计出了全自动身份识别与核酸采样机器人，通过一块透明挡板将采样者与采样设备隔开，防止病毒的传播，通过人脸识别对采样者进行身份核验，以省去人工扫码的工作，只需采样者在特定位置张口，深度摄像头检测口腔位置，机械臂可进行精准的核酸采样工作。本作品可实现规范样本采集，降低采样成本，减少医护人员高风险暴露，节约医疗资源等功能。

未来，本作品基于的人工智能视觉识别和精准力控等技术可望在呼吸道、支气管、消化道和心血管等组织器官的检查、辅助诊断等广阔的应用场景中发挥实际价值。

2. 作品设计与实现

2.1　作品方案

本作品分为两个部分：人脸识别端（检测端）和核酸采样端（控制端）。

在人脸识别端，利用摄像头采集捕捉图像数据输入到开发板，通过完成训练的网络，得到检测结果，通过以太网传输到控制端。在核酸采样端，通过机械臂抓取核酸采样棉签，控制机械臂运动，进行核酸采样，将完成采样的核酸棉签插入瓶中完成一轮核酸采样。

2.2 实现原理

2.2.1 相机标定

相机标定是为了把基于摄像头相机坐标系的2D坐标转换为3D坐标系。处理流程为：先通过从深度摄像头采样的待检测目标张口的图像，进行基于dlib库定义的68点位特征的嘴部特征点标定。再将这些关键点的二维图像坐标转化成相机坐标系坐标，最终转换为世界坐标系，坐标系转化如图1所示。

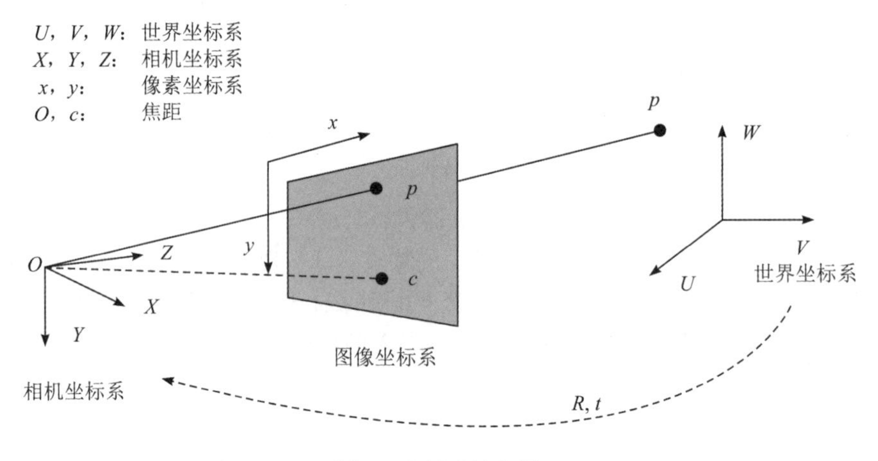

图1 坐标系转化图

摄像头采样的二维喉咙横、纵坐标信息如下：

$$\mathrm{TTC}(x)=\frac{|x_{49}-x_{55}|+|x_{68}-x_{64}|}{2} \tag{1}$$

$$\mathrm{TTC}(y)=\frac{|y_{52}-y_{58}|+|y_{63}-y_{67}|}{2} \tag{2}$$

此时根据式(3)，把得到的喉咙图像二维平面坐标转换成深度摄像头相机坐标系坐标。

$$\begin{bmatrix} x \\ y \\ 1 \end{bmatrix}=s\begin{bmatrix} f_x & 0 & c_x \\ 0 & f_y & c_y \\ 0 & 0 & 1 \end{bmatrix}\begin{bmatrix} \boldsymbol{X} \\ \boldsymbol{Y} \\ \boldsymbol{Z} \end{bmatrix} \tag{3}$$

式中，x、y分别是嘴部关键特征点的二维横坐标和纵坐标矩阵，s为缩放系数，f_x和f_y分别是x和y轴方向的焦距，以像素为单位。同样，式(3)中的c_x和c_y也以像素为单位，它们表示的是焦点的实际位置。$\boldsymbol{X}$、$\boldsymbol{Y}$、$\boldsymbol{Z}$则表示在相机坐标系下的三个轴对应的坐标矩阵。由式(4)得到旋转矩阵$\boldsymbol{R}$和平移矩阵$\boldsymbol{t}$。U、V、W表示的是以嘴部特征关键点位置坐标为依据，在世界坐标系下建立的世界三维坐标系坐标。

$$\begin{bmatrix} \boldsymbol{X} \\ \boldsymbol{Y} \\ \boldsymbol{Z} \end{bmatrix}=[\boldsymbol{R} \quad \boldsymbol{t}]\begin{bmatrix} U \\ V \\ W \\ 1 \end{bmatrix} \tag{4}$$

2.2.2　手眼标定

手眼标定主要是为了获得相机和机械手臂之间的坐标转换关系，由于传感器的安装误差，需要对传感器进行标定，才能找到相机和机械臂的坐标转换关系。手眼标定分为两种类型，眼在手上(eye-in-hand)和眼在手外(eye-to-hand)。我们选取的方法为眼在手外，即相机固定在机器臂之外，相机和机器臂底座相对静止，示意图如图 2 所示。

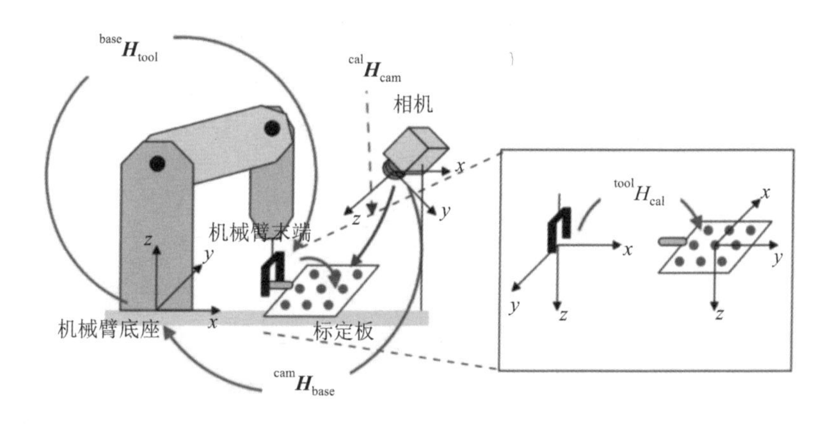

图 2　眼在手外坐标示意图

在上述描述中，涉及几个坐标系的转换，即标定板坐标系到相机坐标系的转换关系 $^{cal}\boldsymbol{H}_{cam}$，相机坐标系到机械臂底座坐标系的转换关系 $\boldsymbol{X}$，机械臂底座坐标系到机械臂末端坐标系的转换关系 $^{base}\boldsymbol{H}_{tool}$。本作品中要求解的是相机坐标系到机械臂底座坐标系的转换关系 $\boldsymbol{X}$，即手眼标定矩阵。具体的计算方法是：标定板固定在机械臂末端，在某一位姿下，标定板上的点在标定板坐标系下的坐标值是 P_1，经过标定板坐标系到相机坐标系的转换 $^{cal}\boldsymbol{H}_{cam}$、相机坐标系到机械臂底座坐标系的转换 $\boldsymbol{X}$、机械臂底座坐标系到机械臂末端坐标系的转换 $^{base}\boldsymbol{H}_{tool}$ 的坐标系转换之后，标定板上的点能够转到机械臂末端坐标系下的坐标值 P_3，转换关系如下：

$$^{base}\boldsymbol{H}_{tool}\boldsymbol{X}\,^{cal}\boldsymbol{H}_{cam}P_1=P_3 \tag{5}$$

然后机械臂变换一下位置姿态，能够得到另一组上述形式相同的公式，即

$$^{base}\boldsymbol{H}'_{tool}\boldsymbol{X}\,^{cal}\boldsymbol{H}'_{cam}P_1=P_3 \tag{6}$$

式中，$^{base}\boldsymbol{H}_{tool}$、$^{base}\boldsymbol{H}'_{tool}$ 可以通过机器人的位置姿态输出得到，而 $^{cal}\boldsymbol{H}_{cam}$、$^{cal}\boldsymbol{H}'_{cam}$ 可以通过单目相机标定的外参得到。这些公式能够转换成以下形式：

$$^{base}\boldsymbol{H}_{tool}\boldsymbol{X}\,^{cal}\boldsymbol{H}_{cam}={}^{base}\boldsymbol{H}'_{tool}\boldsymbol{X}\,^{cal}\boldsymbol{H}'_{cam} \tag{7}$$

进一步可以转换为

$$^{base}\boldsymbol{H}'^{-1}_{tool}\,^{base}\boldsymbol{H}_{tool}\boldsymbol{X}=\boldsymbol{X}\,^{cal}\boldsymbol{H}'^{cal}_{cam}\boldsymbol{H}^{-1}_{cam} \tag{8}$$

式(8)可以理解为 $\boldsymbol{AX}=\boldsymbol{XB}$ 的形式，其中，$\boldsymbol{A}={}^{base}\boldsymbol{H}'^{-1}_{tool}\,^{base}\boldsymbol{H}_{tool}$、$\boldsymbol{B}={}^{cal}\boldsymbol{H}'^{cal}_{cam}\boldsymbol{H}^{-1}_{cam}$，而 $\boldsymbol{A}$、$\boldsymbol{B}$ 都是已知数。通过变换多次机械臂末端位置姿态，并对手眼标定方程 $\boldsymbol{AX}=\boldsymbol{XB}$ 求解，即可得到手眼转换矩阵 $\boldsymbol{X}$ 的值。

2.2.3　机械臂原理

机械臂是高精度，多输入多输出、高度非线性、强耦合的复杂系统。因其独特的操作

灵活性，已在工业装配、安全防爆等领域得到广泛应用。机械臂是一个复杂系统，存在参数摄动、外界干扰及未建模动态等不确定性。在机器人研究中，我们通常在三维空间中研究物体的位置。这里所说的物体既包括操作臂的杆件、零部件和抓持工具，又包括操作臂工作空间内的其他物体。通常这些物体可用位置和姿态来描述。

几乎所有的操作臂都是由刚性连杆组成的，相邻连杆间由可做相对运动的关节连接。这些关节通常装有位置传感器，用来测量相邻杆件的相对位置。如果转动关节产生位移，那么这个位移被称为关节角，关节角如图 3 所示。一些操作臂含有滑动(或移动)关节，那么两个相邻连杆的位移是直线运动，有时将这个位移称为关节偏距。计算操作臂末端执行器的位置和姿态是一个静态的几何问题。具体来讲，给定一组关节角的值，操作臂正运动学是计算工具坐标系相对于基坐标系的位置和姿态。

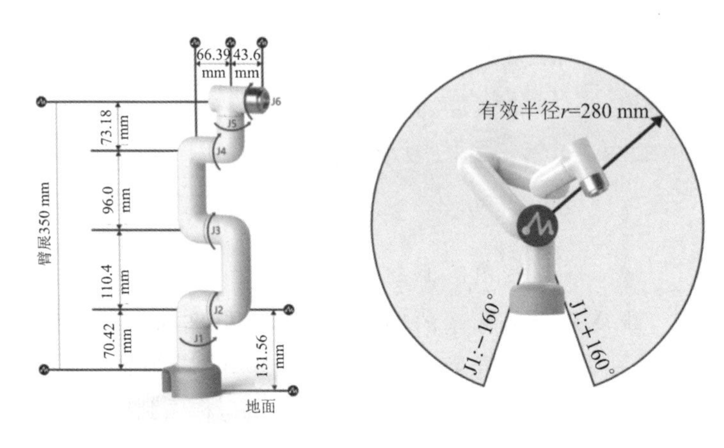

图 3　机械臂关节角

我们选取的是大象机器人 myCobot，其自重为 850 g，有效载荷为 250 g，臂长为 350 mm，有效半径为 280 mm。该机器人体积小巧且功能强大，既可搭配多种末端执行器适配多种应用场景，也可支持多平台软件的二次开发，满足科研教育、智能家居，商业探索等各种场景需求。

2.2.4　人脸识别

1) 人脸检测实现

人脸检测实现步骤如下：

(1) 使用 RZ/G2L 开发板完成采集图像和投影到显示器等基本功能。

(2) 获取人脸图像，然后输入深度学习模型，得到检测结果。

(3) 处理由深度学习模型得到的结果，计算人脸匹配精度并显示到屏幕。

2) 训练深度学习模型

(1) 数据集收集。通过 PC 端、RZ/G2L 开发板以及摄像头拍摄获取大量的人脸数据，存入数据集中，作为训练使用的数据集。

(2) 数据集预处理。由于最初获取到的数据集中灰度图的名字缺乏规律性，对于后续的调用可能造成麻烦，于是通过 catching. py 文件进行图片按序命名，再通过 resize_image. py 文件进行图片尺寸的变换，最后通过 notingdate. py 文件将灰度图打包为 h5 文件作为训练数据集。

(3) 进行模型训练。构建合适的深度学习模型，调用上一阶段打包好的数据集 h5 文件进行训练，其中，学习率为 0.000 01，优化器为 SGD + momentum，损失函数为 CrossEntropyLoss。当 test_accuracy 大于 0.9 或 train_accuracy 大于 0.9 时停止训练，训练完成后保存模型。

(4) 模型转换。将已保存的训练好的深度学习模型转换成可以在 RZ/G2L 开发板上运行的函数，其中 InputNode 为 X，OutputNode 为 Softmax。

3) 神经网络结构

(1) 输入层：64×64 的灰度图。

(2) 卷积层 1([3, 3, 1, 32]的卷积核，[1, 1, 1, 1]的步长)：产生一个[50, 50]的图。

(3) Max_pooling 池化层 1([1, 2, 2, 1]的池化窗口，[1, 2, 2, 1]的步长)：为了突出纹理特征，选择最大池化，产生一个[32, 32]的图。

(4) 卷积层 2([3, 3, 32, 64]的卷积核，[1, 2, 2, 1]的步长)：产生一个[25, 25]的图。

(5) Max_pooling 池化层 2([1, 2, 2, 1]的池化窗口，[1, 2, 2, 1]的步长)：为了突出纹理特征，选择最大池化，产生一个[16, 16]的图。

(6) flatten 层：将二维的输入图像扁平化，产生一个 16×16×64 的一维数组。

(7) 全连接层([1, 3]的数组)：将扁平化后的数据进行分类。

(8) Softmax 层(分 3 类)：将全连接层的输出结果，转化成概率进行进一步分类。

(9) 输出层：概率数组。

2.2.5　喉咙检测

在进行机械臂核酸采样的项目进程中，精确识别核酸采样目标的喉咙位置是设计环节的关键。本作品拟采用 dlib 库进行人脸嘴部特征关键点的标定，通过对嘴部特征点坐标信息的处理来判断采样目标是否张嘴，进而判断采样目标喉咙的位置信息。人脸 68 点位特征如图 4 所示。

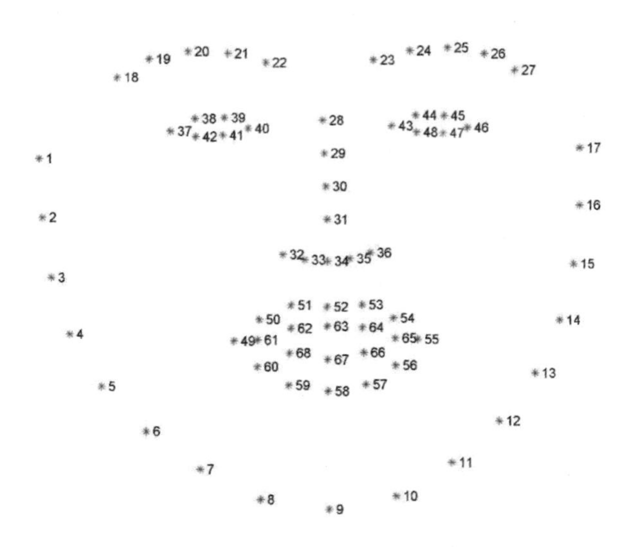

图 4　人脸 68 点位特征图

由 dlib 库的 68 人脸点位特征图可以看出，嘴部特征关键点是 49～68，一共 20 个特征点，在确保判断嘴部张开识别精确度的条件下为了提高优化程序运行效率，在判定嘴部张开、闭合时，本作品只采用50、58、52、56、48、54六个特征点的位置坐标信息。在这里引入MAR(嘴部特征纵横比)作为判断嘴部张开闭合的依据，MAR的计算公式为

$$MAR=\frac{|y_{50}-y_{58}|+|y_{52}-y_{56}|}{2|x_{48}-x_{54}|} \tag{9}$$

式中，x_i 和 y_i 分别表示人脸特征关键点 i 的横坐标和纵坐标。

本作品基于MAR嘴部特征纵横比对嘴部张开闭合状态进行判定，通过查阅文献以及对该部分程序的不断优化，最终设定嘴部张开的MAR阈值为3最合适，当MAR>3时，判断此时待采样目标的嘴部是张开状态。

2.2.6 深度检测

本作品通过激光的折射以及算法，计算出物体的位置和深度信息，进而复原整个三维空间。通过发射特定点阵的激光红外图案来测算被测物体到摄像头之间的距离。当被测物体反射这些图案，通过摄像头(见图5)捕捉到这些反射回来的图案，计算上面的散斑或者点的大小，与原始散斑或者点的大小做对比，测算出距离。

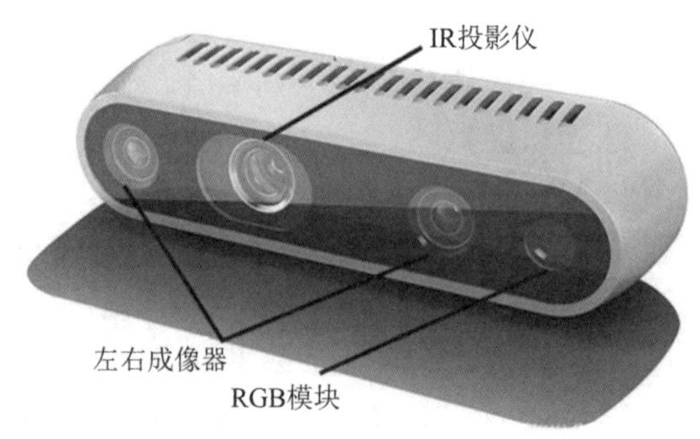

图5 深度摄像头

这种方案虽然是业界比较成熟的深度检测方案之一，但仍存在一些局限性。首先，由于是通过折射光的落点位移来计算位置，因此不能提供精确的深度信息，并且对识别距离有着严格的要求。其次，本方案容易受到环境光线的干扰，在强光下表现不佳。另外，响应速度相对较慢，可能不适用于需要快速响应的场景。因此，在选择使用这种方案时，需要充分考虑其在特定环境和应用场景下的适用性，并做好相应的光线和距离控制。

2.3 软件流程

软件流程中的主要步骤是图像处理和主循环实现。

(1) image_dnn_task负责图像处理，通过消息队列判断是否有新的图片输入。如果有新图片，则获取图片存储区域的互斥量，将新图片输入到dnn_compute()函数中进行处理，得到输出结果后释放互斥量，继续等待消息队列。

(2) 在主循环实现中，首先通过R_DEVLINK_Init()函数初始化设备连接，然后用R_OS_KernelInit()初始化FreeRTOS操作系统，并在初始化FreeRTOS过程中建立OS_main_task。最后在OS_main_task中调用Sample_main()。

在Sample_main()函数中，先通过R_BCD_cameraInit()和R_BCD_LcdInit()初始化摄像头和显示屏，然后建立image_dnn_task。接着获取摄像头采集的图片地址和显示屏显示图片的地址，通过bayer2gray()将摄像头获取的数据转换为灰度图，并输出到显示屏。然后尝试获取互斥信号量来检测image_dnn_task是否在处理图片。如果获取失败，则说明image_dnn_task正在处理图片，则直接输出灰度图，并重新获取摄像头采集的图片地址和显示屏显示图片的地址。如果获取成功，说明image_dnn_task不再处理图片，则读取新的

处理结果，写入新的图片数据，并通过消息队列通知 image_dnn_task 已经写入新的图片。然后释放互斥信号量，并通过处理新的结果判断集中度，将灰度图和结果显示在显示屏上，并重新获取摄像头采集的图片地址和显示屏显示图片的地址。

2.4　硬件流程

本作品的硬件系统由 PC 端、RZ/G2L 开发板之间的通信协同构成。PC 端用于人脸检测，RZ/G2L 开发板用于口腔识别和深度定位，并将数据传输至 PC 端进行机械臂控制。具体流程如图 6 所示。

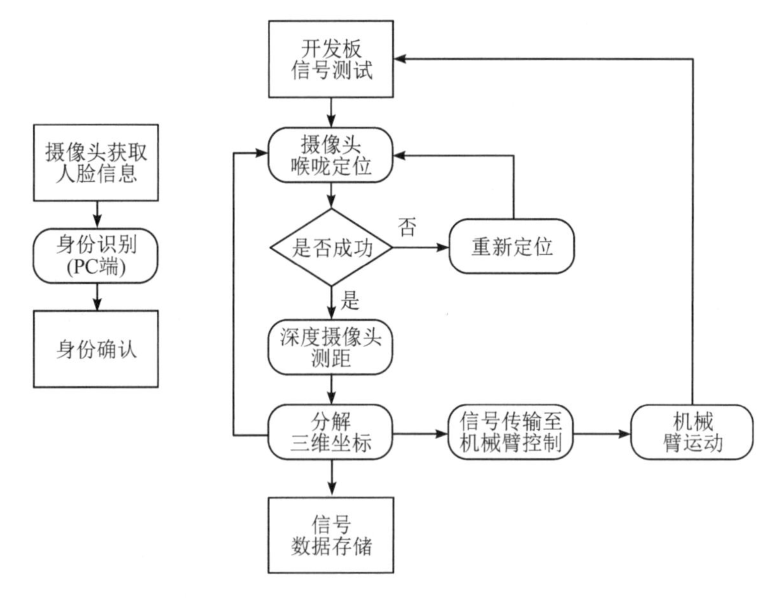

图 6　开发板硬件流程

2.5　作品功能

本作品所设计的采样机械臂操作采用询问加输入的方式。运行程序后，机械臂进行准备并询问是否进行采样。如果输入是“y”(即 yes)，则开始采样的一系列步骤；如果输入是“n”(即 no)，则机械臂缩起、放松，并打印核酸采样工作结束的消息。以采样两次为例，运行结果示意如图 7 所示。

图 7　运行结果示意图

本作品通过模拟核酸检测，实现了核酸采样的基本流程，满足了核酸检测的需求。首先，通过人脸检测确定身份信息，然后，通过开发板检测喉咙是否张开并测距，将收集到的数据转化为三维坐标信息，最后，将三维数据传输至机械臂控制端，通过控制机械臂完成核酸检测。

3. 作品测试与分析

3.1 测试方案

测试方案包括人脸识别准确率测试和机械臂运行精度测试。

(1) 人脸识别准确率测试：在摄像头前保持正面朝向的姿势下，检测 100 张人脸，并多次测试以获得正确率的平均值，从而计算系统判断的准确度。

(2) 机械臂运行精度测试：进行多次运行观察棉签夹取情况、运行平稳性以及是否成功投入试剂瓶内等，综合比较以计算运行精度。

3.2 测试环境搭建

在搭建测试环境时，需要准备两台电脑、一块瑞萨开发板以及一台机械臂等设备。测试环境如图 8 所示。

图 8 测试环境示意图

3.3 测试数据

1) 人脸识别准确率测试

人脸数据库中，目标 A 和目标 B 各自以正面朝向的姿势站在摄像头前，每位目标分别采集了 5 组图像。每组图像都包含了 100 张，以确保数据的充分性和准确性。在完成图像采集后，对每次测量的准确率进行统计，并计算出平均值。当系统识别结果与真实人物信息相符时，视为本次识别正确；如果出现未正确检测人脸信息或识别错误的情况，则将其视为检测错误。

人脸识别准确率测试结果见表 1。

表 1　人脸识别准确率测试结果

待检测目标	准确率测试结果/%				
目标 A	97	99	97	98	98
目标 B	99	95	98	96	99

2）机械臂运行精度测试

机械臂的运行精度测试需要考虑其受到自身重量以及前爪子重量的影响，这两个因素使静态到达位置与动态到达位置不同。因此，为了准确评估夹取操作的准确度等关键指标，需要在完整流程的动态过程中进行测试和判断。

测试过程包括以下几个步骤：

（1）确定一组角度数据，将机械臂运行到该位置。

（2）记录此时的角度，并将实际角度与预设角度之间的差值视为误差。

（3）重复执行该步骤 5 次，以确保测试结果的可靠性和一致性。

（4）更改初始角度，再次重复执行 5 次，形成五组数据。

（5）全面评估机械臂运行精度和稳定性。

机械臂运行精度测试如表 2 所示。

表 2　机械臂运行精度测试

执行序号	1	2	3	4	5
总误差/(°)	20.83	20.51	19.68	19.12	19.96

机械臂夹取棉签示意如图 9 所示。

机械臂释放棉签示意如图 10 所示。

图 9　机械臂夹取棉签示意图

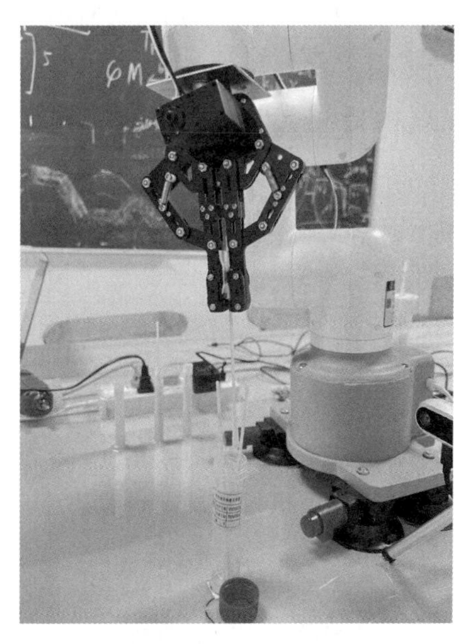

图 10　机械臂释放棉签示意图

3.4 结果分析

(1) 根据人脸识别五组准确率测量结果：目标 A 的识别准确率达到 97.8%，而目标 B 的识别准确率为 97.4%，人脸识别模型的总识别精度达到 97.6%。在出现错误检测的情况下，错误识别成他人身份的情况占 8.33%，共出现两次；而没有人脸身份识别结果的情况占 91.77%，共出现 22 次。

分析后台记录的图像数据，错误识别成他人身份的情况主要发生在检测人员未正脸面对摄像头的情况下。这一现象主要源于训练图像集中主要包括录入人脸的正面。针对此问题，在人脸身份识别过程前提醒检测人员正面面对摄像头。未识别人脸情况的主要原因包括距离摄像头过远，人物头部角度过高或过低以及背景光源强烈等因素。针对这些情况，本作品拟采用固定人员检测位置并在室内环境中减少背景光源的方式弱化影响。

(2) 本队选择了大象机器人的 320－六轴机械臂。由于机械臂自身结构的限制，其可到达的范围是有限的，在某些角度无法做到垂直向上或向下移动，因此，除坐标控制外，还加入了角度控制。但角度控制也存在一定的局限性，因为它是先运动小标号关节，再运动大标号关节，可能导致已夹取的物体位置偏离。因此，在此时需要加入坐标控制过程。

综上所述，机械臂需要将坐标控制与角度控制相结合才能实现精确控制。目前，机械臂的准确率可以达到 95%以上。

4 创新性说明

4.1 身份识别的创新性

与传统的深度模型身份识别不同，本作品采用了精简的 CNN 网络模型进行身份识别，其层次较浅，运算速度快，适用于实时场景下的快速准确识别。这种模型在保证准确率的前提下，节约了深度模型的工作时间，有助于信息的快速综合研判。

4.2 机械臂检测装置的创新性

(1) 检测装置的全自动化。本作品将人脸检测、深度检测与机械臂连接起来，实现了一次操作即可完成整个检测过程，操作方便快捷。

(2) 简洁化的检测场景。本作品采用透明亚克力搭建的场景框定了口腔位置范围，有效地防止了被检测人员大幅度移动可能导致的机械臂异常工作或安全隐患，同时也不影响摄像头图像获取。

(3) 深度数据与信息检测的协同。本作品通过 AI 视觉分析技术对人脸 68 个特征点进行自动识别，运动追踪捕捉被采集人员的轻微移动轨迹，实现了口腔定位和咽拭子采集角度的自动调整。深度摄像头确定口腔边缘位置，将距离信息转化为三维坐标与机械臂相互通信，实现数据交互。

(4) 安全保障。本作品的核心部分是高灵敏度力控机械臂和力控伺服系统，该系统具有与人工采集相当的力度。应急暂停按钮用于突发情况，保护被采集人的安全。每个被采集人全流程使用一次性采样拭子和样本保存管，机器手臂持鼻咽拭子采集样本，不接触被采集人。

4.3　功能集成创新性

本作品实现了各程序模块的相互结合与简化，代码集成度高。摄像输入端、机械臂控制端与开发板相连，实现了功能模块的集成，构成了一个人机交互友好的产品设计理念。

5. 总结

本作品具备自动进行受力反馈和视觉监控的能力，采样过程完全自动化，有效降低了感染风险，有助于缓解人手不足的压力，并且能够实现信息云同步，支持后台实时查询核酸采样数据。此外，本作品还有三层安全防护，设备全封闭，在采样完成后进行实时卫生消毒，有助于进一步降低感染风险。

参考文献

[1]　赵雨佳，廖湉毅，范培蕾，等．新型冠状病毒核酸采样方法及标准物质的研究进展[J]．计量科学与技术，2022，66(01)：3－8.

[2]　杨海涛，丰飞，魏鹏，等．核酸检测的咽拭子采样机器人系统开发[J]．机械与电子，2021，39(08)：77－80.

[3]　李颖聪，陈贝文，廖晓芳，等．基于 OpenCV 的人脸识别系统设计与实现[J]．电脑知识与技术，2022，18(18)：53－55.

[4]　郑默思，吴国环．基于惯性传感器的机械臂位姿误差自动控制方法[J]．自动化与仪器仪表，2022(07)：261－265.

[5]　唐世泽．面向运动评估的多深度摄像头人体姿态跟踪算法研究[D]．成都：电子科技大学，2021.

[6]　王科举，廉小亲，陈彦铭，等．基于深度学习的机械臂视觉系统[J]．信息技术与信息化，2020(08)：203－208.

该作品采用 PC 与 RZ/G2L 开发板协同工作，完成身份识别和核酸采样全自动化。在人脸检测方面采用较为精简的 CNN 模型，在机械臂控制核酸采集方面将咽喉定位、深度检测与机械臂连通构建，初步实现了设计要求。在作品实现中，RZ/G2L 开发板完成了口腔识别和深度定位，并将分解的三维坐标实时传输给机械臂控制，开发板资源利用率较充分。

作品 10 基于十二相位的网络化智能交通控制系统

作者：王玮烽 李德渊 王慧玲 （华东师范大学）

作品演示

摘 要

近年来，道路交通拥堵问题变得越来越严重，传统的道路交通控制系统无法根据实时车流量智能疏导交通。为了改善该问题，本队设计了一种根据实时检测的车流量数据推测驾驶员主观等待时长从而智能控制交通指示灯的系统。采用图像处理技术检测各路口、各车道的车辆数量，从而判断路况并计算各车道驾驶员主观等待时长，动态调整各车道红绿灯时间保障，提升通行效率，让驾驶员有良好的体验。

与传统交通控制系统相比，本系统提出的方案可以有效解决各个车道红绿灯时长与车流量的适配问题，尤其在道路拥挤或车流量稀疏两种极端情况下发挥智能调控作用，降低路口车辆驾驶员的平均主观等待时长，提高道路资源利用率，解决拥堵问题，减少交通事故的发生。

关键词： 交通灯；车流量监测；人工智能；主观等待时长

Ethernet-connected Intelligent Traffic Control System Based on Twelve Phases

Author： WANG Weifeng，LI Deyuan，Wang Huiling(East China Normal University)

Abstract

In recent years，the problem of road traffic congestion has become more and more serious，and traditional road traffic light control systems cannot guide vehicles according to real-time traffic flow. In order to solve this problem，our team designed an intelligent traffic light control system with real-time traffic flow detection function，which uses Image Processing technology to identify the number of vehicles in each lane at each intersection, so as to judge the road conditions and predict the driver's waiting value.

Compared with the traditional traffic light system, the algorithm proposed in this paper effectively solves the problem of adapting the length of traffic lights and traffic flow in each lane, reduces the average waiting value of vehicle drivers at the intersection, improves the utilization rate of road resources, solves the problem of congestion and reduces traffic accidents.

Keywords: Traffic Lights; Traffic Flow Monitoring; Artificial Intelligence; Subjective Waiting Time

1. 作品概述

1.1 背景分析

随着我国城市建设的加快，机动车辆越来越多，车辆数目的增多使城市的交通变得拥堵，让人们的出行体验下降。造成城市道路交通拥堵的因素有很多，比如车辆数目增加，交通指挥智能化缺失，以及交叉口交通信号灯时间变化缺乏灵活性等。传统红绿灯控制方式主要有固时控制和感应控制。固时控制不能对实时变化的车流量作出相应反应，在道路拥挤或车流量稀疏两种极端情况下调控作用不明显；而感应控制需要设置磁圈，更改红绿灯位置时要对磁圈进行更改，成本高，而且磁圈的处理精度不高。

1.2 应用前景分析

本系统针对可确定的十字路口，考虑驾驶员主观等待时长，以减少车辆平均等待时间、降低驾驶员的主观等待时长、促进交通通畅为目的，提出了基于车流量以及驾驶员主观等待时长的红绿灯实时配时算法，实现了一套人性化的网络化智能交通控制系统。社会心理学认为驾驶员主观等待时长与客观等待时长在感知上呈指数关系。客观等待时长短时，主观等待时长增长较缓慢，而随着客观等待时长不断增加，主观等待时长增长的速度剧增，本系统将此现象拟合成指数函数。根据视频实时检测的车辆数计算驾驶员主观等待时长，对红绿灯时间进行动态调配，结果显示：本系统对突发情况以及车辆密度差异较大的情况调控作用明显，弥补了固时控制的不足，同时采用已有的交通摄像头即可实现，成本较低。

2. 作品设计与实现

2.1 系统总体方案

2.1.1 系统功能设计及性能指标

本系统基于应用图像识别算法和社会心理学的主观等待时长模型，可动态地调整路口通行状态，从而避免因固时分配导致的资源不足(大车流但可通行时间短)和资源空置(小车流但可通行时间长)的问题。本系统具有的功能如下：

(1) 各路口节点采用摄像头来获取各方向的实时快照，应用图像处理算法统计当前方向的车流车辆信息，上报至中心节点。

(2) 中心节点可选择查看某个特定方向路口的实时视频，并根据各个方向汇报的数据选定最佳的路口通行状态，进行动态调配。

(3) 本系统参考驾驶员主观等待时长模型，可以对为了保证最佳通行状态而某方向上在一段时间内始终无法通行的少部分车辆进行补偿，允许其稍后优先通过，使得方案更加合理化。

本系统的性能考量如下：

(1) 算法最小响应时间：路口节点执行图像处理算法的完成时间。

(2) 数据传输速率：各节点通信的速率，主要为各路口节点上传视频数据的速率，需保证中心节点能获取流畅、完整的实时视频。

2.1.2 系统介绍

本系统由四个路口节点、一个交换机节点、一个中心节点构成。系统框图如图 1 所示。

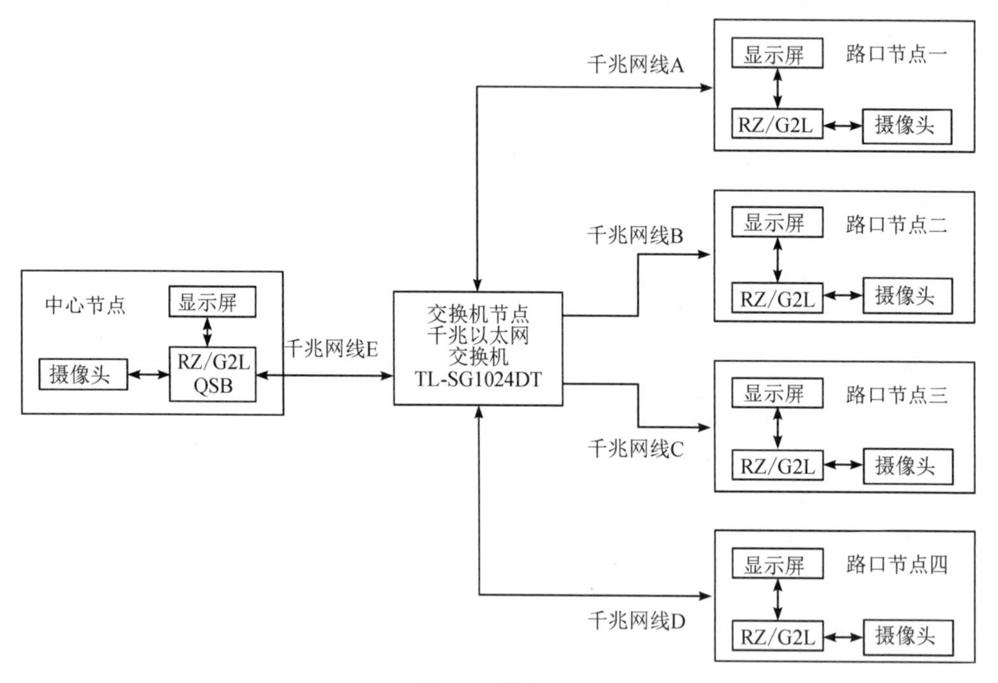

图 1 系统框图

本系统采用海康威视 E12 摄像头实时捕获四个路口节点道路车辆通行视频，通过 RZ/G2L 开发平台的 MIPI DSI 接口实现本地视频显示，以人工智能算法实现各车道的车辆识别、框定以及数量统计，同时将数据通过千兆以太网交换机发送至中心节点，以实现系统总体控制。中心节点通过千兆网线 E 发送控制命令数据至交换机节点，千兆以太网交换机接收来自中心节点的控制命令数据，转发后通知对应的路口节点。四个路口节点收到命令后，通过以太网口将中心指定的视频数据包经由交换机节点传输至中心节点，并在中心节点的显示屏上显示。四个路口节点通过交换机定时上报各车道数量数据至中心节点，并结合自主设计的驾驶员主观等待时长模型选定下一段时间的各路口交通灯状态。

2.2　硬件选型方案

2.2.1　核心开发板选型

鉴于系统的设计功能需求和性能指标，我们采用如下的核心处理系统：

中心节点采用组委会官方提供的 RENENSAS RZ/G2L QSB 核心板，该处理器是瑞萨 64 位 MPU 系列。它包括一个 Cortex®-A55（1.2 GHz）CPU、16 位 DDR4 接口、带有 Arm Mali-G31 的 3D 图形引擎和视频编解码器（H.264）。它还具有许多接口，例如摄像头输入、显示输出、USB 2.0 和 Gbit-Ether。四个路口节点均采用结构类似的 Renensas RZ/G2L 系列工业级核心板。中心节点与路口节点共有的硬件系统框图如图 2 所示。

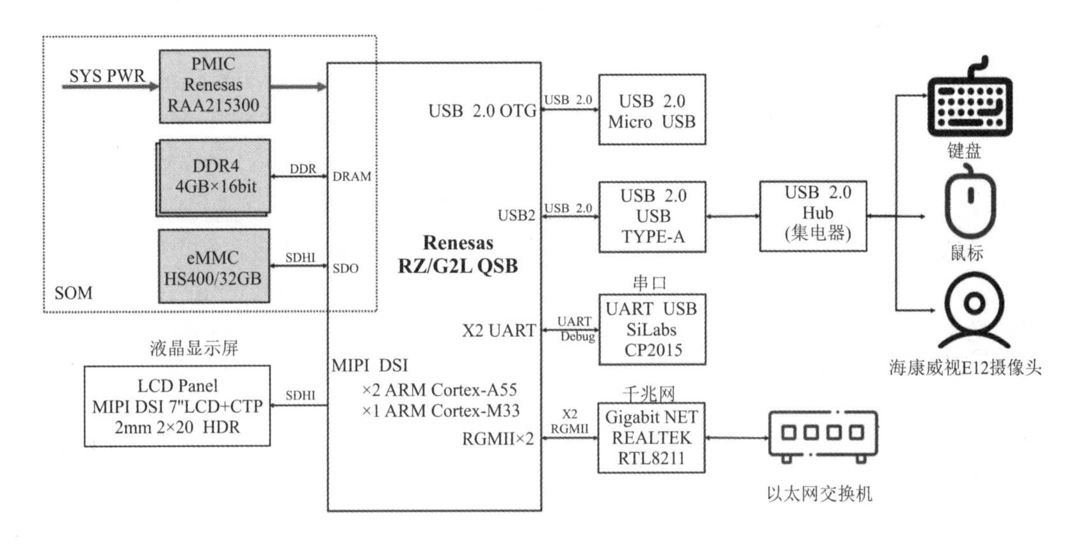

图 2　中心节点与路口节点共有的硬件系统框图

其中，本系统的电源管理芯片(PMIC)采用瑞萨公司的 RAA215300 芯片为核心芯片以及外设供电，共 6 路电源输出；DDR4 芯片采用 Micron 公司的 MT40A1G16KD-062E 芯片，总容量为 4 GB；eMMC 芯片采用 SanDisk 公司的 SDINBDG4-32G-I1 芯片，容量为 32 GB，最高可支持 HS400 模式；以太网 PHY 芯片采用 Realtek 公司的 RTL8211F-CG 三速以太网收发器芯片，系统通过网线与交换机连接，实现中心节点与路口节点的网络通信；系统外挂一个 7 寸 MIPI DSI 接口 LCD 液晶显示屏，键盘、鼠标及 USB 摄像头通过 USB 2.0 Hub 连接至本系统的 USB TYPE-A 接口；另外，系统还挂载一个 Micro USB 接口及 UART-USB 调试接口。

2.2.2　其他选型

1）摄像头选型

本系统采用海康威视公司生产的 E12 2MP CMOS 图像传感器，最高像素可达 1080P，分辨率为 640×480，帧率 20 帧/秒，数据像素输出格式为 RGB888 格式。该图像传感器采用 USB 2.0 数据传输端口，免驱动，具有性能佳、使用便捷、成本低的特点。

2）交换机选型

为确保网络数据通信低延时且满足多台网络设备数据的转发，本系统采用

TL-SG1024DT 千兆以太网交换机作为核心的网络数据转发设备，可以提供 24 个 10/100/1000M RJ45 端口，具备每端口线速转发能力与良好的网络适应能力。

2.3 网络传输方案

2.3.1 采用千兆以太网进行数据转发

为满足多节点数据传输速率及带宽需求，本系统采用千兆以太网完成各节点数据转发。千兆以太网具有大容量、高速率、高效、高性能的特点。经估算，本系统需要通过网络传输的视频流数据量大，传输带宽需求约为 80～90 KB/s，控制命令和车辆数量数据量小，采用千兆以太网可以很好地满足多路数据流的数据传输需求。

2.3.2 使用 UDP 协议发送 IP 数据包

路口节点和中心节点采用 UDP 协议进行网络数据传输方式。路口节点和中心节点发送的网络数据包经以太网交换机路由转发传输至对应节点，解包后得到源 MAC 地址、源 IP 地址以及视频数据信息等信息。路口节点和中心节点持续对网络端口进行监听，根据 IP 地址和端口号信息区分数据，进而对数据进行进一步处理。

UDP(User Datagram Protocol，用户数据报协议)是一个轻量级的、不可靠的、面向数据报的无连接协议，具有资源消耗小，处理速度快的优点。本系统所处网络拓扑结构简单，网络环境干扰较小，视频数据仅需从路口节点向中心节点单向传输，中心节点仅需向路口节点传输简单的控制命令，仅有少量的数据需要路口节点和中心节点双向传输，所以采用 UDP 传输协议即可满足本系统的应用需求。具体网络数据帧格式如图 3 所示。其中，每个 UDP 数据包的数据部分为自定义数据，本系统采用自定义数据协议以满足多种数据的网络传输。

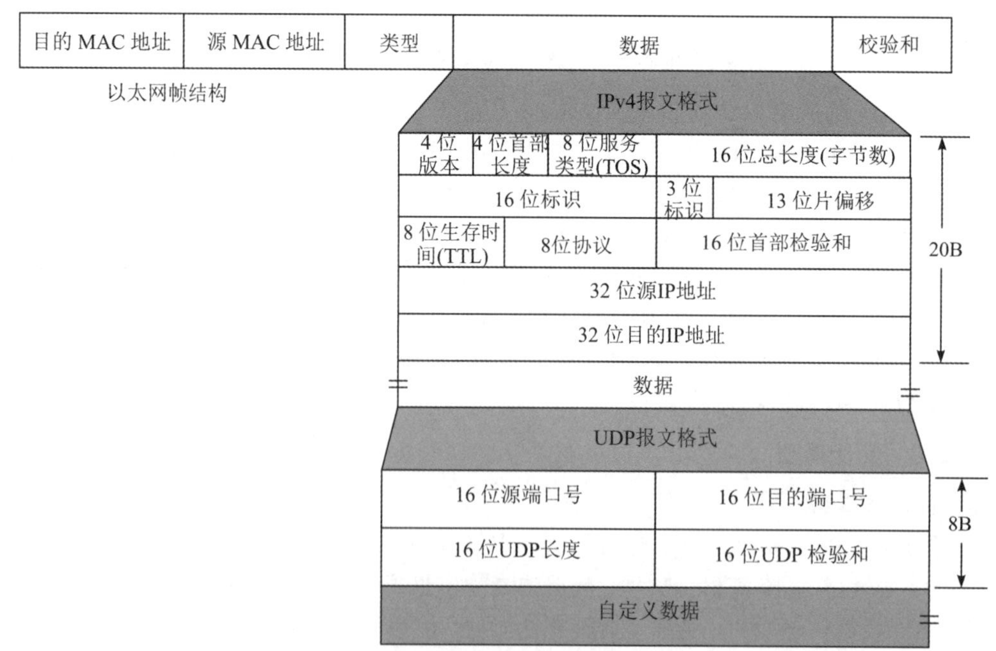

图 3　具体网络数据帧格式

Qt Creator 中的 QUdpSocket 类提供了一个 UDP 套接字。QUdpSocket 是 OAbstractSocket 的子类，允许发送和接收 UDP 数据报。可以使用 bind 绑定到一个地址和端口，然后调用 writeDatagram()和 readDatagram()/receiveDatagram()来传输数据。

2.3.3 基于 UDP 协议的自定义数据通信协议

本系统涉及多类数据的传输，故采用三种自定义数据协议实现各类数据独立传输，分别为控制命令传输协议、视频流数据传输协议和车道数量数据传输协议。

1）控制命令传输协议

本系统所有的控制命令均由中心节点发出。控制命令分为查看原视频(0xA1)、查看实时框选择车辆的视频(0xA0)、停止发送视频(0xAF)。中心节点选定路口以及视频类型后，发送指令给对应的路口节点；发送 0xAF 使对应的路口节点停止发送视频流数据。由于 UDP 协议数据包最小为 8 B，为确保只占 1 字节的控制命令可靠传输，因此 8 B 均填充为相同的控制命令。

2）视频流数据传输协议

经压缩后传输的视频流数据量约为 4096～5120 B。设置 UDP 协议数据包大小为 512 B，因此一帧图像的传输需要 8～10 包，于包尾添加包序列号标记。

3）车道数量数据传输协议

各路口每隔 100 ms 上报三个车道车辆数量数据。中心节点接收到数据后，发送应答信号(0xA2)至对应的路口节点。路口节点收到应答信号后，等待至下一秒发送新的车道车辆数据；若未收到应答信号，则每隔 20 ms 继续上报直至收到应答信号。

4）独立端口设计

本系统采用 UDP 单播的形式完成两个主机之间端对端的通信。各节点使用不同的协议时，安排不同的端口号，以实现数据的独立传输。网络传输的数据包含控制命令、视频流数据以及各车道车辆数目数据。由于视频数据的数据量远大于其余数据，且控制命令需要与数据相分离，因此通过区分端口号来传输不同的数据。中心节点与路口节点的自定义数据协议及独立端口设计如图 4 所示。四个路口节点与中心节点的独立端口设计原理均相同。

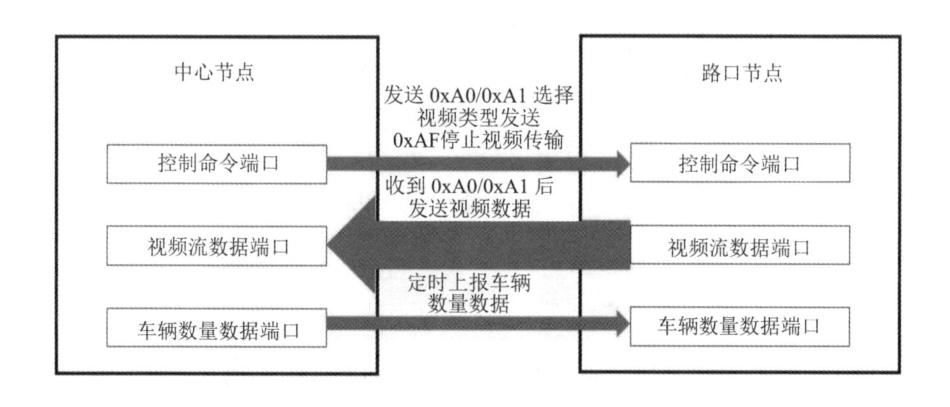

图 4 自定义数据协议及独立端口设计

2.4 数据处理方案

2.4.1 视频数据捕获及预处理方案

路口节点均采用海康威视公司生产的 E12 2MP CMOS 图像传感器，对模拟十字路口系统进行视频图像传感，数据像素输出格式为 RGB888 格式。根据实践经验得知，将摄取的 640×480 的视频裁剪为 256×160 大小，即保留图像中心有效的车道画面，即可满足视频处理需求，同时降低网络传输压力以及延时。

2.4.2 车道及车辆识别方案及原理

为实现对实时监控视频中车流量统计的功能，本系统采用了一系列车道检测、车道识别、车辆检测与车辆识别的联合图像处理算法，迅速精准地捕捉画面中的每一辆模型车，并判决其所属的车道，完成该路口各车道的当前车辆数统计，能很好地满足本系统对视频图像处理的需求。

1）车道的检测与识别

实现车道检测的关键在于车道前方的车道标志检测，只需定位车道标志并且计算出车道标志间的距离即可确定各车道在画面中的范围，有助于后续判断各个模型车所属的车道。

本系统采用提取 Haar-like 特征的级联分类器(Cascade Classifier)来实现对车道标志的检测。Haar-like 特征是由正负矩形区域生成的算子，本系统中用于车道标志检测的部分 Haar-like 算子如图 5 所示。级联分类器是由 Michael Jones 和 Paul Viola 中提出的目标检测算法。级联分类器使用一个称为级联函数的函数来检测图像中的对象，本系统使用大量的负图像和正图像来训练级联函数，级联函数输出是在原图像中的车道标志周围绘制矩形框。

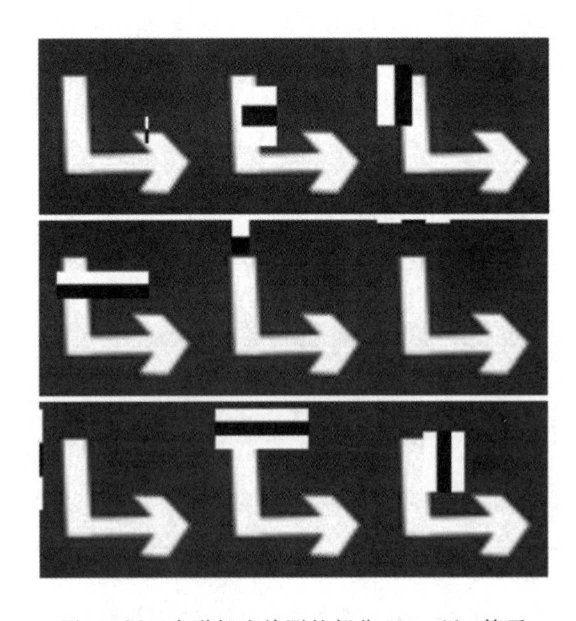

图 5 用于车道标志检测的部分 Haar-like 算子

当检测到画面中三个车道标志后，程序根据车道标志的坐标来完成车道标志的识别。在该展示系统所模拟的十字路口情况下，每个路口有三个车道且功能独立，从左到右依次为左转、直行和右转车道，因此仅需根据三个车道标志的 X 轴坐标大小即可识别各自所属的车道。由于车道的宽度约等于车道标志的间距，因此再计算出车道标志的间距即可估算出各个车道在画面中的覆盖范围，至此完成车道的检测与识别。

2）车辆的检测

本系统同样采用提取 Haar-like 特征的级联分类器来实现对车辆的检测。本系统中用于车辆检测的部分 Haar-like 算子如图 6 所示。与车道标志检测不同，车道上的车辆不但形态外观各异，而且会在画面中运动，因此仅仅依靠级联分类器会在画面中产生多个误检测的区域。为了降低这些误检测对车流量统计产生干扰，本系统引入了后一级车辆识别算法。

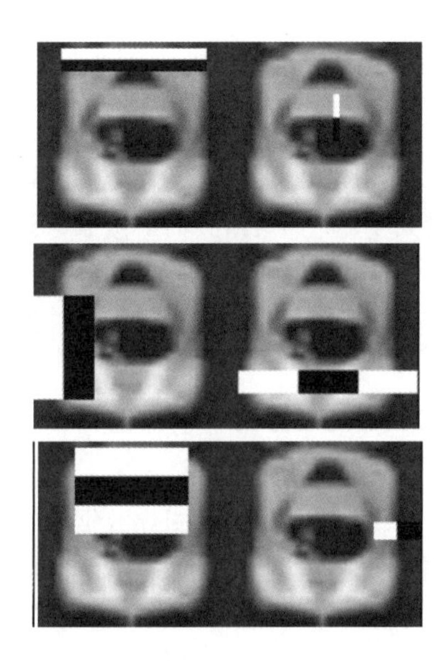

图 6　用于车辆检测的部分 Haar-like 算子

3）车辆的识别

由级联分类器产生的误检测区域主要有前车的车尾与后车的车头区域、车头与车道标志的区域等，本系统采用 CNN 卷积神经网络提取检测区域的特征，再通过全连接神经网络对检测区域进行分类，并判决结果是否为误检测。

在进行 CNN 提取特征之前，本系统先对图像预处理，将级联分类器框出的区域从原图像中裁剪出，调整尺寸为 32×32，减去训练集图片的均值，并将像素值归一化至 −1.0～1.0。

本系统设计了基于 LeNet 改进的卷积神经网络，特征提取部分包括 3 层卷积层（C1、C3、C5）和 2 层池化层（P2 和 P4），多层感知机采用包括 1 层展平层（F）与 3 层全连接层（FC6、FC7、FC8）。具体的网络结构如下：

【输入层】输入图片尺寸：32×32；通道数：3

【C1 层-卷积层】（ReLu 激活函数）

卷积核大小：5×5；卷积核种类：16；输出特征矩阵大小：28×28；输出通道数：16。

【P2 层-池化层】

采样区域：2×2；输出特征矩阵大小：14×14；输出通道数：16。

【C3 层-卷积层】(ReLu 激活函数)

卷积核大小：5×5；卷积核种类：16；输出特征矩阵大小：10×10；输出通道数：16。

【P4 层-池化层】

采样区域：2×2；输出特征矩阵大小：5×5；输出通道数：16。

【C5 层-卷积层】(ReLu 激活函数)

卷积核大小：5×5；卷积核种类：120；输出特征矩阵大小：1×1；输出通道数：120。

【F 层-展平层】

输出向量大小：120×1。

【FC6 层-全连接层】(ReLu 激活函数)

神经元个数：64。

【FC7 层-全连接层】(ReLu 激活函数)

神经元个数：32。

【FC8 层-全连接层】(ReLu 激活函数)

神经元个数：3；输出向量大小：3×1；预测输出函数：Softmax。

本神经网络模型具有体积小、参数少、训练周期短的特点，最终能在 3600 张训练图片上达到 95%的分类正确率，且应用在嵌入式 rzg2l 芯片上计算迅速，能够满足本系统对于实时区分误检测区域的需求。

2.4.3 网络传输实时图像数据处理方案

1）实时图像数据发送方案

由于网络传送数据是二进制数据，因此实时图像数据在进行网络传输前需将格式转为二进制。同时为了减轻网络传输的压力，降低延时并满足实时性的要求，需对实时图像数据进行压缩。在四个路口节点使用 imencode 函数将 OpenCV 可以使用的图片格式(Mat)图像编码压缩并转为二进制数据(Char 字符串序列的 vector)并存储至内存中，并通过千兆网线传输至网络节点。

2）实时图像数据接收方案

中心节点接收到二进制数据后需要先解码，再将实时图像转为原格式。可使用 imdecode 函数将二进制数据(Char 字符串序列的 vector)解码转为 OpenCV 可以使用的图片格式(Mat)图像，显示在显示屏上。

2.4.4 驾驶员主观等待时长模型及判决方案

1）十二相位交通指示系统

传统的四相交通指示在每个路口设置一个指示灯，依序设定路口通行情况为东西直行、东西左转、南北直行、南北左转(本系统默认右转始终允许通行)，各情况设定为固定时长并循环出现。我们提出十二相可判决的交通相位情况，即十字路口所有的通行无冲突情况，如图 7 所示。相比于传统的四相位交通指示，十二相位交通指示提供了更灵活的相位选择。由于每个相位最多同时允许两个车道通车，当车辆不均匀分配在四个路口时(尤其在某方向特别拥堵时)，四相位交通指示往往会导致路口通行资源的浪费。

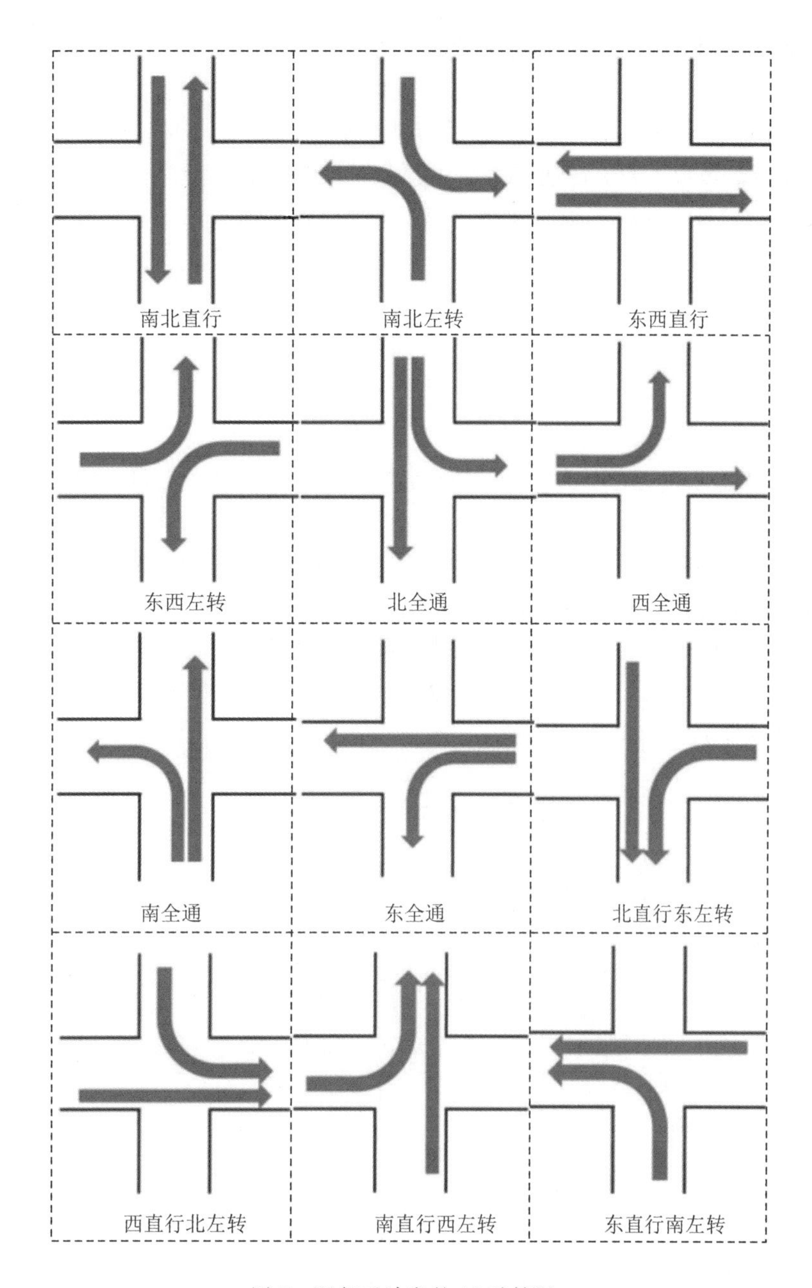

图 7　通行无冲突的 12 种情况

在实际道路通行下，系统每 20 s 进行一次相位变化的判断，若相位需要发生变化，将会提前 8 s 亮起下一状态的黄灯以告知车辆；否则维持当前的通行相位。

2）驾驶员主观等待时长模型

在使整体等待时间最短的情况下，为平衡可能出现的、由于某方向车辆过少而始终不能获得通行权的问题，本系统创新性地提出了驾驶员主观等待时长模型，当车辆处于路口等待状态下，将会被赋予随时间指数增长的权重 ω，称为驾驶员主观等待时长。判决系统将根据最小总主观等待时长给出通行方案而非最小平均等待时长，进一步合理化道路通行情况。

对于主观等待时长 ω 的量化基于社会心理学对于等待的认知。社会心理学将等待时间分为客观等待时间和主观等待时间。客观等待时间即实际等待时间，主观等待时间指人们感知到的等待时间，Antonides 提出，主观等待时间与客观等待时间之间并不是简单的线性关系，而是指数函数关系。在现实生活中，人们在刚开始等待时具有较好的耐心，但随着客观等待时间增长，主观等待时长会急速上升。而指数函数的无界增长又能够保证车少路口的主观等待时长大于车多路口这一事件的必然发生，避免了车少路口永远无法通行的问题。

2.5 软件流程及用户交互设计

2.5.1 软件流程

本系统采用 C++/Qt 作为主程序逻辑进行实现，采用交叉编译的方式，在 Linux Ubuntu 平台下使用交叉编译工具链生成可执行文件，在 Linux 的开发板环境上运行。各路口节点将来自摄像头的数据显示至主界面，并在后台进行车辆识别。当接收到来自中心节点的指令时，通过后台网络发送程序将中心所需的数据上传；中心节点可通过交互界面选择查看的路口，解包来自路口节点的数据，并在后台定时的计算当前路口各方向整体的主观等待时长数据，仲裁下一时刻的路口通行状态，并告知路口节点切换红绿灯。

路口节点软件流程如图 8 所示。

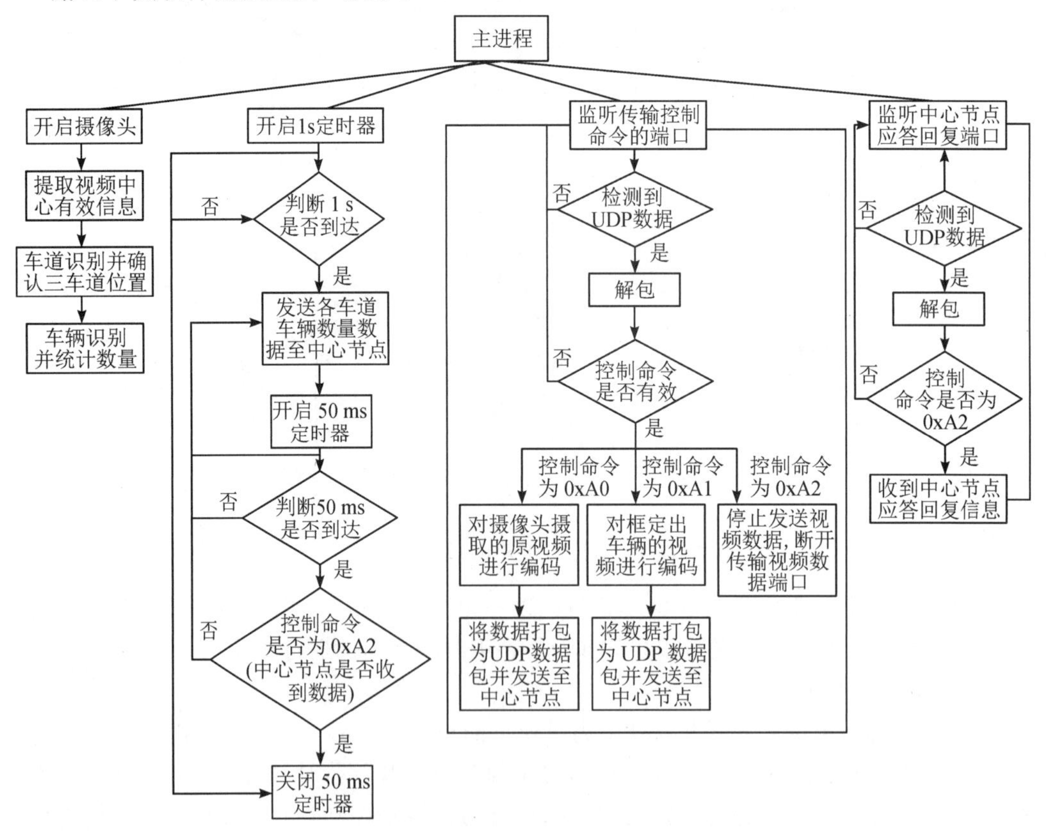

图 8 路口节点软件流程图

中心节点软件流程如图 9 所示。

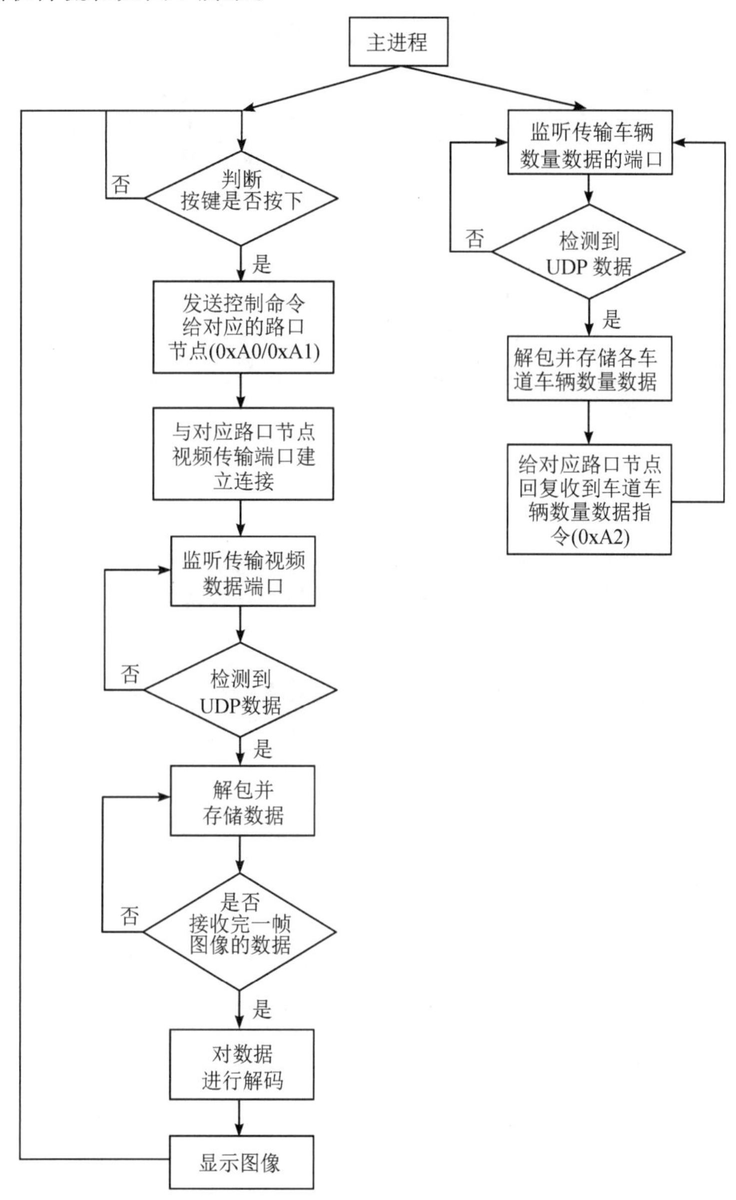

图 9　中心节点网络流程图

2.5.2　用户交互设计

路口节点交互设计界面如图 10 所示。系统上电后，调整摄像头的角度与高度，使车道和车道标志保持水平且在拍摄视野的中心，按下识别车道的“Check”按钮，完成该路口的车道标志的识别与各个车道的定位。在系统运行期间，在路口节点，操作员可以通过按下“选择查看视频类型”下的“原视频”和“框定车辆”按钮，来选择切换显示摄像头捕捉到的原始视频或是经过车辆识别算法处理后在画面中框定了车辆的视频。此外，在视频画面的正下方还通过“左转”“直行”“右转”三个标志的颜色(红色表示禁止通行，绿色表示可以通行)来指示当前路口的相位情况。

图 10　路口节点界面

中心节点交互设计界面如图 11、图 12 所示。

图 11　中心节点视频界面

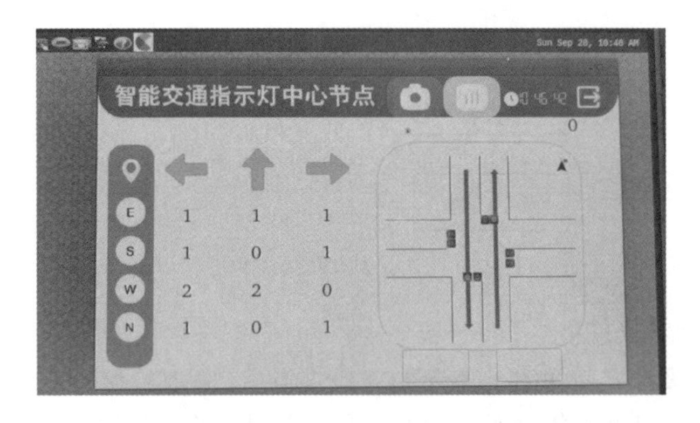

图 12　中心节点数据界面

在中心节点视频界面中，左侧选项 1 可以选择所需查看方位的路口(东/南/西/北)，选项 2 可以选择查看视频的类型(原视频/框定车辆的视频)，按下“START”按钮，右侧显示选定方位以及对应类型的视频，右下角“左转”“直行”“右转”三个箭头下方的数字指示该车道的车辆数量。每次切换方位或改变查看的视频类型需要重新点击“START”按钮。

在中心节点数据界面中，左侧的表格统计了当前路口四个方向上左转、直行、右转车道的车辆数，右侧示意图表示当前路口的红绿灯状态以及车辆通行状态。

3. 作品测试与分析

3.1 测试环境搭建及测试设备

1) 搭建模拟十字路口并模拟车辆通行

本系统搭建的模拟十字路口演示图如图 13 所示。根据实际十字路口等比例缩小建成，黑色卡纸模拟道路，粘贴白色胶带模拟车道标识，通过手动操作等比例缩小汽车模型模拟道路上车辆通行情况。

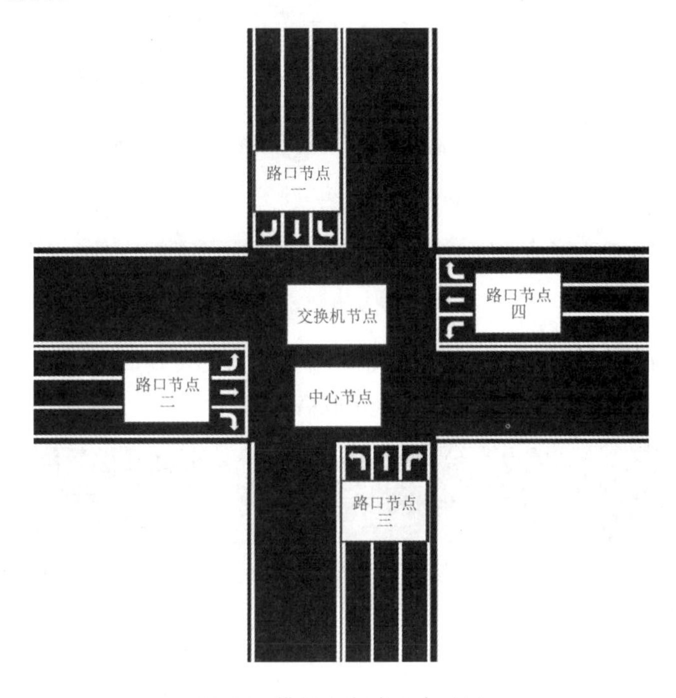

图 13　模拟十字路口演示图

2) 节点互联

四个路口节点和中心节点均由 Renensas RZ/G2L 核心板、7 寸电容触摸显示屏、海康威视 E12 摄像头以及千兆网线连接而成。四个路口节点和中心节点分别由千兆网线 A、千兆网线 B、千兆网线 C、千兆网线 D 以及千兆网线 E 连接至交换机节点的以太网交换机上。

3.2 网络数据传输测试

网络数据传输测试步骤如下：

(1) 给四个路口节点及中心节点分配不同的 IP 地址以及 MAC 地址，检测相互之间是否 ping 通。

(2) 测试各路口节点与中心节点控制命令数据的交互。在中心节点单击按钮发送控制命令，对应的路口节点正确收到指令并及时响应。

(3) 测试各路口节点与中心节点视频数据的传输。在路口节点收到中心节点发出的传输视频数据的控制命令后，将指定的视频编码、压缩打包成 UDP 数据包发送；在中心节点检测收到的 UDP 数据包，将数据包解包、解压缩、解码显示在显示屏上。其中，路口节点二与中心节点控制命令及视频数据传输测试图如图 14 所示。

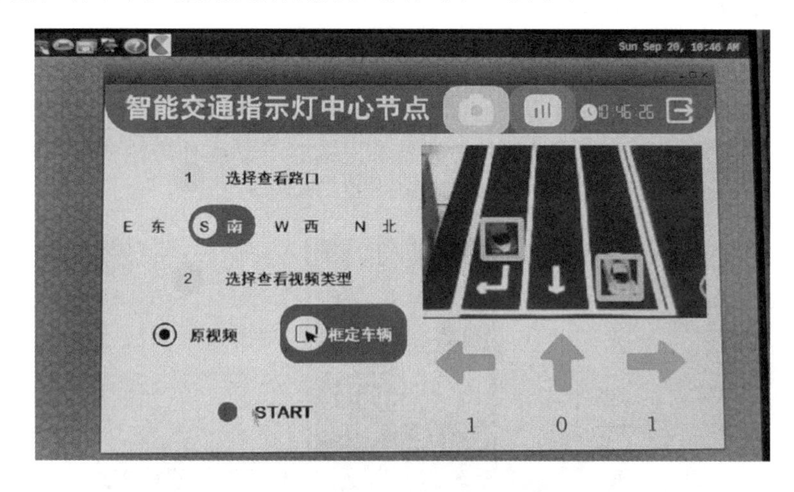

图 14　控制命令及视频数据传输测试图

(4) 测试各路口节点与中心节点各车道车流量数据的传输。路口节点将各车道车流量数据打包成 UDP 数据包发送，在中心节点接收各车道车流量数据如图 15 所示。

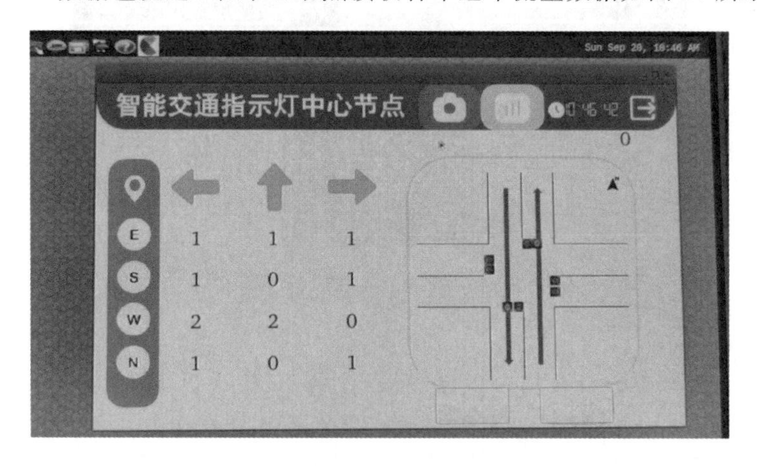

图 15　中心节点接收各车道车流量数据

3.3　视频数据处理测试

路口节点摄像头捕获的视频帧率为 20 帧/秒，实际显示的视频帧率与其一致。对各路口节点车辆数据算法的正确性进行测试。结果显示：各个路口的算法响应时间小于 50 ms，各个路口节点识别各车道的位置、车辆数量均正确，如图 16、图 17 所示。

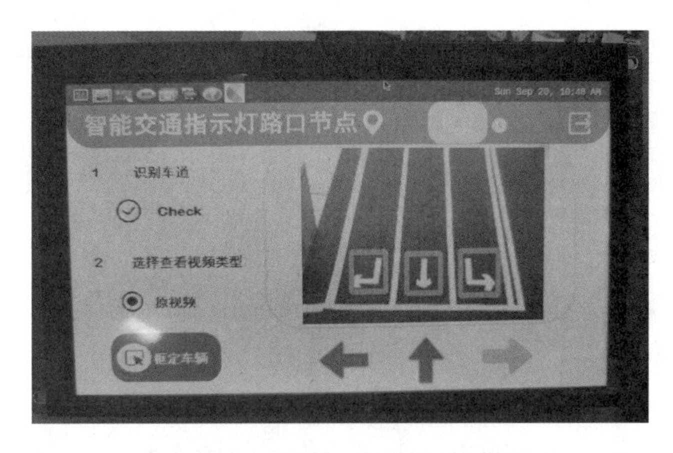

图 16　路口节点识别各车道的位置

图 17　路口节点识别车辆

经编码压缩、千兆网线、解码解压缩后的中心节点视频数据与路口节点一致，如图 18、图 19 所示。

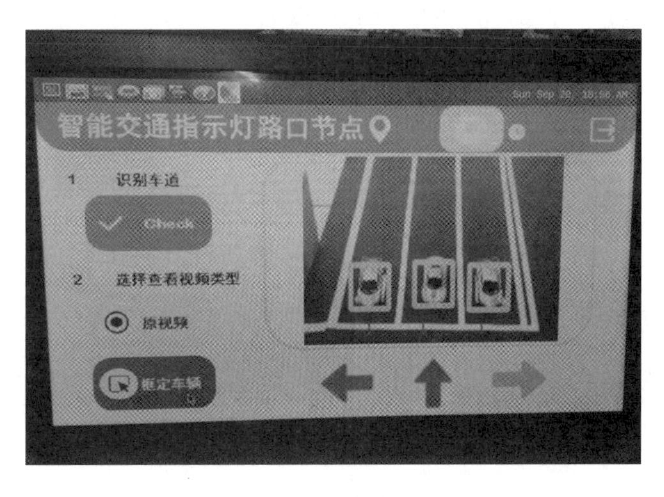

图 18　路口节点一的本地视频显示

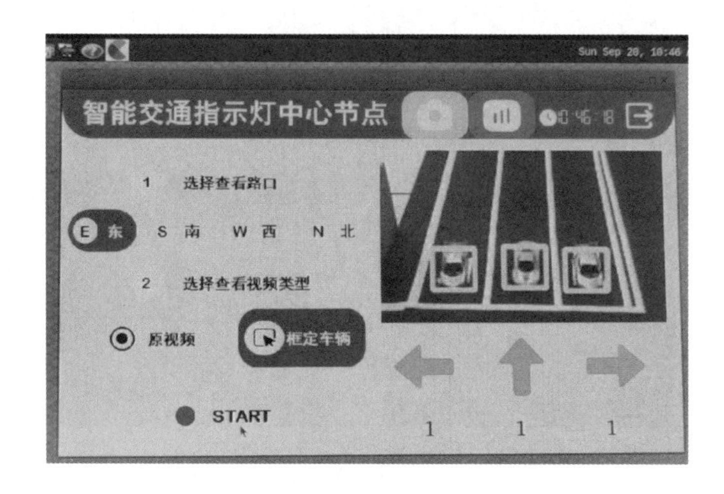

图 19 中心节点收到的路口节点一视频

3.4 驾驶员主观等待时长模型测试

1）测试中心节点智能交通灯判决的可行性

假设初始通行状态为南北直行，东南西北四个路口左转车辆数为1、1、2、1，直行车辆数为1、0、2、0。在第一个判决时刻，基于驾驶员主观等待时长模型做出下一阶段道路通行状态的决策，判决结果为西全通。西路口左转和直行车辆全部驶出，同时其他路口车道陆续有车辆驶入，并在下一个判决时刻改变道路通行状态。各路口的车辆数以及状态跳转测试方案如表1所示。

表1 各路口的车辆数以及状态跳转测试方案

方位		状态									
		西全通		东直行南左转		北直行东左转		西直行北左转		南直行西左转	
东	左转	1		1	+1	2	−2	0		0	…
	直行	1	+2	3	−3	0	+1	1		1	…
南	左转	1	+1	2	−1	0	+2	2		2	…
	直行	0	+1	1		1		1		1	…
西	左转	2	−2	0	+1	1	+2	3		3	…
	直行	2	−2	0	+1	1		1	−1	0	…
北	左转	1		1		1		1	−1	0	…
	直行	0	+1	1	+1	2	+2	0		0	…

各路口的车辆数以及状态跳转如图20所示。

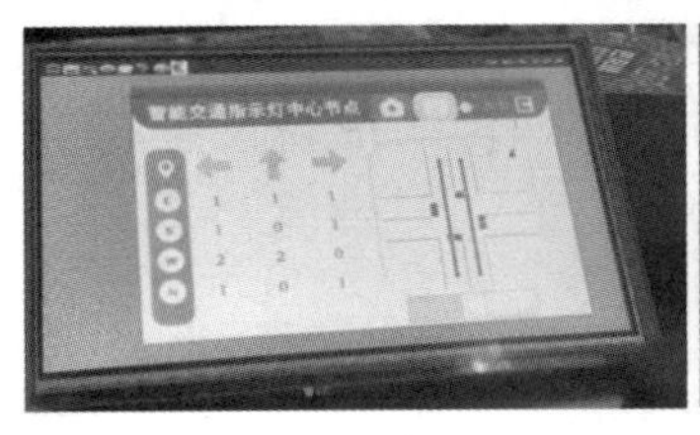

(a) 南北直行(初始状态)

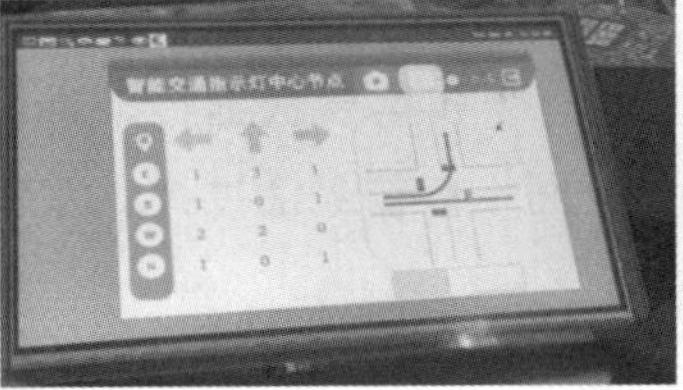

(b) 西全通

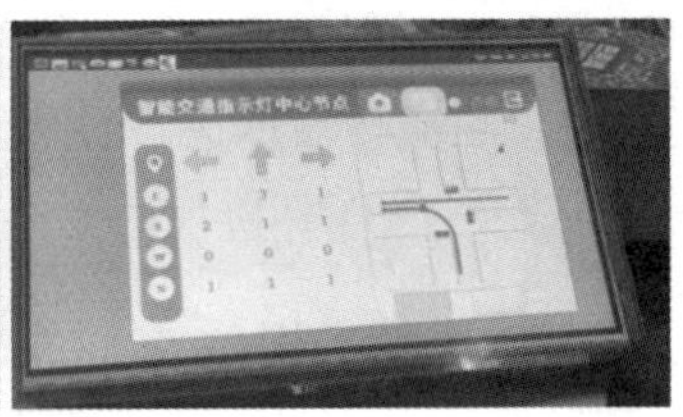

(c) 东直行南左转

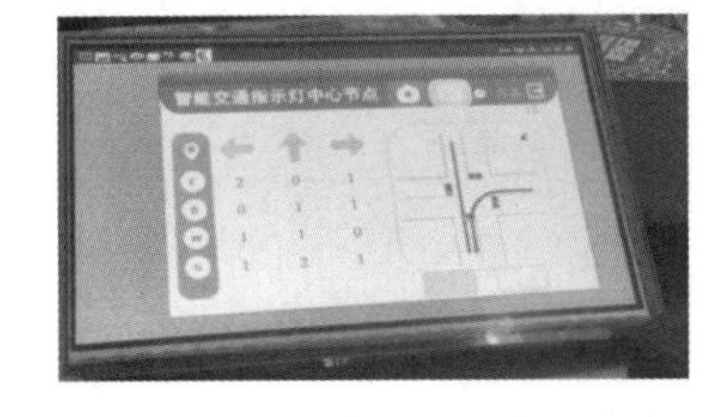

(d) 北直行东左转

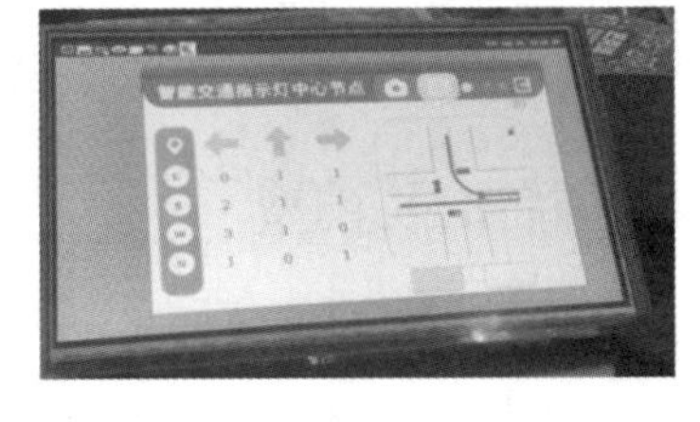

(e) 西直行北左转

图 20　各路口的车辆数以及状态跳转图

2）与传统固时分配四相位交通控制系统对比

我们通过进行一千轮测试，验证本系统较传统固时分配交通控制系统的优越性，比较十字路口在不同拥堵状况下路口车辆通过数、车辆平均等待时间以及驾驶员平均主观等待时长进行统计。

（1）十字路口饱和状态。进行一千轮测试，以 5 s 为一个周期进行仿真。单轮测试中，八条道路每次以 1/2 概率进入一辆车，模拟 100 s，此时所有车道都将长期处于拥堵状态。采用本系统的路口共通过 277 辆车，通过车辆的平均等待时间为 13 s，通过车辆驾驶员的平均主观等待时长为 45.3 s；采用传统固时分配四相位交通控制系统的路口仅通过 258 辆车，通过车辆的平均等待时间为 15.4 s，通过车辆驾驶员的平均主观等待时长为 71.6 s。

（2）十字路口不完全饱和状态。单轮测试中，八条道路中，四个车道每次以 1/2 概率进入一辆车，其余四个车道 1/16 概率进入一辆车，模拟 100 s，此时各路口处于不完全饱和状态，四个车道处于拥堵状态，其余四个车道处于相对空闲状态。采用本系统的路口共通过 237 辆车，通过车辆的平均等待时间为 7.3 s，通过车辆驾驶员的平均主观等待时长为 9.9 s。采用传统固时分配四相位交通控制系统的路口仅通过 184 辆车，通过车辆的平均等待时间为 12.8 s，通过车辆驾驶员的平均主观等待时长为 47.7 s。

由此可见，无论是在十字路口饱和状态还是不完全饱和状态，采用本系统均可提高道路资源利用率，在相同时间内通过的车辆数更多，车辆的平均等待时长更短，驾驶员主观等待时长也显著降低，可以有效地解决交通拥堵问题。

4. 创新性说明

4.1　采用基于 UDP 协议的自定义数据通信协议

本系统自定义了以太网数据包协议，实现了控制命令、视频流和车辆数据独立传输，根据对不同数据信息可靠性的需求差异，分别设计了三种数据通路的握手过程，既实现了高密度视频流传输迅速，也保证了信令和重要数据传输准确，弥补了 UDP 协议的不可靠性，也避免了 TCP 协议的复杂性，网络传输灵活度高，可靠性强。

4.2 选用十二相位交通指示智能判决

相比于传统的四相位交通指示，十二相位交通指示的优越性在于提供了更灵活的相位选择。由于每个相位最多同时允许两个车道通车，当车辆不均匀分配在四个路口时(尤其某方向特别拥堵时)，四相位交通指示往往会导致路口通行资源的浪费，十二相位交通指示则可显著提高道路资源利用率。

4.3 提出主观等待时长模型

与仅基于车流量的交通控制系统相比，本系统根据社会心理学提出的主观等待时长模型兼顾了等待车辆数与等待时长，在保障通行效率的同时有效降低了平均等待时长，防止出现某一道路因车辆较少而持续等待的情况；相比于传统固时分配循环的交通控制系统，有效地解决了各个车道红绿灯时长与车流量的适配问题，智能调节交通相位，提高道路资源利用率。

5. 总结

常见的固时分配交通灯系统不能对实时变化的车流量做出及时反应，更不能在道路拥挤或车流量稀疏两种极端情况下发挥智能调控作用。针对这些问题，我们设计了这款基于十二相位的网络化智能交通控制系统，能根据车流量和驾驶员情绪动态调整红绿灯时长，实现交通调整智能化、人性化。

本系统以 Renensas RZ/G2L 开发平台作为网络节点，构建了一个全方位互联的十字路口系统，系统中包含一个中心节点、四个路口节点及一个交换机节点，各节点通过以太网互联，最终本系统实现了以下功能，并满足了如表 2 所示的相应性能指标；对比传统固时分配四相位交通控制系统取得了如表 3 所示的性能提升。在网络边缘节点采用一系列车道检测、车道识别、车辆检测与车辆识别的联合图像处理算法实时监控车流量，算法的响应时间低于 50 ms，车流量数据的更新间隔低于 100 ms，车道标志的识别正确率达到98%，模型车辆的识别正确率可达 95%，通过千兆以太网上传实时数据至系统中心节点，以太网传输延时小于 1 ms。在网络中心节点实现选择监控任意方向路口的实时画面，接收画面的帧率可达 15 帧/秒，通过建立驾驶员主观等待时长模型仲裁出最佳的路口通行状态，仲裁的最小间隔可达 20 ms，同时动态、智能地调整交通灯的相位，在路口饱和情况下，平均等待时间减少约 15%，驾驶员的平均主观等待时间减少约 36.7%；在路口未饱和情况下，平均等待时间减少约 43%，驾驶员的平均主观等待时间减少约 79.2%。

表 2　系统达成性能

性　　能	指　　标
算法响应时间/ms	<50
车流量数据更新间隔/ms	<100
车道标识的识别正确率/%	98
模型车辆的识别正确率/%	95
以太网传输延时/ms	<1
接收实时图像帧率/(帧/秒)	15
仲裁最小间隔/ms	20

表 3　对比传统固时分配四相位交通控制系统的性能提升

路口情况	平均等待时间减少比例/%	平均主观等待时间减少比例/%
路口饱和	15	36.70
路口未饱和	43	79.20

综上所述，本系统实现了常见十字路口的全方位互联，并创新性地建立了驾驶员主观等待时长模型，将驾驶员在等待红灯时的情绪量化，在交通相位决策中给出了综合最佳满意度与最小等待时长的智能人性化方案，有效地解决各车道红绿灯时长与车流量的适配问题，显著提高道路资源利用率。最后，我们搭建了十字路口模型，模拟道路车辆通行情况，验证了本系统的实用性和可行性，具有较强的可拓展性和普适性，具有良好的应用前景和较强的现实意义。

参考文献

[1] VIOLA P, JONES M. Rapid object detection using a boosted cascade of simple features[C]. Computer Vision and Pattern recognization. 2001.

[2] ANTONIDES G, VERHOEF P, VAN A M. Consumer perception and evaluation of waiting time: A field experiment[J]. Journal of Consumer Psychology, 2002, 12(3): 193-202.

[3] 任宇艳. 交通信号智能网络控制系统的建模与实现[D]. 哈尔滨：哈尔滨理工大学，2021.

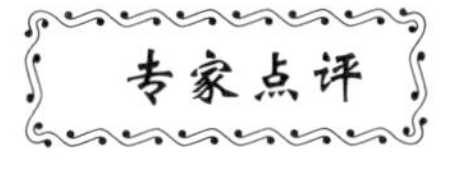

该作品设计并实现了基于十二相位的智能十字路口交通灯控制系统，采取了边缘计算和集中控制的计算模式，创新性地引入了主观等待时长模型作为控制参数，经实验验证该系统性能优于传统交通灯控制系统。可在该演示系统的基础上结合实际工程需求进一步改进，如可否将网线连接改为无线连接以便于工程施工等。

基于手部关节识别的网络化虚拟现实交互系统

作者： 叶青云　沈俊杰　王哲　（南京邮电大学）

作品演示

文中彩图

作品代码

摘　要

本系统以 RZ/G2L 为核心，利用 MediaPipe 调用开发板上的硬件资源，完成高效、准确的手关节识别。识别后的手关节数据通过高速网络以 TCP 协议传输到互联设备，与其网络相连的互联设备通过 TCP 协议读取数据，从而实现手部动作的识别与运用。

本系统使用简单，通过图形化界面即可进行手关节识别和对互联设备进行连接。相连的互联设备仅需遵循 TCP 协议与帧数据协议即可快速获取手部关节数据。本系统以 PC 端为互联设备，在 PC 端上运行 Unity，利用手部关节数据对手部姿态进行实时渲染，模拟实际运用场景，如模拟手术、虚拟驾驶等。

关键词： 网络化边缘计算；图像识别；手关节识别；数据互联

Network-based Virtual Reality Interaction System Based on Hand Joint Recognition

Author: YE Qingyun, SHEN Junjie, WANG Zhe (Nanjing University of Posts and Telecommunications)

Abstract

With RZ/G2L as the core, this system utilizes MediaPipe, a high-fidelity hand and fingertracking solution, to invoke hardware resources on the development board for efficient and accurate hand joint recognition. The recognized hand joint data is transmitted to the interconnected device through the high-speed network using TCP protocol, and the interconnected device connected to the network reads and calls the data through the TCP protocol, which can realize the recognition and application of hand movements.

The system is simple to use and can be used to identify hand joints and connect interconnected devices through a graphical interface. The connected device only needs to follow the TCP protocol and frame data protocol to obtain the hand joint data quickly. On this device, we take PC terminal as the interconnection device, run Unity on the PC terminal, use the hand joint data for real-time rendering of hand posture, and simulate the actual application scene, such as simulation of surgery, virtual driving, etc.

Keywords: Networked Edge Computing; Image Recognition; Hand Joint Recognition; Data Interconnectivity

1. 作品概述

1.1　背景分析

5G 时代普及的同时伴随着 6G 时代的来临，互联设备之间的协同程度随着科技的发展不断增强，人机交互场景从简单的实体操作向着更为高效、功能更全的方向发展。由于在一些特殊场合需要无接触、实时性强、准确度高的交互设备，因此设计一款基于手关节识别的人机交互设备十分必要。

1.2　相关工作

目前将手势应用在交互设备的案例有智能手机通过摄像头识别手势实现手机翻页、自动截屏、摄像头识别手势“剪刀手”自动拍照等，上述应用方案只限于利用 2D 图像对单独的某个动作进行识别操作，使用场景少，没有将手势的多样化充分应用。在虚拟现实场景中，也有穿戴手部关节采集设备实现物理实时采集的应用，这种方案虽然准确度高，但成本较高，并且佩戴外围设备限制了手的灵活性，实际操作中，用户体验较差。以上应用设备均单独进行处理工作，需要较为强大的算力，对许多设备的应用会因算力不足而无法实现。

1.3　特色描述

本作品首先通过对摄像头获取的图像进行识别，实现了用户交互的无感，且没有带来佩戴传感器造成的不舒适；将 2D 图片输出后预测获得 3D 坐标，在减少成本的同时，对三维坐标的分析显著扩大了检测动作的范围；随后将三维坐标放在虚拟环境中进行建模，模拟出实际场景与手部模型，在虚拟与现实中间构建出一个通道，进行一系列的模拟操作。网络化传输的扩展增加了应用场景，为其余设备提供了使用接口，减少了其余设备算力的消耗，低算力设备也可通过简单的网络接收实现交互系统的升级，实现人机交互的系统化。

1.4　应用前景分析

本作品实现了无接触的交互，一方面降低了接触性风险，另一方面提供了一种方便快捷的无感交互方式，可以和虚拟环境结合，实现多场景的模拟，在虚拟教学、游戏模拟等场景中也有较为广泛的应用前景。

2. 作品设计与实现

2.1 系统方案

系统方案如图1所示。

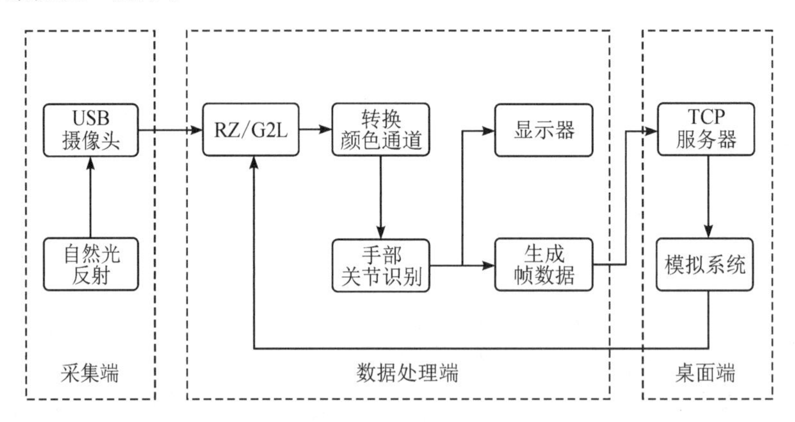

图1 系统方案设计

本作品分为采集端、数据处理端及桌面端。采集端以USB摄像头采集到的彩色图像作为原始输入，数据处理端以RZ/G2L作为处理核心，对采集到的图像进行手部关节识别，并将识别到的手部关节数据通过TCP协议传送到桌面端供其使用，桌面端依据数据对手部模型进行渲染并实现模拟场景。

2.2 实现原理

2.2.1 图像原始输入

为获取手部清晰图像，本系统使用与RZ/G2L QSB(Quick Start Board)兼容的USB摄像头。原始图像获取的像素为640×480以满足手部关节识别的要求。

2.2.2 图像颜色通道转换

由于OpenCV中使用BGR格式的图像，后续手关节识别框架中需要的是RGB格式，因此需要用OpenCV中的cvtColor函数将图像颜色通道进行转换，转换前后如图2、图3所示。

图2 转换前

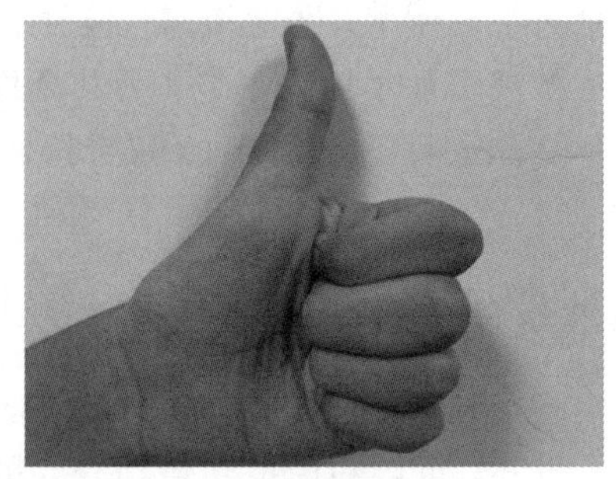

图3 转换后

2.2.3 手部关节识别算法

手部关节使用了谷歌开源框架——MediaPipe 算法。MediaPipe 核心框架示意如图 4 所示。

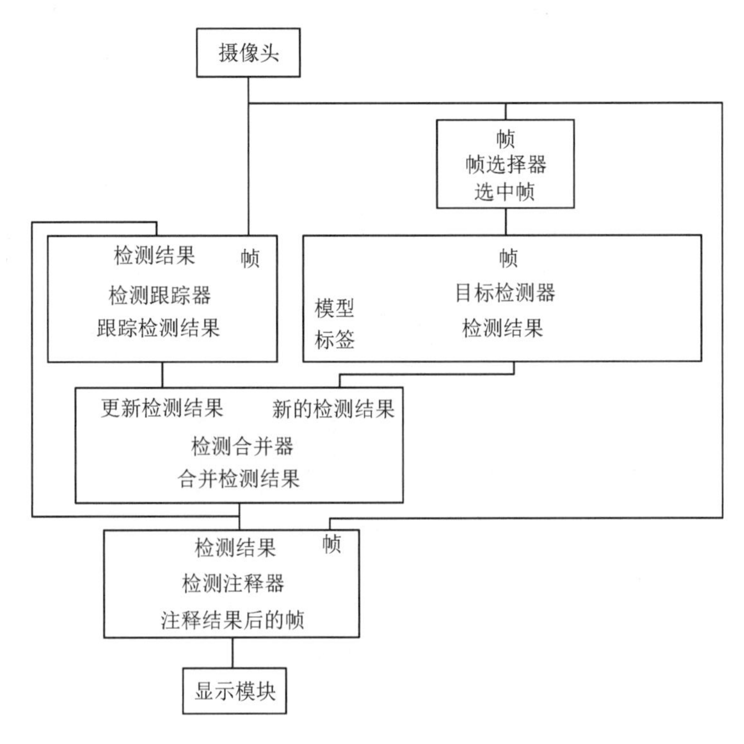

图 4 MediaPipe 核心框架示意图

本作品使用的手部识别部分 MediaPipe Hands 使用机器学习从单帧中推断出一只手的 21 个 3D 坐标，实现了从 2D 图片到 3D 坐标的转换。其中约定的关节编码如图 5 所示。

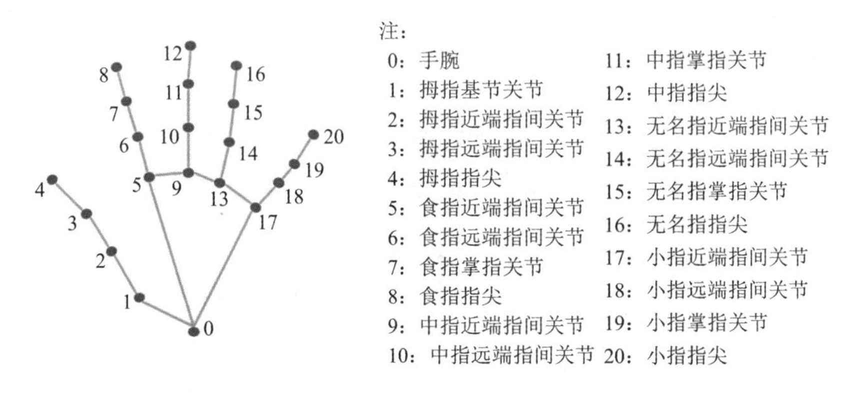

图 5 MediaPipe Hands 关节编码图

输出坐标自动根据图像长宽进行归一化处理，每个点的 x、y 坐标计算公式如下：

$$x = \mathrm{POS\_X/IMAGE\_WIDTH}$$

$$y = \mathrm{POS\_Y/IMAGE\_HEIGTH}$$

式中，POS_X 和 POS_Y 指图 5 中各点在图像中的像素位置 x 与 y，IMAGE_WIDTH 和

IMAGE_HEIGHT 指的是原始摄像头获取的图像尺寸，在实际代码中二者分别为 1280 和 720。

z 轴根据手关节长度的比例自动预测，并采用与 x 轴相同的比率进行归一化处理。将摄像机获取的图像输入到机器学习网络中，检测到图像后输出的坐标在图像上的显示效果如图 6 所示。

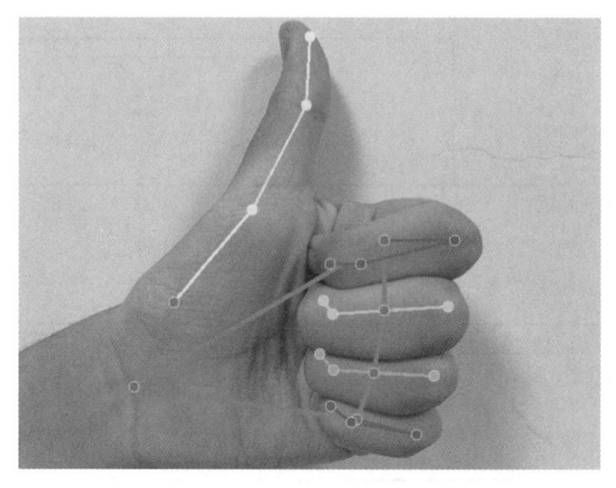

图 6　输出坐标在图像上的显示效果

2.2.4　TCP 客户端程序

本作品用 TCP 协议将图像识别到的 3D 坐标传输到 PC，进行三维建模等操作，TCP 客户端程序也受运行在板卡端的 Qt 端的 GUI 界面控制，将识别完成的图像传输到图形化界面上。

2.2.5　基于 Qt 的图形化界面

1）主要界面介绍

板卡端运行的 Qt 图形化界面起着总控制台的作用，将用户输入的网络通信所需的 IP 地址、端口号等发送给图像处理单元程序，并且控制图像端的运行与停止。

主界面如图 7 所示。

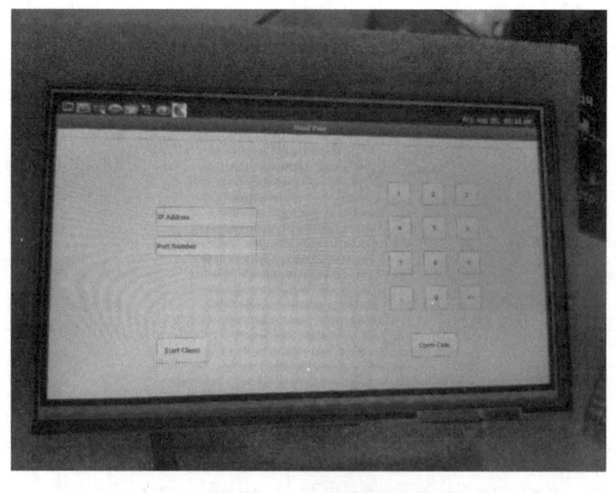

图 7　主界面效果

2）图像显示

将图像处理后通过 TCP 协议传输到 Qt 端图片进行显示操作，需要使用 QImage 控件获取图像，用 QLabel 控件将图像显示在界面上。

2.2.6　基于 Unity 的桌面端模拟系统

由于 RZ/G2L 本身的算力不足以运行整个模拟系统，故通过接入互联网的方式实现算力转移，通过借助高算力设备的算力对简单的嵌入式设备进行算力增强，进而完成整个模拟系统的运行。本作品采用 Unity 来实现对整个场景的运算与建模。

Unity 将主机作为 TCP 服务端，在其上建立 TCP 服务器，等待采集端连接并传入数据，数据帧的格式如下：

```
x {
    x：a
    y：b
    z：c
  }
```

其中，首个 x 是预先定义好的手部关节编号，后续的 a、b、c 分别为识别到的对应手部关节在摄像机坐标系中的三轴坐标。

接收到坐标信息后，桌面端会在预先定义好的脚本中对所发的坐标进行相应的处理以及放缩变换以使最终的手部坐标能够与模拟系统中的坐标相符。将最终得到的手部关节坐标数据赋予预先建立好的手部模型来使模拟系统中的手部模型与实际的人手同步运动；在 Unity 中为模拟系统中的所有物体赋予物理引擎中的刚体属性和冲击力属性，通过为各个模型之间的互动编写 C# 脚本的方式来实现模拟系统中手部与物体、物体与物体之间的互动。

2.3　硬件框图

本作品采用市电供电，将板卡与桌面端通过网线连接组成局域网以便进行 TCP 通信，摄像头与板卡之间通过 USB 进行连接，而板卡与显示器则通过 MIPI 进行连接。整体的硬件框图如图 8 所示。

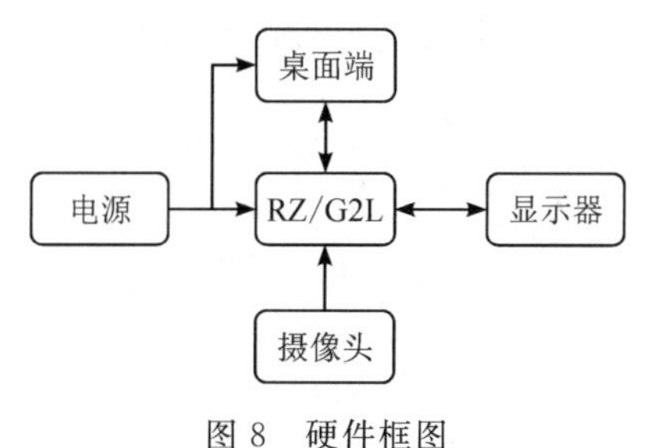

图 8　硬件框图

2.4　软件流程

系统的软件流程如图 9 所示。

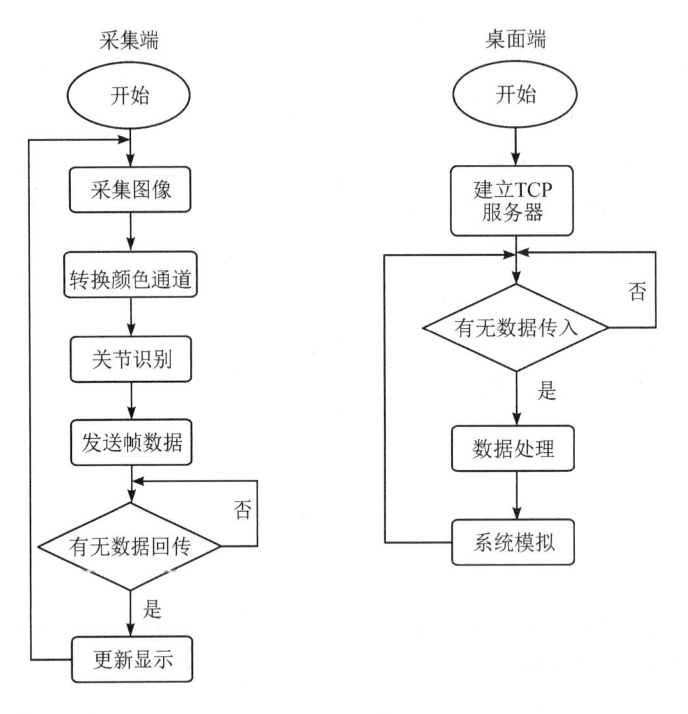

图 9　软件流程图

2.5　功能实现

2.5.1　手部关节识别

本作品可以仅通过2D摄像机识别到手部关节的3D位置信息，识别效果如图10所示。

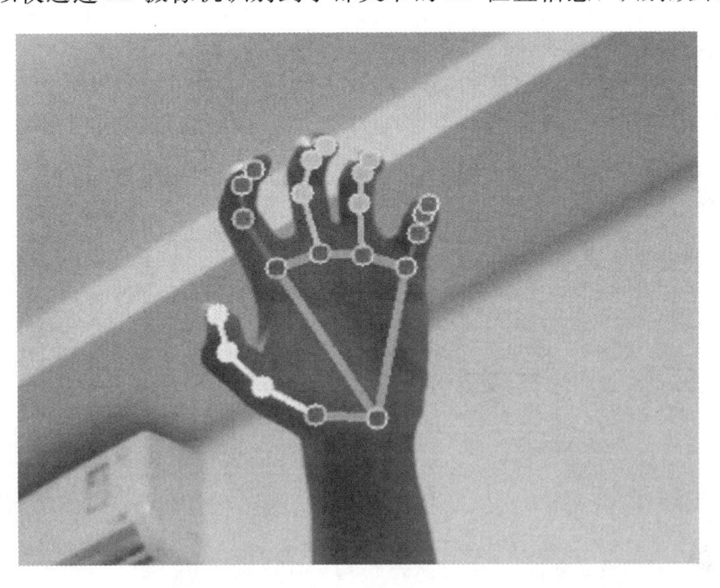

图 10　手部关节识别效果

2.5.2　模型搭建

本作品可以通过对手势的识别搭建出手部的模型，手部模型效果如图 11 所示。

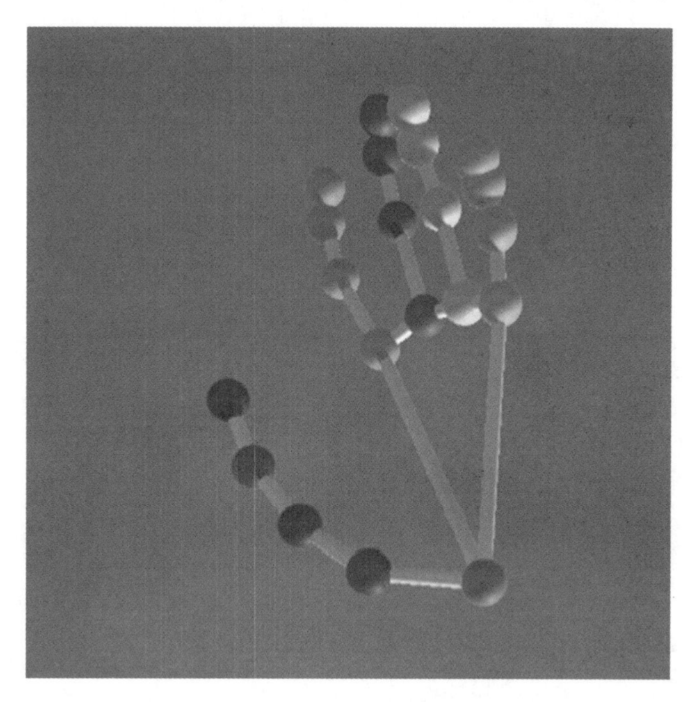

图 11　手部模型效果

2.5.3　模拟场景交互

本作品可以实现虚拟现实结合，能够与模拟场景进行交互。

2.6　性能指标

本作品具有以下指标：

(1) 鲁棒性：鲁棒性较好，能实现多种状态下的手部关节检测。

(2) 成本：采用低成本的 2DUSB 摄像头。

(3) 分辨率：分辨率为 640×480，能满足手部关节识别要求。

3. 作品测试与分析

一个稳定的系统需要对各种情况进行测试与分析，为了测试手部关节检测的准确度，我们针对几种不同手部的姿势，对图像检测的手部关节位置进行了测试，判断其系统的稳定程度。

3.1　测试方案

考虑到系统实际运行时，除简单的手部动作外还存在复杂的手指交错情况。为了实时检测手关节的准确性，不仅需要简单手部展开的手势，还存在手指交错的情况。测试将手放入摄像头可以识别的位置，分别从简单到复杂做出不同的姿势，将系统运行输出的各个关节的三维坐标输出到虚拟环境中，查看模型的姿势与实际姿势的匹配程度。分别记录原始图片、检测后图片以及虚拟环境模型图片，对比后进行分析，最后得出结论。

3.2 测试环境搭建

由于外界环境对作品没有较大约束，测试背景为白色即可。本次测试环境图以及测试背景图如图 12、图 13 所示。

图 12 测试环境图

图 13 测试背景图

3.3　测试数据

测试共选择了多组照片进行测试，本报告中选取了其中八组原始图片、处理后图片、模型图片分别如图 14 所示。

第一组

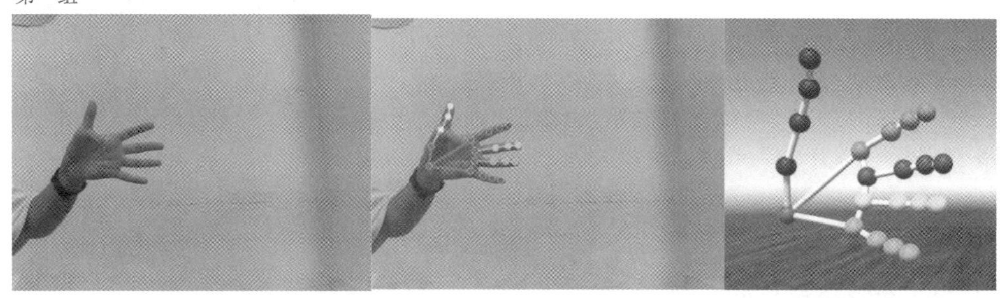

第二组

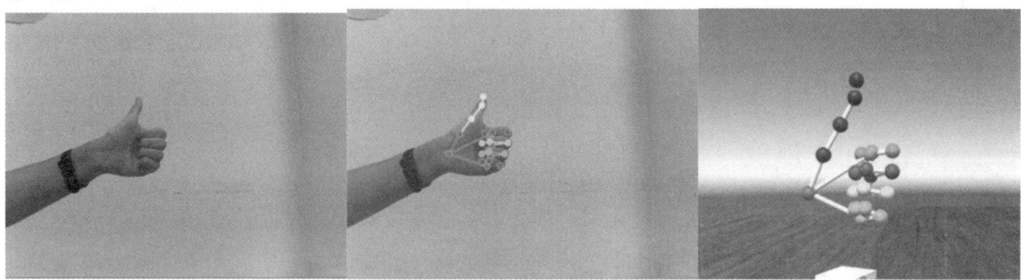

第三组

第四组

第五组

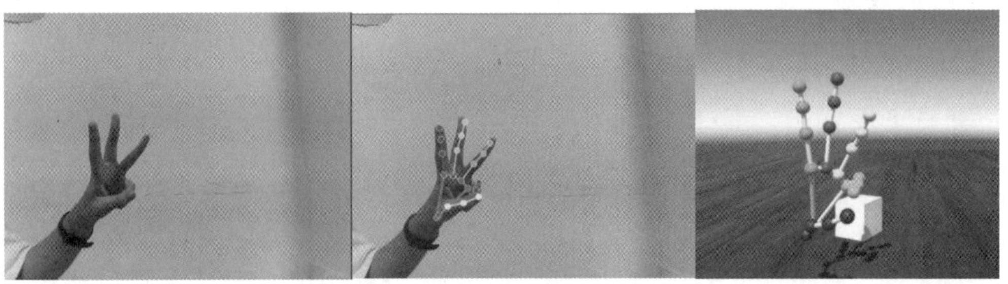

第六组

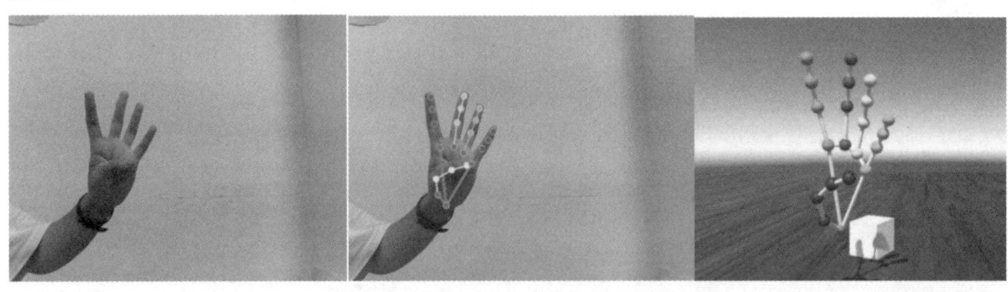

第七组

第八组

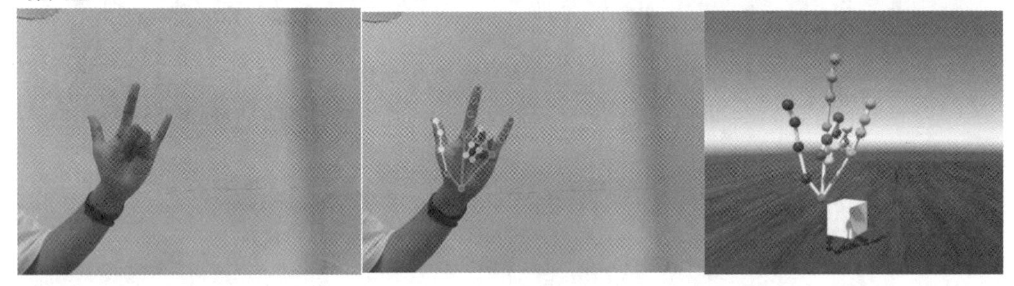

图 14　八组测试数据

3.4　结果分析

从测试结果可见，在不同的测试手势下，模型均能输出较为准确的手部关节位置信息，与实际位置匹配度良好。在识别过程中，没有出现画面不稳定、关节点位置乱跳动的现象，具有较高的可靠性，并能有效地实现用 2D 图像获取 3D 坐标的目标功能，降低了设备成本与运算压力。

4. 创新性说明

1）应用基于网络化的边缘计算

本作品作为边缘计算的一个子数据采集设备，用于采集、识别、分析手部图像，并将手部关节数据通过高速网络以 TCP 协议将数据发送到网络中心，具有低延时的优点，适用于对实时性要求高的使用场景。

2）采用基于 2D 图像的手部关节识别

本作品仅需一个 2D 摄像头即可准确、高效地进行手部关节识别，无需双目摄像头即可识别 3D 手部动作。在一些已经配置普通摄像头的生活、工作场景下，仅需将摄像头与本设备进行连接即可实现功能升级，极大地降低了使用成本，方便用户使用。

3）具有模块化、拓展性强的功能

本作品作为一个数据采集模块，可以通过网络与其他模块化设备进行通信，将手部关节数据共享给互联设备。互联设备进行不同的应用场景布置，如驾驶场景、手术台场景，结合手部关节数据进行实时的模型渲染，即可实现虚拟驾驶、虚拟手术等功能，具有很好的拓展性。

5. 总结

经过实验测试，本作品通用性强，与市面上大多数普通 2D 摄像头兼容，无需双目摄像头即可实现 3D 的手部关节运动识别，具有很高的性价比。本作品识别率与准确率高，适用于绝大多数手势识别的人机交互场景，极大地提升了人机交互效率与体验，在万物互联的时代具有良好的发展前景。更进一步地，如今很多办公室、客厅都安装有监控摄像头，仅需将原有摄像头与本作品进行连接，再将本作品与互联设备进行网络连接，即可实现快速部署，极大地降低部署成本。这种方式将原有生活、工作场景与更高效的人机交互进行融合，提升了生活、工作效率。

本作品为网络化边缘计算的子数据采集终端，方便与其他互联设备进行通信，比如与 PC 端进行通信并在 PC 端部署模拟驾驶场景，手部关节数据进行实时渲染，即可实现模拟驾驶场景。在未来，这种基于良好人机交互的虚拟场景具有很好的发展前景，同时，基于手部关节识别的人机交互方式也有望成为信息时代下人机交互形式的新常态。

该作品经 USB 摄像头采集彩色图像，以瑞萨 RZ/G2L 开发板为处理核心，利用谷歌开源的 MediaPipe Hands 进行手关节识别，将识别后的手部关节数据通过 TCP 协议传输，PC 端依据数据对手部模型进行渲染，实现手部动作的识别与运用。未来，可以利用瑞萨 RZ/G2L 开发板，实现单摄像头的双手识别，扩展应用场景。

作品12 基于跨镜识别的全景智能安防系统

作者：兰清宇　郑桂勇　程允杰（西安电子科技大学）

作品演示

摘　要

本作品利用RZ/G2L高效边缘计算平台，构建了智能安防相机，具有巡逻、特殊位置警惕、可疑行人检测和跟踪等功能。此外，借助RZ/G2L构建"一主端与多边缘端"的高效的互联系统，通过以太网连接多个智能安防相机组成全景跨镜识别系统，并将算法任务全部交予边缘运算设备端计算，主机端只需要配备千兆以太网口即可，大大降低了部署成本。

本作品构建了智能安防相机和全景跨镜识别系统，将跨镜识别任务由事后的离线检测优化至实时的在线检测，提高了对紧急事件的处理速度。相比于离线检测，工作量大大减少。同时，将计算任务全部交由边缘设备，大大降低了对主设备的运算配置要求。

构建"一主端，多边缘端"的高效的互联系统，在主机端设置了较好的交互方法便于新增设备和观察异常事件。在边缘端设置了较好的交互界面，方便对智能相机的各功能模块的运行情况进行控制以及修复。整体系统简单，便于部署操作。

关键词：智能安防；跨镜追踪技术；行人重识别；行为分析；在线检测

Panoramic Intelligent Security System Based on Cross Mirror Recognition

Author: LAN Qingyu　Zheng Guiyong　Chen Yunjie(Xidian University)

Abstract

This system using the RZ/G2L high-efficiency edge computing platform, builds an intelligent security camera with functions such as patrolling, special location alert, suspicious pedestrian detection and tracking. In addition, with the help of RZ/G2L, an efficient interconnection system of "one main terminal and multiple edge terminals" is constructed, and multiple smart security cameras are connected through Ethernet to form a panoramic cross-mirror recognition system. and all algorithm tasks are handed over to the edge computing device for computing, while the host side only needs to be equipped with a Gigabit Ethernet port, which greatly reduces the deployment cost.

Built an intelligent security camera and a panoramic cross-mirror recognition system, the system regulates the cross-mirror recognition task from post-event offline detection to real-time online detection, and improves the processing speed of emergency events. And compared with offline detection, the workload is greatly reduced. At the same time, all computing tasks are handed over to edge devices, which greatly reduces the computing configuration requirements for the main device.

The system builds an efficient interconnection system of "one main terminal, multiple edge terminals", and sets up a better interaction method on the host side to facilitate adding devices and observing abnormal events. A better interactive interface is set at the edge, which facilitates the operation and repair of each functional module of the smart camera. The overall system is simple and easy to deploy.

Keywords: Intelligent Security; Cross Mirror Tracking Technology; Pedestrian Re-identification; Behavior Analysis; Online Detection

1. 作品概述

1.1　背景分析

随着现代信息技术的飞速发展和新基建政策的出台，"智能安防"这一概念逐步转为现实。智能安防是基于数字城市、物联网和云计算建立的现实世界与数字世界的融合，实现城市智慧式管理与运行。在构建全景智能安防时，智能视频监控系统起到了关键的作用，跨镜追踪技术是其中的核心。

跨镜追踪技术主要利用行人重识别技术，依据人物穿着、体态、发型等信息来判断图像或视频序列中是否存在特定的行人，可与人脸识别技术相结合，解决跨镜头场景下人脸被遮挡、距离过远时的人物身份识别。

跨镜追踪系统通过实时、自动化分析视频流中人物身份信息，能够实现对特定人物跨时间、跨空间的布控追踪和即时定位，对公安监视追踪嫌疑人、物业排查可疑人员等提升工作效率均有帮助，能减少因时间成本造成的事态恶劣化，且能极大程度上避免工作人员因倦怠、脱岗等因素造成误报和不报的情况，可切实提高监控区域的安全防范能力。

随着城市建设的不断完善，大量监控系统被应用于安防领域中，这使得人们的生活出行安全不断提高。但此类系统会产生大量的数据需要人工处理，然而人工处理的效率低下、错误率高，传统安防领域的监控系统已越来越不适合时代的发展。随着人工智能技术的发展，越来越多的智能安防系统应运而生，但依然有很多的智能化空间。

我们在传统智能安防系统的基础上做出了改进，通过目标检测跟踪技术、行人重识别技术、跨镜识别技术等，实现了对一片复杂区域内的人员身份特征和移动轨迹提取。

1.2 相关工作

在目标检测领域，随着许多轻量化特征提取网络如MobileNet、ShuffleNet的提出，目标检测在保证检测正确率的情况下的计算量大幅度降低，为将目标检测网络部署在边缘计算平台上带来了可能性。其中，表现较好的有YOLO系列的网络，目前已有多种基于YOLO优化的目标检测网络被应用在边缘目标检测中。

行人重新识别(ReID)可以实现低分辨率情况下的行人身份识别任务，可作为对人脸识别信息的一种补充。HACNN是近几年提出的基于全局特征和局部特征的轻量化行人重识别网络，通过多分支结构和注意力机制极大减小了推理过程中的计算量，使其部署在边缘端的识别效果达到了较好的水平。

1.3 功能概述

基于跨镜识别的全景智能安防系统是通过多个智能相机平台与一个监控主机协作实现对一片区域内人员进行实时跨镜轨迹追踪的系统。

每个智能相机平台由边缘计算平台、UVC相机以及二轴云台构成。通过相机采集图像信息并在边缘计算平台上利用目标检测、跟踪与行人重识别算法计算得到行人的位置和身份信息。每个平台将实时监控画面推送到主机端显示，将人员的位置身份信息广播，并根据从主机得到的目标人员身份信息和从其他平台接收目标人员的位置信息控制二轴云台的角度实现全景监测。

1.4 特色描述

1) 分布式系统结构

我们充分利用了RZ/G2L边缘平台的性能和外设，每个边缘端独立完成目标检测追踪、视频编码传输、云台控制等全部功能，并通过互联网实现了边缘端到边缘端、边缘端到主机的通信，体现了“高内聚、低耦合”的思想，使整个系统的实时性更高，并简化了系统的部署难度、降低了系统的综合成本。

2) 全景监测方案

我们设计了二轴云台相机结构，通过控制云台可以获得一定区域的全景视野，并将视野中的目标位置信息转换为地图中的位置信息，实现全景监测。

3) 复杂区域监测

每一个边缘端可以实现一片较小区域的全景监控，在有较多视野遮挡的复杂区域中，系统通过广播式的通信方式使多个边缘端形成一种类似接力的目标识别跟踪，利用跨镜识别技术实现了对一片复杂区域的人员识别跟踪。

1.5 应用前景分析

全景智能安防系统是智慧城市重要的组成部分，通过一个个分布在各种位置的智能相机平台，引申出一片区域智能安防，使出行安全得到进一步保障，社会稳定和谐得到进一步提升。此外，本系统在复杂室内环境的区域的人员追踪，人流量统计，走失老人、儿童寻找等应用场景中也有很大的发挥空间。

2. 作品设计与实现

2.1　系统方案

系统由多个智能相机平台和一个主机组成，每个相机平台由 RZ/G2L 边缘计算平台、UVC 相机以及二轴无刷云台组成，多个智能相机平台之间进行组网以实现跨镜全景目标轨迹跟踪，同时每个智能相机平台会向监控主机端发送视频流并接收主机传出的目标信息等指令。

智能相机平台的设计是本系统的重点，根据任务性质，我们将智能相机平台的任务分为检测跟踪识别和压缩编码通信两部分。

（1）检测跟踪识别的主要任务是处理相机采集到的图像信息并得到行人的身份和位置。首先通过目标检测网得到视野中出现行人的区域，对每个区域使用行人重识别网络，获取每个行人的身份信息。考虑到平台算力有限，我们设计了稀疏检测方案，即通过设置关键帧并在关键帧内进行行人定位，再对每个非关键帧使用目标跟踪算法的方式更新目标位置信息。

（2）压缩编码通信的主要任务是对视频流进行压缩编码打包推流并向监控主机发送视频流。此外，通过 UDP 广播自身检测到的目标位置信息和身份信息，接收其他智能相机和主机发出的目标信息，控制云台调整相机角度，以实现跨镜目标跟踪。

智能相机平台的整体方案如图 1 所示。

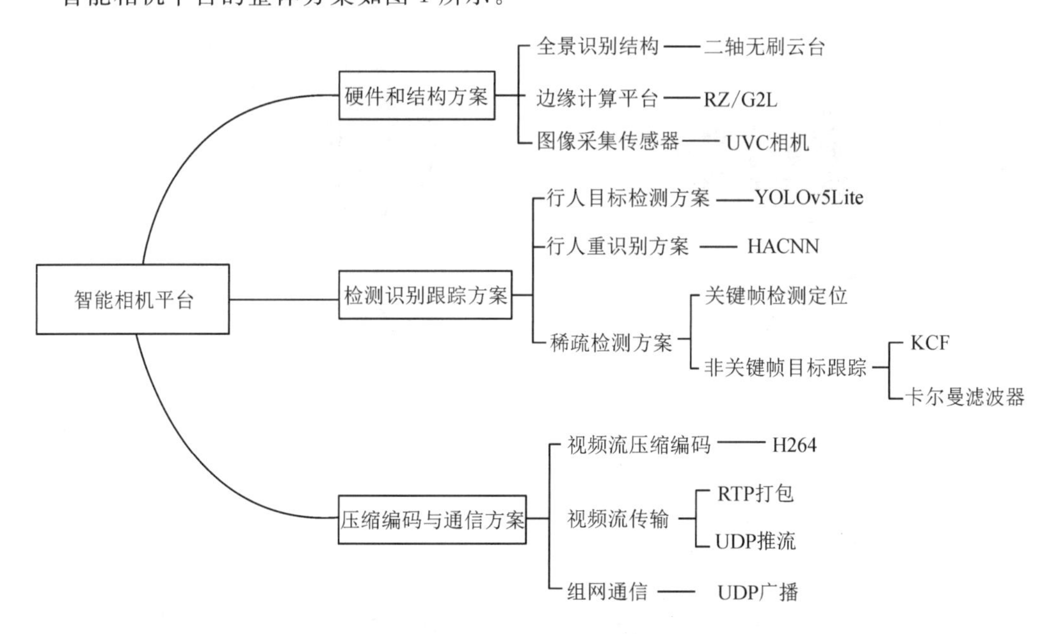

图 1　智能相机平台的整体方案

系统的通信内容主要分为由边缘端的智能相机平台向主机端发送的视频流信息和在主机端与各边缘端之间广播的目标位置和身份信息。对于前者，我们采用实时性强且不需要流媒体服务器的 UDP 推流方式，后者采用 UDP 广播的通信方式以降低端口使用数量，并以较简单的方法实现多设备组网部署的设计目标。系统通信方案如图 2 所示。

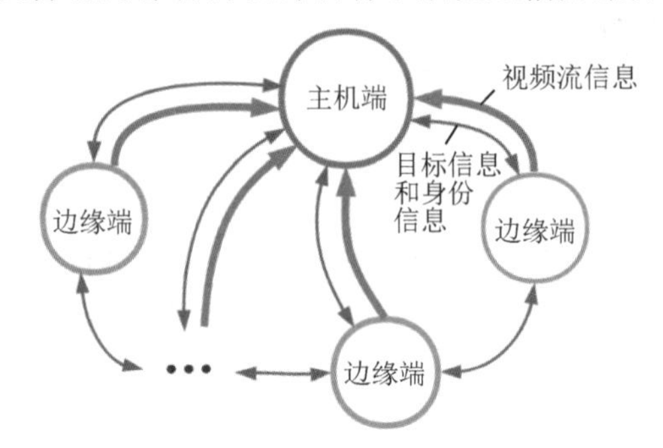

图 2　系统通信方案

2.2　实现原理

2.2.1　硬件设计原理

为了更好地适配 RZ/G2L 的开发板，我们使用 Solidwork 设计了一款智能相机的底座，用 3D 打印技术将其制造出来。相比于在市面上直接购买成套产品，开发自由度更高。

考虑到在日常生活和工业应用中，相机的扫描角度过于固定，很容易出现漏检或被部分有心人规避视角的情况。出于这个因素，我们设计了一款二轴垂钓坐立一体式云台，并配备了 RZ/G2L 开发板的固定槽，还设计了相机固定槽，有助于用现有相机去适配该系统。智能云台底座设计图如图 3 所示。

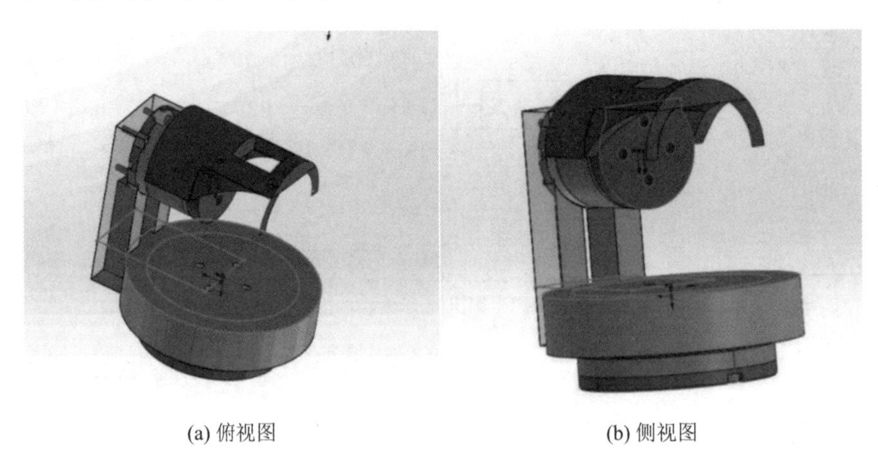

(a) 俯视图　　(b) 侧视图

图 3　智能云台底座设计图

2.2.2　识别跟踪模块原理

1）行人检测

行人检测主要由目标特征提取、边缘框定位和目标分类任务组成。目标特征提取网络常被称为 Backbone，边缘框定位和目标分类则由 Head 部分完成。

(1) Backbone 目标特征提取网络选择方案。

对于 Backbone 部分的目标特征提取网络，有许多研究者已经提出了许多高效的网络，包括 VGGNet，RestNet，ShuffleNet，MoblieNet 等。根据本系统要求：在 CPU 上加速优化且轻量。出于这一因素，我们尝试选择了两种轻量级网络进行测试，分别为 ShuffleNetV2 和 MoblieNetV3。

① 轻量化的 CNN 网络常常采用深度可分割卷积，其网络结构图如图 4 所示。ShuffleNetV2 的整体改进建立在深度可分离卷积上。ShuffleNetV2 的作者提出了四个指导思想：使用 1×1 的卷积进行平衡输入和输出的通道大小；过量使用组卷积会增加 MAC；网络碎片化会降低并行度；不能忽略元素级操作。

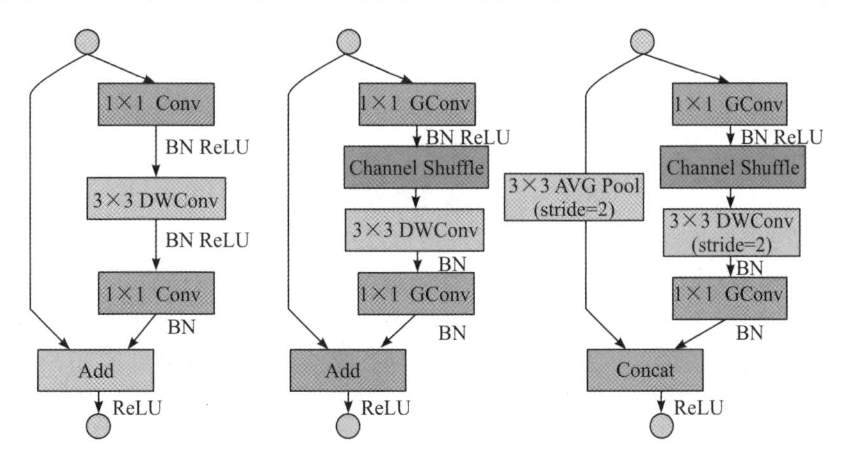

图 4　ShuffleNetV2 结构改进图

基于这四个思想，ShuffleNetV2 的作者采用了 Channel spit 的方法减少 1×1 的卷积核数量，并将 Shortcut 结构从 Add 换成了 Concat 结构，并在 Concat 前进行 Channel Shuffle(通道混洗)使 ShuffleNetV2 又快又好。

② MobileNetV3 集现有轻量模型思想于一体，改进了 Swish 非线性激活函数，并且遵循 Squeeze and Excitation 思想，重新设计了最靠前和最靠后等具有更高复杂度的成本高昂层。首先对于靠后的层，对特征进行了池化，再通过 1×1 的卷积抽取最后分类器的特征，最终再进行分类。而对于最靠前的层，使用了 32 个标准的 3×3 的卷积层构成最初的滤波组，用于检测边缘。MobileNetV3 的网络结构如图 5 所示。

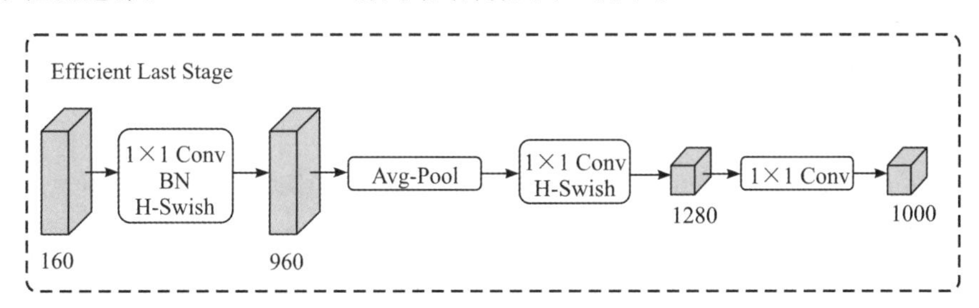

图 5　MobileNetV3 的网络结构图

在 MobileNetV3 提出了 hard-Swish 函数分段模拟 silu 函数，并将 hard-swish 用于网络靠后特征图较小的部分，以降低激活层的算力开销。由于 silu 函数中的 sigmoid 函数中存在指数运算，在实际部署中十分不友好。hard-swish 函数的公式如下：

$$\text{hard-swish}[x]=x\,\frac{\text{ReLU6}(x+3)}{6} \tag{1}$$

其中，x 为输入特征图，ReLU6 为一个形状类似 sigmoid 的三段线性分段函数，该函数兼备了 ReLU 线性函数的优点和 silu 激活函数平滑的优点，十分适合在嵌入式平台中部署。

(2) Head 选择方案。

对于定位和进行分类任务的 Head，我们对比了 SSD head，Yolo head 和 nano head，出于对使用环境(即实际部署中的不同相机视角下的物体大小不同)的考虑，融合多中粒度的特征融合极为重要。

Yolo Head 前面自带一个 neck 特征金字塔，可以将不同粒度下的特征进行较好的融合，相比其他两个 Head 更加符合预期，因此，我们选择使用了 Yolo Head，通过消融实验和剪枝的方法，在保证特征融合和精度的情况下，极大减少了其参数量和通道量。

2) 行人重识别

行人重识别主要分为三个步骤，首先是得到行人的具体 ROI 图，其次通过特征提取网络得到行人的特征向量，最后在每两个特征向量之间比较余弦距离，得到其相似度。其中，第一步的 ROI 图通过行人检测网络得到，此处主要讨论特征提取网络。

在上文中，我们已经讨论过特征提取网络 Backbone 的作用，此处我们将使用行人重识别领域的一个特定的网络，即 HACNN，该网络融合了行人全局特征和行人各个部分(如头部、身体、书包、手臂、腿部)的特征等局部特征，见图 6。

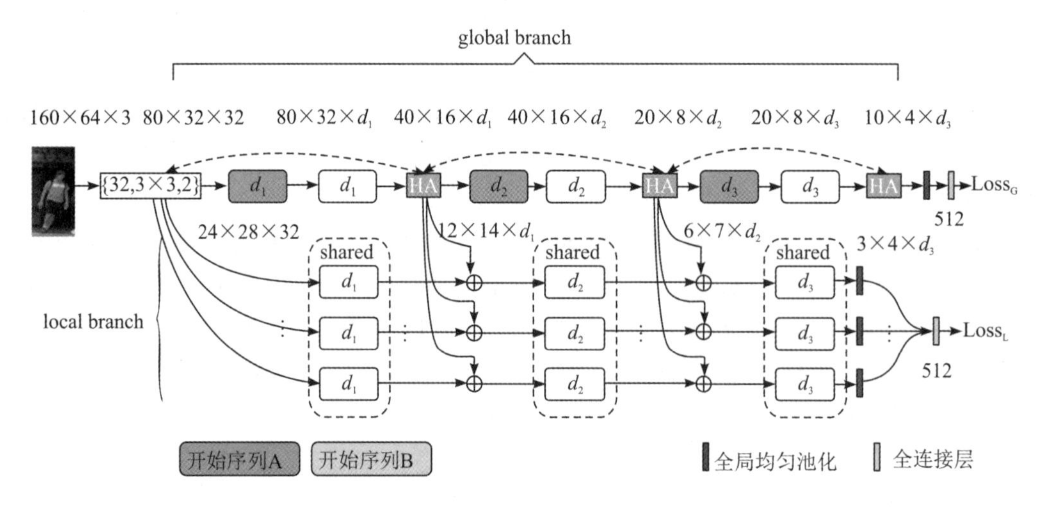

图 6　HACNN 网络结构图

由图 6 可见，HACNN 采用多分支网络结构，以便减少网络参数，最小化模型复杂性。HACNN 包含两个 branch，分别是 local branch 和 global branch，前者负责识别图像上不同部位的特征，后者直接学习整张图像的特征，得到两个 branch 的 Loss 后将两个 branch 得到的特征向量合成，最后经过表征学习的方法，匹配两个不同图像之间特征向量的距离，以得到两张不同图像的差异性。

HACNN 网络最核心的部分是 HA(Harmonious Attention)注意力机制模块。HA 注意力机制模块如图 7 所示，框起来的部分称为 soft attention，其作用是对 global branch 上特征图的注意机制。在 soft attention 中包含 spatial attention 和 channel attention 两个通道的特征提取，global branch 中的特征图同时进行空间和通道上的注意力机制，加强了特征的空间稳定性。

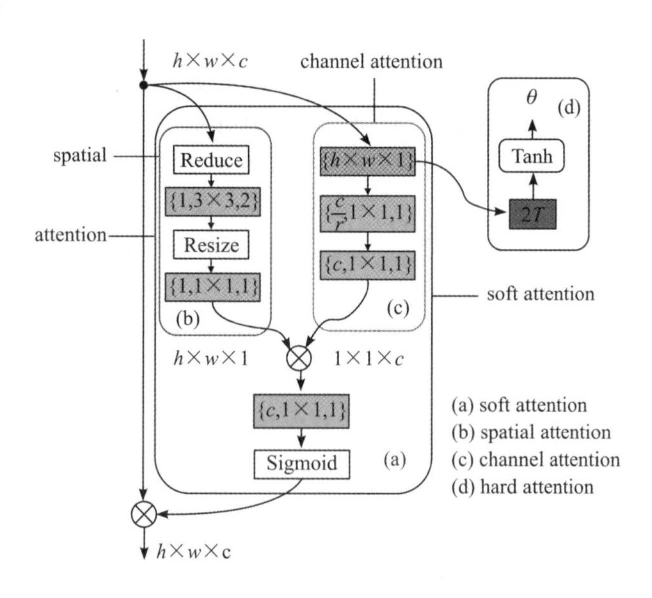

图 7　HA 注意力机制模块结构图

3）稀疏行人识别方案与多目标方案

我们使用了稀疏行人识别与多目标跟踪的方案，以保证整体算法的速度。稀疏检测即在连续的多帧单相机图像中，选取出一部分关键帧(Key Frame)，只对关键帧进行目标检测模型，推理定位行人，在非关键帧则使用目标跟踪网络进行位置估计。

关键帧的选取方法与上一帧是否识别到行人以及识别到行人的数量有关，一般情况下，我们每四帧选取一帧关键帧进行检测。而在非关键帧，我们判断关键帧期间是否定位到行人，如果定位到行人将启动目标跟踪机制，这一稀疏行人识别加上多目标跟踪的机制大大提高了整体算法的可靠性。具体的流程见图 8。

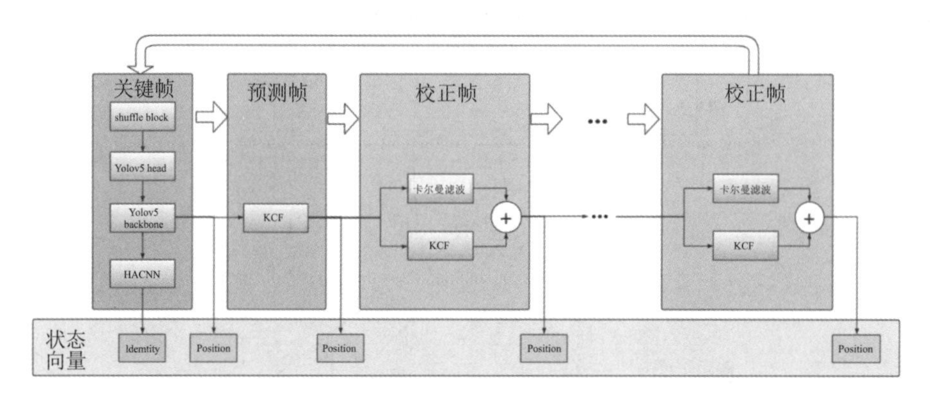

图 8　稀疏识别与多目标跟踪方案

目前工业界上常用的多目标跟踪方案为 Sort＋检测器或者 DeepSort＋检测器。由于 DeepSort 算法中加入了重识别网络进行跟踪，兼顾到跨镜识别中的重识别算力要求，并且为了适配本系统稀疏行人识别的方案，即目标检测和目标跟踪以不同频率执行，我们不使用 Deepsort，而在 Sort＋检测器外增加了一个跟踪器 KCF（相关核滤波算法）充当缓冲检测器的方案。下面简单介绍 Sort 和本方案。

Sort 算法为每一个待跟踪的目标配置一个 Kalman 滤波器，根据检测出的位置框和连续多帧位置估算出的速度，融合预测，得到当前目标出现概率最大的位置，即预测框。多个检测框和预测框之间的匹配使用了匈牙利算法，主要负责匹配各个检测框和预测框内特征图之间的 IOU 的相似度，为每一个预测框分配最佳的检测框。KCF 的主要原理可概括为通过相关卷积判断区域的空间相关度，通过卷积框的旋转移动，得到某一个区域内最高的相关度以及其卷积框的位置，从而实现跟踪效果。

本系统中，由于稀疏检测的稀疏度过大，卡尔曼滤波器中得到的速度值的误差矩阵态度，使得预测框得不到很好的更新效果，因此，我们加入缓冲检测器更新其速度值，从而得到最好的估计状态。此处，我们使用了 KCF 进行作为缓冲检测器，整体算法的流程图可见图 8。

4）轨迹投影和轨迹绘画

行人轨迹投影和轨迹绘画的估算原理如下：根据相机成像公式——式(2)，利用含有相机焦距 f_x、f_y 和光心 c_x、c_y 的内参矩阵，经过检测和跟踪后在图像坐标系下的像素坐标 u、v，将式(3)、式(4) 代入替换目标相对相机的深度 Z，可以得到目标的位置 X、Y、Z。

$$\begin{pmatrix} u \\ v \\ 1 \end{pmatrix} = \frac{1}{Z} \begin{bmatrix} f_x & 0 & c_x \\ 0 & f_y & c_y \\ 0 & 0 & 1 \end{bmatrix} \begin{bmatrix} X \\ Y \\ Z \end{bmatrix} \tag{2}$$

$$\theta = \arctan \frac{X}{Z} \tag{3}$$

$$\beta = \arctan \frac{Y}{Z} \tag{4}$$

式中，深度 Z 的估计原理如图 9 所示，在相机光心 O_1 和目标的三个特征点 P_1、P_2、P_3 所形成的六面体中使用余弦定理可以测算出相机光心。

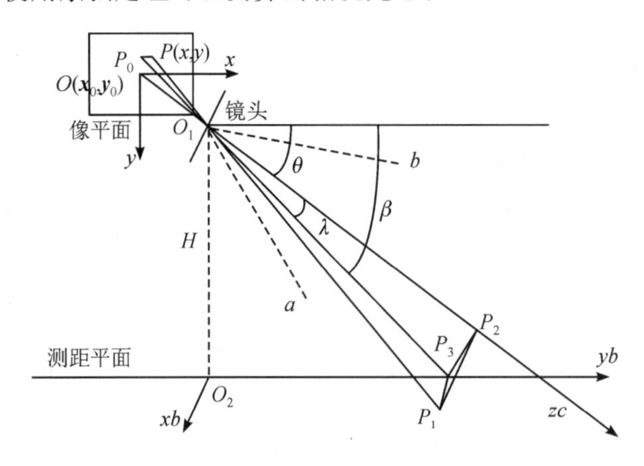

图 9 相机坐标系和世界坐标系的三角转换

与此同时，我们利用预先导入设置的地图与相机的扫描方向，根据三角函数得到其在真实世界的位置和轨迹。

2.2.3　视频编码原理

视频是由连续的图像帧组成的。原始视频的数据量极大且存在许多的冗余信息，通过视频编码技术可以极大程度上压缩视频的数据量，使其易于存储和传输。H264 编码主要通过帧内预测压缩、帧间预测压缩（运动估计与补偿）、DCT 变换量化以及 CABAC 压缩对视频进行压缩编码，一般情况下，帧内使用有损压缩的算法，帧间使用无损压缩算法，其过程如下：

将连续多帧变化不大的图像进行分组（GOP），每组的第一帧图像为帧内编码帧（I 帧），它仅进行单帧编码而不依赖其他的帧间信息，在 GOP 中还存在前向预测编码帧（P 帧）和双向预测内插编码帧（B 帧），P 帧是对当前帧和之前帧之间的差值及运动矢量信息进行编码补偿，而 B 帧需要参考之前的 I 帧或 P 帧和之后的 P 帧进行编码。

H264 的帧内压缩与 JPEG 很相似。一幅图像被划分好宏块后对每个宏块可以进行 9 种模式的预测，找出与原图最接近的一种预测模式，之后将原始图像与帧内预测后的图像相减得残差值，对残差值进行 DCT 变换和 CABAC 编码使之进一步压缩，接收端只需要根据预测模式和残差值即可恢复原图像。

H264 的帧间编码器在一组图像内先按顺序从缓冲区头部取出两帧视频数据，然后进行宏块扫描，当发现其中一幅图片中有物体时，就在另一幅图的邻近位置（搜索窗口中）进行搜索，如果同样找到该物体，那么就可以计算出物体的运动矢量。计算出运动矢量后将相同部分减去得到补偿数据，通过前一帧数据和当前帧补偿数据即可恢复当前帧的数据。

编码后的视频流经过网络提取层（NAL）后会按一定规则拆分为一个个 NAL 单元（NALU）以便于网络传输。

2.3　设计计算

2.3.1　通信模型分析计算

本系统中每一个边缘计算平台都需要将监控画面和目标人员的位置、身份信息通过以太网传给主机，为了得知监控主机可同时接入的最大边缘设备数，我们进行了如下分析和计算。

1）系统模型

(1) 通信接口：千兆以太网（125 MB/s）。通信内容：分辨率为 640×480，帧率为 15 帧/秒的 H264 视频流、目标人员位置信息、目标人员身份信息等。考虑到 H264 视频流的数据量远大于其他内容的数据量，这里忽略其他内容的数据量。

(2) H264 视频流的 RTP 打包方式：

① 长度小于等于 1400 B (RTP payload size)的 NALU 采用单一 NALU 打包到单一 RTP 包中。

② 长度大于 1400 B 的 NALU 采用 FU-A 打包，即将一个大的 NALU 按 1400 B 切片为多个小包进行发送，再在接收端进行合并。

(3) 假设通信环境：假设系统内无通信出错的情况发生，用 UDP 进行传输。

2）单一边缘平台每秒数据量计算

分辨率为640×480，帧率为15帧/秒的H264视频流的建议码流为62.5 MB/s，单个RTP载荷最大长度为1400 B，因此单个边缘计算平台每秒发送的数据包数量约为45个（44个1400 B的数据包和1个900 B的数据包），使用UDP通信每一包数据需要加入54字节的标识信息。综上，单个边缘计算平台每秒发送的数据量约为64 930 B。因此，主机理论上最高支持1925个边缘计算平台同时接入。

同理可以推出：在百兆以太网条件下，理论上最高支持192个边缘计算平台同时接入。通过以上计算分析，本作品的通信设计完全满足智能安防应用的要求。

2.4 硬件框架

2.4.1 作品总硬件框架

本作品由智能相机平台和监控主机构成。智能相机平台独立完成图像采集目标跟踪等功能，并通过以太网发送给监控主机进行信息整合，其硬件系统总框架如图10所示。

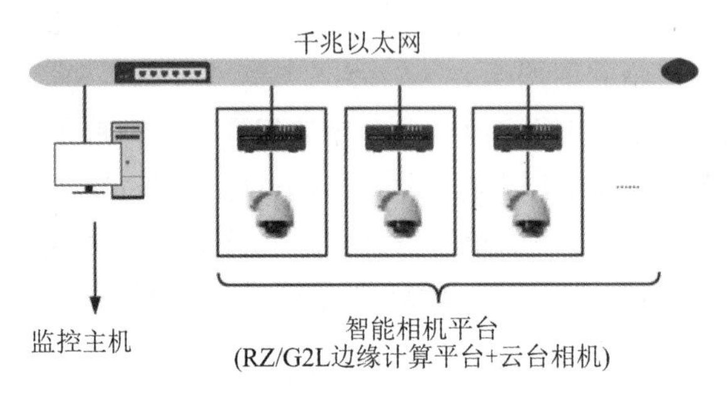

图10 硬件系统总框架

2.4.2 智能相机平台硬件框架

智能相机平台由RZ/G2L高性能边缘计算平台、UVC相机、二轴无刷云台和电源构成。RZ/G2L平台通过USB接收UVC相机画面，通过CAN网络控制二轴云台的无刷电机，通过以太网和监控主机进行通信。此外，智能相机的整体电源使用12 V 3 A的直流电源。智能相机平台的硬件框架如图11所示。

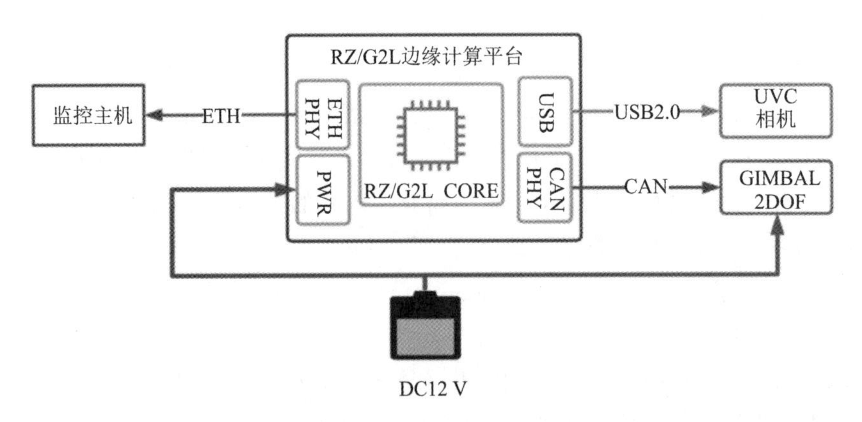

图11 智能相机平台硬件框架

2.5 软件流程

智能相机平台的软件流程如图 12 所示。

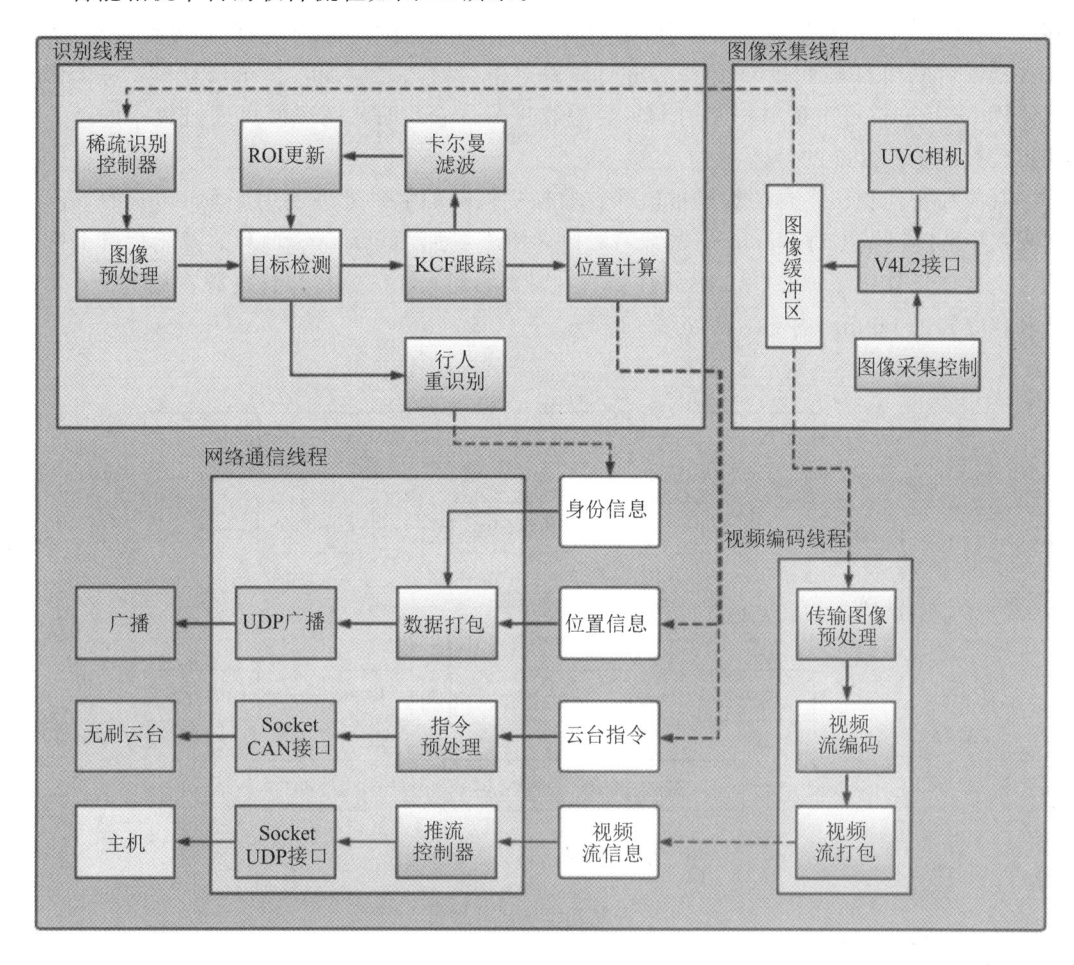

图 12 软件系统整体框架

图像采集线程通过调用 V4L2 接口获取 UVC 相机采集到的图像，并将其存放在用户图像缓冲区中。

识别线程在用户缓冲区中取出图像，并进行稀疏识别控制和图像预处理，之后在 ROI 区域中依次进行目标检测，在被检测到的目标周围进行行人重识别和 KCF 跟踪，得到行人的位置信息和身份信息，并根据行人在相机画面中的位置控制云台相机进行跟踪。

视频编码线程从图像缓冲区中取出图像并结合识别结果框选出目标图像，之后将图像预处理并送入视频流编码器进行编码，再将编码后的码流进行打包以适应网络传输。

网络通信线程内完成对所有网络通信信息的预处理、打包、流控制等工作，并最终将信息通过指定的接口传输，完成视频流发送、目标人员信息和位置发送以及云台控制。

我们根据 RZ/G2L 的边缘计算性能对识别部分进行了优化。

在算法的选择上，目标检测使用了更为轻量化的目标检测网络 YOLOv5 Lite 并搭配 MobileNetV3 作为 backbone，行人重识别采用 HANN 网络，目标跟踪使用 KCF 搭配卡尔曼滤波融合预测。

在部署链路上，我们使用了稀疏检测的方法，用较小的计算量获得了较大的追踪性能，具体为将采集到的图像分为关键帧(Key Frame)、预测帧(Prediction Frame)以及校正帧(Correction Frame)，在关键帧使用 YOLOv5 Lite 进行行人目标检测，得到目标位置，在关键帧后的预测帧使用 KCF 算法进行跟踪，在预测帧之后加入多个修正帧，每个修正帧使用 KCF 进行再次预测并使用卡尔曼滤波进行修正。如此循环便可通过较小的计算量获得较大的追踪性能的目标。

视频在智能相机平台的编码推流和在监控主机端的解码处理使用 gstreamer 的 pipline 实现，并且接口做了对 OpenCV 的兼容处理，使之更加便于部署。此外，智能相机上部署的发送器内部使用了 RZ/G2L 的硬件 H264 编解码器，效率更高并且资源占用更低。发送器和接收器的 pipline 内部结构如图 13 所示。

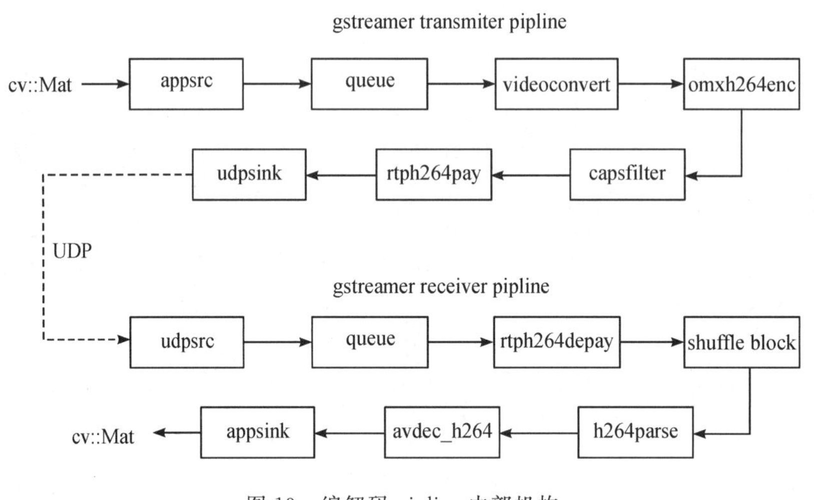

图 13　编解码 pipline 内部机构

3. 作品测试与分析

3.1　测试方案

本系统分为识别模块、压缩和传输模块和稳定性三个部分测试。

3.1.1　识别模块检验

测试目的：检验经过不同量化程度和不同模型下行人检测和行人重识别算法部署在 RZ/G2L 上的精度和速度以及检测算法在实际环境下的表现。

测试方法：在测试设备上分别测试测试数据集和现实部署环境下拍摄的数据集中计算的平均检测精度和检测时间，同时记录在其他任务同时进行下所需要的平均检测时间。

3.1.2　压缩和传输模块检验

视频流的压缩编码传输在收发双方均为独立线程，为了检测该模块的实时性、稳定性以及不同接入设备数量条件下的性能，我们设计了以下方案进行测试。

(1) 测试在不同接入设备数量的条件下收发双方的平均画面时延、编码时延以及解码时延，通过在传输的画面中加入时间戳信息测量画面时延，通过计时器测量编解码时延。

(2) 测试在不同接入设备数量的条件下收发双方的平均丢包率，这里统计一段时间内解码器报出的丢包警告信息和该段时间内的总接收数作为模块稳定性的评判标准。

3.1.3　稳定性测试

测试的目的：检测行人轨迹绘画精度及稳定性，主机上的功能(导入地图，地图绘画，特殊区域标注)的可靠性。

测试方法：长时间接入多个设备，测试其软件、硬件可靠性。同时测试当需要描绘多个行人时，轨迹绘画的正确性和从机与主机之间的延迟。延迟测试方法通过在传输数据中加入一帧时间戳，对齐时间戳后，比对接入时的时间戳计算平均延迟。

3.2　测试环境搭建

我们在房间和走廊共设置了五个点的摄像头安放点，如图 14 所示。由于我们只有一个 RZ/G2L 运算设备，为了更好地测试行人重识别算法和行人检测算法，将携带 RZ/G2L 的智能设备分别放在 A、B、C、D、E 五个点录入数据集，最终放在中心位置即 C 点测试行人检测和自动云台跟随的功能。此处数据集的录入分别由两个人分别沿 ACDE 和 BCDE 两条路径前进去录入数据。测试环境真实视角下示意如图 15 所示。

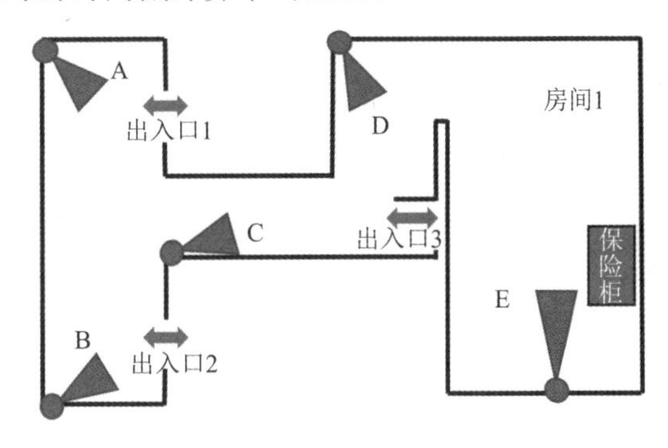

图 14　测试环境搭建示意图

图 15　测试环境真实示意图

3.3 测试设备

各模块测试设备如表1所示。

表1 各模块测试设备

测试模块	测 试 设 备	数量
识别模块	搭载RZ/G2L的智能相机(自制云台，720P UVC相机，电源)	1
	独立720P UVC相机(用作采集数据集)	5
	网线	1
压缩和传输模块	搭载RZ/G2L的智能相机(自制云台，720P UVC相机，电源)	1
	主机端(华硕笔记本电脑i7+ RTX 3060)	1
	树莓派4B	2
	无线WiFi模块	1
	720P UVC相机	2
	网线	3
稳定性模块	搭载RZ/G2L的智能相机(自制云台，720P UVC相机，电源)	1
	主机端(华硕笔记本电脑i7+RTX3060)	1
	网线	2

3.4 测试数据

3.4.1 识别模块检验

1) 行人识别模块检验(见表2)

检测数量集：500张(每个场景下各100张，未参与训练)。

输入大小：3×312×312，使用Armnn加速推理。

表2 行人识别模块检验

测试序列	模 型	量化	Tflite大小/MB	准确率	平均耗时/ms
1	Backbone：YOLOv5 Backbone Head：YOLOv5 Head	FP16	14.9	0.81	—
2		Int8	7.6	0.69	1560
3	Backbone：ShuffleNetV2 Head：YOLOv5-Lite Head	FP16	6.3	0.69	1213
4		Int8	1.9	0.48	592
5	Backbone：MobileNetV3 Head：YOLOv5-Lite Head	FP16	6.5	0.72	1506
6		Int8	2.4	0.46	723

2）行人重识别模块检验（见表3）

表3 行人重识别模块检验

测试序列	网络模型	重识别数量	Rank1	MaP	单个提取特征时间/ms
1	HACNN	2	84	54.3	740
2		3	80	58.1	800
3		5	78	54.9	760

3.4.2 视频编解码测试（见表4）

单次测试时间：10 min。

测试视频信息：分辨率：640×480；帧率：30帧/秒；格式：YUV422。

表4 视频编解码结果

测试序号	RZ/G2L单帧平均编码时间/ms	主机单帧平均解码时间/ms	平均画面延迟/ms
1	15.32	6.71	94.48
2	15.65	6.89	99.13
3	15.35	6.78	92.45
4	15.41	6.80	105.86
5	15.44	6.83	101.28

3.4.3 稳定性测试（见表5）

测试时间：10 min。

测试次数：5次。

网络条件：千兆以太网口、六类网线。

表5 系统平均时延测试结果

测试序号	接入设备数				
	1	2	3	4	5
1	17.54	17.37	17.44	17.15	17.57
2	17.59	17.58	17.60	17.55	17.68
3	17.78	17.65	17.78	17.36	17.55
4	17.45	17.97	17.49	17.70	17.58
5	17.76	17.97	17.80	17.56	17.69

3.5 结果分析

测试结果表明：系统可以较为快速准确地实现对指定特征目标的识别定位和轨迹跟踪，并将监控画面和检测信息实时传输给主机，满足智能安防系统的要求。

在识别模块的测试中，我们通过增加视野中人员的数量来引入干扰并测试系统对多目标同时出现的识别速率，测试了系统对目标人员身份识别的准确性。结果表明：系统在不同场景下都能较为准确地识别出目标人员的特征，但在视野中人员数量变多时，识别速率会降低。

在视频编解码测试中，我们测试了 RZ/G2L 高性能边缘计算平台上硬件编解码器的编码性能，并与主机进行对比。结果表明：RZ/G2L 平台上的硬件编解码器的编码速度较快，并没有和主机形成较大差距，并且在编码过程中不会对 CPU 的其他线程进行阻塞，满足智能安防系统对视频编码的性能需求。

在网络通信测试中，我们测试了在不同数量设备接入情况下的平均传输延迟。受限于设备数量，暂无法在最大接入数量条件下进行测试，但在现有条件下，测试结果表明更多的设备接入并不会对系统的通信延迟产生影响，系统的网络结构设计完全满足智能安防系统的需求。

此外，本次测试的测试方案和测试数量仍然待优化增加。

4. 创新性说明

4.1 系统设计创新

4.1.1 系统架构创新

本系统使用了“一主端与多边缘端”方案，系统的识别检测跟踪任务全部在边缘计算平台 RZ/G2L 上进行，主机只进行监控画面和信息接收以及指令下发的工作，通过这样的系统架构加快了识别的实时性，减轻了主机的计算压力，降低了组网部署的难度。综上，通过对系统架构的创新使本系统可以简单地部署在更多的使用场景中。

4.1.2 检测平台结构创新

本系统的边缘跟踪检测平台主要由 RZ/G2L 边缘计算平台、UVC 相机以及二轴无刷云台构成，在 RZ/G2L 边缘计算平台上通过 UVC 相机采集图像信息进行行人检测和跟踪，并将画面通过 RZ/G2L 平台上的硬件 H264 编解码器进行编码传输，此外通过 RZ/G2L 的 CAN 接口控制云台上的无刷电机使监控跟踪的范围更广。综上，本系统在识别、视频编码、执行器控制上均使用了 RZ/G2L 平台上的外设，使部署更加方便且成本更低。

4.1.3 跟踪信息反馈创新

本系统通过应用与稀疏检测适配的多目标跟踪算法和行人重识别算法，可对指定目标进行跨境跟踪，在跟踪指定目标时会通过场景地图的先验信息得到目标行人在地图中的位置，在连续多帧检测和组网跟踪检测中得到目标的运动轨迹，并将轨迹信息反馈到监控主机上。在实际使用场景中，将减少大量的人力成本。

4.2 识别算法创新

4.2.1 识别检测网络选择创新

现有的智能安防平台一般都可以实现对视野中行人的识别，但很少有系统对行人的身份进行区分。本作品抛弃了仅使用目标检测网络常规方法，使用目标检测网络加行人重识别网络，可以根据不同行人特征进行行人的身份识别，并对指定的行人进行跟踪监测和轨迹提取。

4.2.2　识别策略和网络部署创新

由于识别算法需要部署在边缘计算平台 RZ/G2L 上，它的 GPU 性能较差，因此选择在 CPU 上进行模型部署。考虑到 CPU 的算力和浮点计算性能以及实时性的要求，我们在识别网络的部署方式和识别跟踪策略上做出了以下创新。

1）模型量化与剪枝

由于 RZ/G2L 自带的 CPU 支持 int8 加速以及对算力的评估，我们选择使用 8 位分辨率(int8)的模型进行部署，通过剪枝的方法压缩模型的参数量大小。测试结果表明：在精度没有过分丢失的情况下，整体的模型为原来的 1/5，推理速度提升了一倍。

2）稀疏识别

考虑到跟踪识别的目标为行人，其运动速度较慢，因此识别到连续多帧之间的交互信息量较大，直接对每帧进行识别会导致识别跟踪的实时性不够，因此我们选择使用稀疏识别的策略对目标，建立关键帧机制，在关键帧进行行人识别检测。经过实际测试，该策略对于行人目标的检测准确性和实时性较好。

3）与稀疏检测适配的多目标跟踪算法

提出 Sort＋检测器＋缓冲检测器的多目标跟踪方案，使用 KCF 作为缓冲检测器，规避了由于稀疏检测造成的速度更新不及时、速度误差过大等问题，提高了整体观测和预测得到的估计框的估计准确率。

5. 总结

5.1　设计总结

5.1.1　系统结构设计总结

基于跨镜识别的全景智能安防系统主要由多个分布式智能相机平台和一个监控主机构成。

智能相机平台和监控主机之间通过网络进行通信，平台向主机传输监控的视频流和目标位置的监控信息，并从其他主机处同步目标位置信息和身份信息，主机向平台传输指令等信息。

智能相机平台主要由 RZ/G2L 高性能边缘计算平台、UVC 相机、二轴无刷云台构成。RZ/G2L 边缘计算平台上通过 UVC 相机采集图像信息进行行人检测和跟踪，并通过平台上的 CAN 接口控制云台的无刷电机，使监测视野更加宽阔，此外通过 RZ/G2L 的 H264 硬件编解码器对监控画面进行编码，将编码后的视频流和检测到的目标位置信息通过平台上的千兆网口传出。

监控主机从网络中接收各智能相机平台的监控画面和目标行人的位置信息，并实时在监控软件的画面中进行显示。

5.1.2　系统软件设计总结

每一个智能相机平台可以通过监控主机指令和其他平台获取得到视野中无目标时的监

控区域。

使用稀疏识别适配 Sort＋检测器＋缓冲检测器的方案，在单个相机视角下进行目标的跟踪，并通过利用三角关系得到其在真实世界的位置和轨迹。当目标逐渐脱离相机视野时，控制二轴无刷云台进行跟踪监测。

使用行人重识别的方案，在目标脱离视角后，将目标特征向量通过主机广播到周围的相机中，在周围相机处继续完成重识别任务，并继续进行跟踪，实现全息跟踪算法。

将监控画面通过硬件 H264 编解码器进行编码，并将编码后的视频流与目标位置信息、身份信息等通过网络传给监控主机和其他智能相机平台。

5.2 成果总结

基于跨镜识别的全景智能安防系统使用 RZ/G2L 高性能边缘计算平台，实现了对指定特征人员的实时跟踪和位置提取，并在一定的区域内通过多个平台组网跟踪对目标人员进行定位，此外将监控画面和定位信息通过以太网传输给监控主机进行监控。

我们通过对识别跟踪算法的创新和优化，实现了较高实时性的目标人员识别和追踪，此外，根据 RZ/G2L 平台的外设进行整体系统设计，仅通过单一 RZ/G2L 平台即可实现一个智能全景相机平台的所有通信、计算和控制(通过平台上的硬件编码器加速视频的编码，通过平台上的 CAN 口实现了二轴无刷云台的控制，通过平台上的千兆以太网口实现了多平台间的通信和组网)。

5.3 未来展望

基于跨镜识别的全景智能安防系统在公共安防、人流监控、特殊人员轨迹排查等领域有着广阔的应用前景，并且 RZ/G2L 平台的边缘计算性能强大、外设种类丰富。我们会不断优化识别检测算法策略和多平台组网方式，并希望在将来能够使用更高性能的边缘计算平台，以实现更大人流密度场景下的多目标行人识别和轨迹跟踪，以在智慧城市的大趋势中更好地服务于人们的生活，建设人类共同期望的智慧家园。

参考文献

[1] 贾可斌. 基于 H.264 的视频编码技术与应用[M]. 北京：科学出版社，2013.

[2] 高翔. 视觉 SLAM 十四讲：从理论到实践[M]. 北京：中国工信出版集团，2017.

[3] UMEYAMA S. Least-squares estimation of transformation parameters between two point patterns [J]. IEEE transactions on pattern analysis and machine intelligence，1991，13(4)：1－4.

[4] SULLIVAN G J，OHM J，HAN W，et al. Overview of the high efficiency video coding (HEVC) standard[J]. IEEE transactions on circuits and systems for video technology，2012，22(12)：1649－1668.

[5] CHU D，JIANG C H，HAO Z B，et al. The design and implementation of video surveillance system based on H. 264，SIP，RTP/RTCP and RTSP[C]. Sixth International Symposium on Computational Intelligence and Design. IEEE，2013：39－43.

[6] 彭宏，吴海巍，叶敏展，等. 基于流媒体的移动视频直播系统的设计与实现[J]. 电子技术应用，2014(09)：111－113＋117.

[7] CHU D, JIANG C H, HAO Z B, et al. The design and implementation of video surveillance system based on H. 264, SIP, RTP/RTCP and RTSP[C]. Sixth International Symposium on Computational Intelligence and Design. IEEE, 2013: 39-43.

[8] LI Wei, ZHU Xiatian, GONG Shaogang. Harmonious Attention Network for Person Re-identification[J]. Computer Vision and Pattern Recognition. 2018: 2285-2294.

[9] CHEN Dapeng, YUAN Zejian, CHEN Badong, et al. Similarity learning with spatial constraints for person re-identification[J]. Computer Vision and Pattern Recognition. 2016: 1268-1277.

[10] CHEN Weihua, CHEN Xiaotang, ZHANG Jianguo, et al. A multi-task deep network for person re-identification. ArXiv: abs/1607.05369.

[11] GENG Mengyue, WANG Yaowei, XIANG Tao. Deep transfer learning for person re-identification [C]. 2018 IEEE Fourth International Conference on Multimedia Big Data (BigMM), 1-5.

[12] HENRIQUES J F, CASEIRO R, MARTINS P, et al. High-speed tracking with kernelized correlation filters[J]. IEEE Transactions on Pattern Analysis and Machine Intelligence, 37(3): 583-596.

[13] HOWARD A. SANDLER M, CHU C, et al. Searching for MobileNetV3[C]. 2019 IEEE/CVF International Conference on Computer Vision (ICCV), 2019: 1314-1324.

专家点评

该作品通过人物穿着、体态、发型等信息来判断图像或视频序列中是否存在特定的行人，可以解决传统人脸识别技术遇到的一些问题，如人脸被遮挡、距离过远时的人物身份识别问题，并通过跨镜追踪技术解决了某一角度数据采集出现的盲区问题。通过其原型系统演示可以看出，该系统能够从不同角度识别人物身份，对公安监视追踪嫌疑人，物业排查可疑人员等提升工作效率有一定的帮助。

作品13 “启盲星”——多感官辅助智能导盲设备

作者：王迪　尚锦奥　蒋天舒　（西安交通大学）

作品演示

作品代码

摘　要

本作品基于RZ/G2L开发平台，针对视障人员出行困难、获取环境信息不方便等问题设计了一款网络化语音图像检测与识别的多感官辅助智能导盲设备。系统以瑞萨RZ/G2L硬件开发平台为核心，包括USB摄像头、麦克风、扬声器、超声波测距模块、GPS定位模块、九轴陀螺仪、导盲手杖、震动模块等外设，充分展现了深度学习特性，让人工智能技术助力视障人士辅助设备发展。系统采用一种轻量级的道路目标检测模型——YOLOv2-MobileNet，可以实现低延迟的响应，帮助视障人员及时避障；采用智能语音交互，为视障用户提供实时语音播报环境信息。本项目调用百度AI云平台作为语音交互技术，其适用于语音识别、合成、控制和对话等场景。

本作品一方面具有较高的现实意义，有望为视障人员的安全出行提供有效指导与辅助，帮助用户感受世界缤纷，拥抱多元未来；另一方面，也对导盲设备未来发展的可能性进行积极探索。本作品包含导盲杖与穿戴智能背心两个设备，分别处理不同角度的信息，互为补充，二者之间通过无线的数据接收发模块进行设备之间的交互，实现硬件设备网络化的连接，同时，智能背心设备带有的SIM接口，可以实时与家人联系与通话。系统也设计了云端监护系统，家人可以通过小程序更加便捷、快速地进行实时监护与定位，更好地保障用户出行安全。最后，我们还考虑到了视障人员的心理因素，使得穿戴设备外观努力向正常衣物贴近，减少视障群体使用智能导盲设备的心理负担。

关键词：智能导盲设备；深度学习；目标检测；语音交互；网络化连接

“Lighting Star for the Blind”——Multi-sensory Assisted Intelligent Blind Guidance Equipment

Author: WANG Di, SHANG Jin’ao, JIANG TianShu(Xi’an Jiaotong University)

Abstract

Based on the RZ/G2L development platform, this work designs a multi-sensory assisted intelligent blind guidance equipment for networked voice and image detection and recognition, aiming at solving the problems of visually impaired people's difficulty in traveling and inconvenient access to environmental information. With the RZ/G2L hardware development platform as the core, the system includes USB binocular depth camera, microphone, speaker, ultrasonic distance measuring module, GPS positioning module, IMU accelerometer, blind walking stick, vibration module and other peripherals. The system fully demonstrates the deep learning characteristics and enables Artificial Intelligence technology to help the development of assistive devices for the disabled. The system adopts a lightweight road target detection model—YOLOv2 MobileNet, which can realize low delay response and help visually impaired personnel avoid obstacles in time. Intelligent voice interaction is adopted to provide real-time voice broadcasting environment information for visually impaired users. As to voice interaction technology, this project considers calling Baidu AI cloud platform, which is applicable to speech recognition, synthesis, control, dialogue and other scenarios.

On the one hand, the project has high practical significance and is expected to provide effective guidance and assistance for the safe travel of visually impaired people, help users feel the world and embrace a diversified future; on the other hand, the project also actively explores the future development of the blind guide equipment. The project includes blind guide stick and smart vest, which respectively processes information from different angles and complement each other. The two devices interact with each other through the wireless data receiving and receiving module, so as to realize the network connection of hardware devices and make up for the limitations of information collection of each device. At the same time, the SIM interface of the smart vest device can contact and talk with family members in real time. The system has also designed a cloud monitoring system. Family members can conduct real-time monitoring and positioning more conveniently and quickly through small programs, so as to better ensure the travel safety of users. Finally, we also attend to the psychological factors of the visually impaired, so that the appearance of the wearable equipment is close to the normal clothes, which reduces the psychological burden of the visually impaired people when they are equipped with intelligent guide devices.

Keywords: Intelligent Blind Guide Equipment; Deep Learning; Target Detection; Voice Interaction; Network Connection

1. 作品概述

1.1 项目背景

据《柳叶刀》一篇研究报道，如果现有眼疾的医疗水平不提高，预计至2050年，全世界的失明人数将增加到1.15亿，比2022年的盲人人数多出2.2倍。此外，全球因各种原因造成的中度及重度视力受破坏者达到2亿多，该数字预计至2050年将超过5.5亿。

目前，我国视障群体所依靠的传统导盲手段存在盲道经常被占用、沿盲道活动范围小、传统导盲手杖功能单一、导盲犬训练周期长、成本高昂等问题，很大程度上影响了视障群体的正常生活。

1.2 国内外研究现状

目前，关于导盲系统的研究主要分为三大类：引导式智能手杖、移动式导盲机器人和穿戴式辅助系统。

引导式智能手杖中具有代表性的是Johann Borenstein研发的GuideCane，其具有半自动导航功能，当有障碍物出现时，该手杖会转变方向，引导使用者偏离障碍物位置，从而规避障碍物。

移动式导盲机器人中，日本山梨大学研发的智能手推车ROTA(Robotic Travel Aid)集视觉和听觉系统为一体，在行进过程中能根据周围环境提示用户采取行动。

穿戴式辅助系统中，美国Shoval实验室开发了腰带式行动辅具NavBelt，其设计思路和系统原型为导盲产品设计打开了新局面。

1.3 研究目标及主要内容

1.3.1 研究目标

基于以上研究背景，本作品围绕以下目标进行设计：

(1) 了解视障人员群体出行各方面的特征，挖掘其安全方便出行的核心需求。

(2) 构建基于计算机视觉的穿戴辅助设备，通过基于双目深度摄像头的视频输入，对视障人员目前路况进行识别和信息播报。

(3) 研究交互设计的方法理论与设计理念，提出针对视障人员的交互设计方法和原则，设计智能交互方案。

(4) 通过外设传感器检测并记录视障人员出行状况及数据。

1.3.2 研究主要内容

本作品采用网络化语音图像检测与识别技术，结合人机工程学，设计了一种多传感器信息融合的智能导盲设备。项目研究内容包括以下几个方面：

(1) 视觉处理路况。本作品通过设计一款新型智能化的导盲设备，结合智能导盲杖和穿戴式智能背心，借助实时图像信息进行路况识别与路径规划，为视障人员出行提供支持与服务。

(2) 语音交互。视障人员对声音有天然的敏感，本着易用性的设计理念，本作品采用语音交互的方式，为视障人员提供危险提示、语音导盲、场景反馈等功能。

(3) 应急处理。为保障视障人员出行安全，导盲设备具有应急处理功能。当用户遇到突发情况需要求助时，系统应具备报警和拨打求救电话的功能。

2. 作品设计与实现

2.1 系统方案概述

针对视障人员日常出行的实际需求，我们旨在针对视障人员出行方向感缺少，无法确定路况安全等问题，设计了一款适用视障人员中、短距离出行，融合了场景识别、语音识别、障碍检测、人机交互等技术的智能导盲设备。

本作品适用群体、使用场景及系统评估如下：

适用群体：面向视觉功能缺失，但听觉功能和触觉功能良好的视障人员。

使用场景：户外城市道路，视障人员常活动的周边街道。

系统评测：以视障人员在城市中可能遇到的出行场景为例，设置各种常见路标及障碍物进行评测。

2.2 系统功能

本作品为视障人员提供了语音交互提醒，盲道检测，场景与交通情况检测，道路障碍物提醒，路径指导及跌倒检测；为视障人员家人提供了定位信息查看与紧急呼救功能。根据不同场景、不同模块协同工作，通过语音反馈、触觉反馈等多种交互方式将识别结果反馈给用户，可以降低视障人员出行的潜在风险。本作品功能框图如图 1 所示。

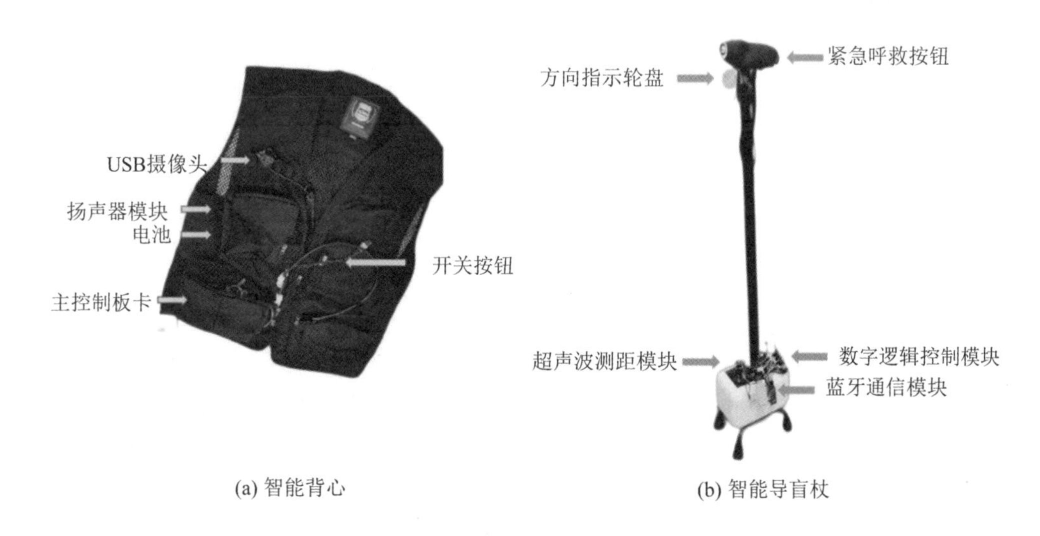

(a) 智能背心　　(b) 智能导盲杖

图 1　本作品硬件结构图

本作品以导盲背心和智能导盲杖为载体(见图 1)，以瑞萨 RZ/G2L 硬件开发平台为核心，搭载 USB 摄像头、麦克风、扬声器模块、超声波测距模块、GPS 定位模块、九轴陀螺仪、辅助触摸板、震动模块等外设充分展现深度学习特性，让人工智能技术助力视障人员辅助设备发展。

本作品功能如下：

1）场景分析：准确识别道路信息及障碍物

本系统基于摄像头图像的目标检测，通过智能提示避障算法，对当前视域内的各种物体进行目标检测，分析场景中物体信息并进行分类，识别并找出影响视障人员行进的物体如红绿灯、斑马线、盲道、道路障碍物等，设计算法对目标的信息进行处理，识别场景并提示危险，指导视障人员行进。

2）辅助感知：通过语音交互、触觉反馈助力用户感知

本系统可以通过对各种模块的信息融合给出语音指导，防止盲人偏离盲道，通过视觉识别系统识别道路中的物体，搭配超声波模块的辅助死角障碍物识别，使用语音模块，震动反馈以及触摸方向板为盲人提供行进指导，提高独自出行的环境感知。

3）网络化：通过网络化设备使盲人出行不再孤单

系统配备 GPS 导航设备及 GSM/GPRS 网络功能模块，一方面，通过 GPS 定位，获取当前位置与目标地点位置经纬度坐标，通过地图 API 为盲人提供导航方案；另一方面，网络功能模块接入互联网并将出行信息上传至云端，其家人可以时刻通过 APP 查看定位信息及状态，当遇到意外情况时，盲人可向亲人拨打紧急电话，为出行安全提供保障。

2.3 实现原理

2.3.1 路况目标检测

为了在移动边缘设备端进行简单快速的人行道路识别，本项目选用了 SSD-MobileNet 的轻量化神经网络进行道路目标检测。

SSD 模型是由 Wei Liu、Dragomir Anguelov 等人提出的使用单个深层神经网络检测图像中对象的方法。SSD 模型的结构如图 2 所示，前五层为 VGG-16 网络的卷积层，第六和第七层全连接层转化为两个卷积层，后面再添加三个卷积层和一个平均池化层。基础网络结构为 VGG-16 卷积神经网络的主体，并连接多层卷积层和池化层作为额外特征提取

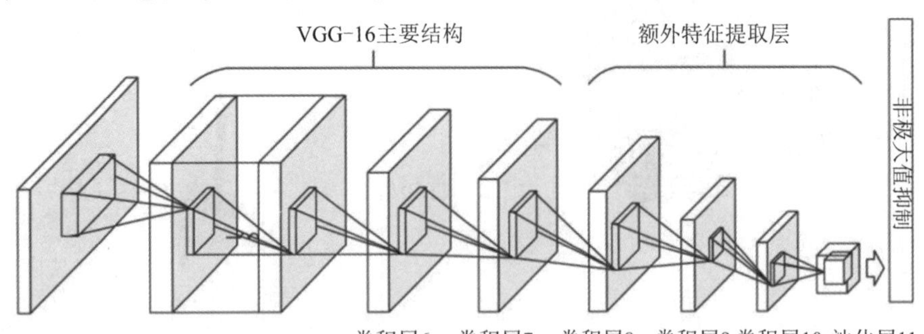

图 2　SSD 模型结构图

层。SSD 同样采用回归方法获取目标对象位置和类别，不同的是 SSD 使用的是目标对象位置周围的特征而非全图的特征。SSD 各卷积层将特征图分割为若干相同大小的网格，称为 feature map cell，对每个网格设定一系列固定大小的包围盒，称为 default boxes。然后分别预测 default boxes 的偏移以及类别得分，最终通过非极大值抑制得到检测结果。default boxes 的作用类似于 Faster R-CNN 的 anchor 机制，不同的是 default boxes 作用于不同层次的多个特征图，这样可以利用多层的特征以最佳尺度匹配目标对象的实际区域。

SSD_MobileNet 模型使用 MobileNet 网络代替 VGG 网络作为基础网络结构。MobileNet 是 Andrew G. Howard 等人提出的适用于嵌入式视觉应用的高效模型。MobileNet 的主要特点是用深度级可分离卷积替代传统网络结构的标准卷积来解决卷积网络的计算效率低和参数量巨大的问题。Andrew G. Howard 等人在实验中对比了基于 SSD 框架下，VGG 模型和 MobileNet 模型使用 COCO 数据集训练及测试的结果。得出的结论为 SSD 框架结合 MobileNet 网络结构实现目标检测尽管检测准确率略有下降，但计算量和参数量大幅减少。对于机器人等硬件资源有限的嵌入式平台应用，使用 MobileNet 这样轻量级、低延迟的网络模型能够有效地提高目标检测的实时性。

本作品基于 OpenCV 及 SSD_MobileNet 的目标检测方法利用卷积神经网络自动地提取目标的特征，然后对图像中的物体进行目标检测，极大地提高了检测精度和速度。可以实现低延迟的响应，本作品考虑采用此模型进行道路目标检测，帮助视障人员及时避障以及目标场景的内容解释。

本作品通过对生活中户外人行道路上的常见物体进行数据采集，收集了 2000 张图片作为数据集进行数据处理，处理后得到的物体标签共有 15 类，共计 15 000 次标签标注。并在神经网络框架 TensorFlow 下进行模型训练，最终得到的模型应用检测效果如图 3 所示。

图 3 道路检测效果图

2.3.2 智能语音交互

语音交互是本作品主要的交互方式，系统需要在嘈杂环境中精准识别视障人员的指令，并进行及时的语音反馈。

1）基于 Kaldi 开源工具箱的语音识别

本作品语音系统链路复杂，涉及技术模块多样，所需的领域知识点繁多，对工程优化的要求高。随着语音算法的逐代升级，语音技术链路的相关研发工具也逐步成型完善。我们主要采用 Kaldi 工具箱进行语音识别的训练。Kaldi 是一款基于 C++的开源语音识别系统，运行稳定、可嵌入本地平台，支持子空间高斯混合模型、网络自适应技术和循环神经网络等高阶模型，还集成了 MFCC、LDA 等特征提取手段，既可实现 CPU 多线程加速的深度神经网络 SGD 训练，也可运用 GPU、计算棒等加速计算。此外，Kaldi 以语音识别为核心进行全局设计：包括文件 I/O 及存储、数据处理流水线、模型训练流水线，整合了线性代数拓展与有限状态机(WFST)作为语音识别解码的统一框架，并提供了离线/在线识别原型等，它的代码设计易于扩展、开放开源协议，是一个完整的语言识别系统搭建工具。

基于 Kaldi 工具箱的语音训练与识别系统主要包括四个部分，即语音信号处理和特征提取、声学模型(AM)、语言模型(LM)和解码搜索，如图 4 所示。Kaldi 的语音识别分为训练和部署两个部分，训练部分主要基于依赖语料库的 AM 模型和依赖文本库的 LM 模型，当两个模型的参数在训练过程中逐渐收敛，达到一定的模型时，参数便可用于模型部署，即语言的解码和搜索。

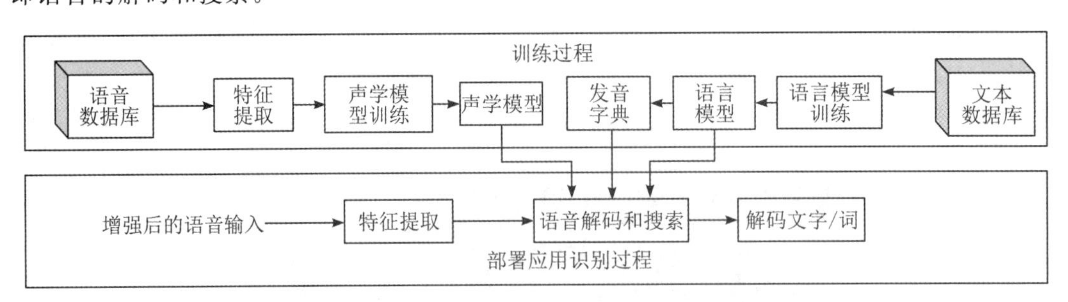

图 4 Kaldi 工具箱训练流程

2）百度语音 API

百度 AI 云平台适用语音识别、合成、控制和对话等场景，不同场景有相同的 API Key 和 Secret Key，只要以 HTTPS 的方式向平台请求服务，就可以得到 AI 分析结果。百度 AI 平台调用开放 API 需要使用 OAuth2.0 授权，需要在 URL 里包含 AccesssToken 参数，此参数可以通过向授权服务地址发送请求来获取。

为实现本地嵌入式平台与百度云端通信，创建应用并将对应的 API Key 和 Secret Key 填写到 Python 代码中，通过编写程序，调用百度 REST API 给予的标准 HTTP 端口，按照 JSON 数据格式，将采集的语音数据(pcm、wav、amr、m4a 等格式，采样率 16 000、8000，16 bit 位深，单声道)上传百度 AI 云平台进行识别，接收文字识别结果，并通过百度 AI 语音合成接口获得一段 MP3，进行语音播放，即实现了语音的识别与合成。

最终系统功能实验 Qt 演示如图 5 所示。

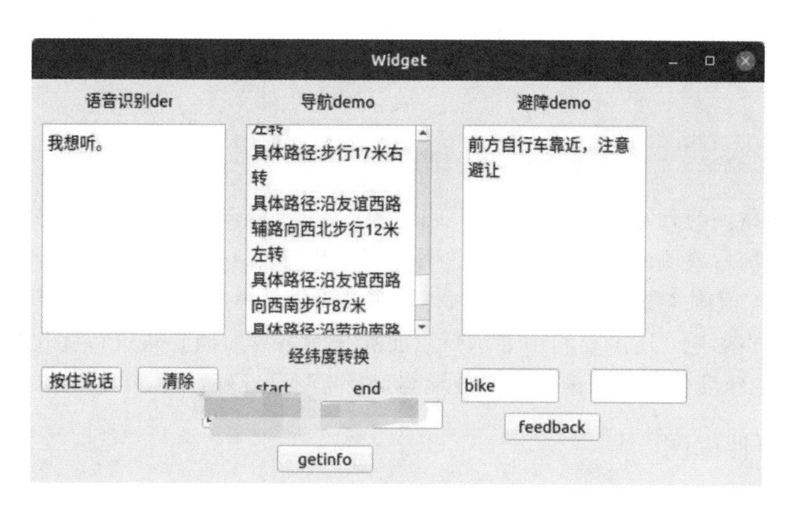

图 5 实时识别结果

2.3.3 跌倒检测

人体发生跌倒是指突发的、不自主的、非故意的体位改变，一般只发生在一瞬间。在这瞬间，人体的位置、速度和加速度都将发生瞬间的巨大变化，人体姿态也会发生相应变化，根据 X、Y、Z 三轴加速度的数值可以计算出三个姿态角："pitch 俯仰角""roll 左右偏侧角""yaw 竖直方向转角"，根据三个姿态角不仅可以判断出人体是否跌倒，还可以得到人体姿态的具体姿态。

以人体质点为原点，九轴陀螺仪参考坐标系如图 6 所示。

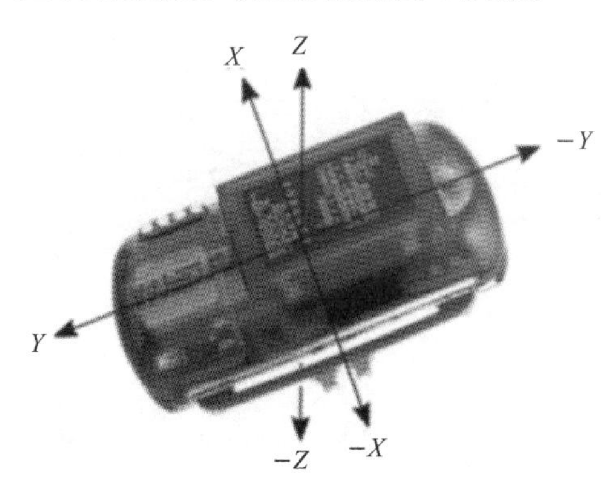

图 6 九轴陀螺仪参考坐标系

假设人体正前方为 X 轴，正左为 Y 轴，正上方为 Z 轴，那么这三个姿态角的定义分别为：

pitch：X 轴与水平面的夹角，对应人体向前向后的俯仰角；

roll：Y 轴与水平面的夹角，对应人体向左向右的侧偏角；

yaw：Z 轴与竖直方向的夹角，对应人体绕 Z 轴的旋转角。

这三个姿态角与重力在 XYZ 轴方向上的加速度关系如下：

$$\text{pitch} = \alpha = \arctan\left(\frac{a_X}{\sqrt{a_Y^2 + a_Z^2}}\right) \tag{1}$$

$$\text{roll} = \beta = \arctan\left(\frac{a_Y}{\sqrt{a_X^2 + a_Z^2}}\right) \tag{2}$$

$$\gamma = \arctan\left(\frac{\sqrt{a_X^2 + a_Z^2}}{a_Y}\right) \tag{3}$$

根据人体跌倒与日常生活活动(ADL)中的姿态的区别来判断跌倒是否产生，人体在跌倒时大部分是前后或侧向跌倒，这两种跌倒都将分别导致 pitch 和 roll 在短时间内发生大幅度抖动，yaw 值则主要用来辅助计算人体的静止姿态。考虑到 MEMS(微机电系统)传感器容易受到噪声影响，还需要利用卡尔曼滤波算法对估算的倾斜角进行优化处理，消除噪声对 MEMS 加速度传感器测量值的部分影响，提高测量准确性。

2.4 系统硬件框图

本作品硬件设备(见图 7)及其作用如下：

- 瑞萨 RZ/G2L 开发套件，作为控制中心，完成图像与语音的处理；
- 一个双目深度摄像头，作为视觉图像信息采集设备，负责周围环境的感知；
- 一个加速度计，用于进行跌倒检测；
- 一个 GPS 模块，用于系统定位与导航；
- 一个 4G/5G 通信模组，用于系统入网与通信；
- 一个显示器和麦克风，用于交互功能；
- 一件智能背心，用于搭载系统各硬件模块；
- 一根智能导盲杖，用于部分辅助导盲功能的实现。

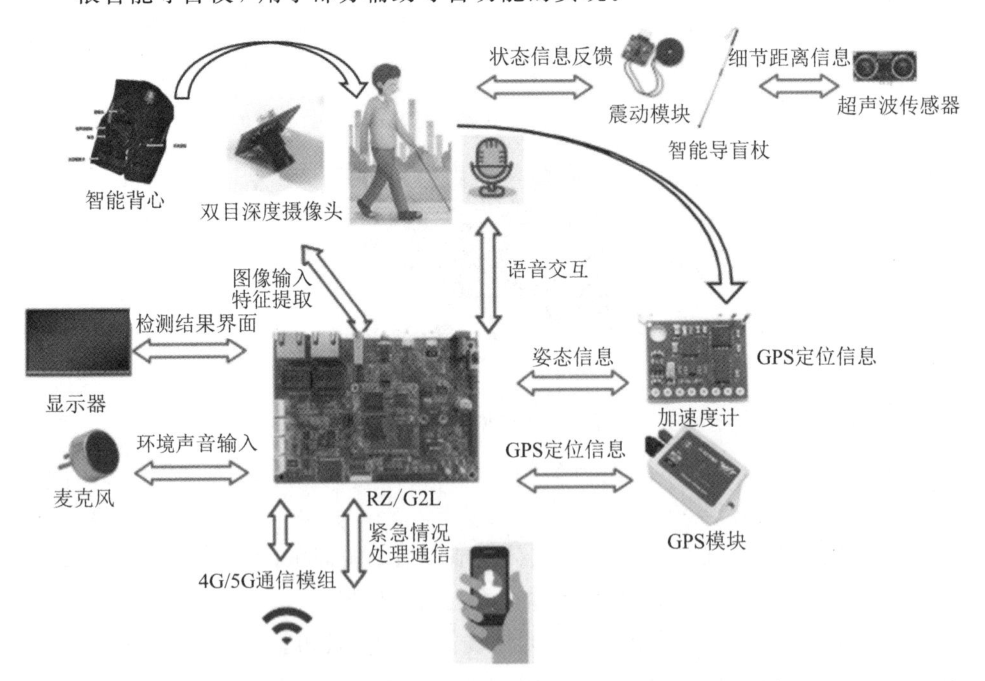

图 7　系统硬件框图

2.5 软件流程

本作品的控制以计算机视觉为主，语音交互为辅，致力于让视障人员轻松便捷地使用系统功能。系统软件框图如图 8 所示。计算机视觉主要负责可穿戴设备的摄像头所获取的环境状况信息，对路况进行目标检测，同时通过双目深度摄像头所获取的距离信息对周围环境的信息进行过滤，从而达到信息获取和道路避障等功能；通过计算机视觉获取反馈的环境信息，可进行自然语言合成处理，将目标检测的结果通过算法进行合成使其成为使用人员可以理解的话语信息；通过语音交互的技术可以将语言合成的语句为视障人员进行语音播报，使其能够对环境状况做出相应的举措，同时，语音识别技术允许使用人员通过语音指令操控整个可穿戴系统的工作。智能导盲杖通过蓝牙与主控制系统相连接，进行信息传递，并通过简单的超声波测距及震动为用户提供计算机视觉难以察觉的环境信息。

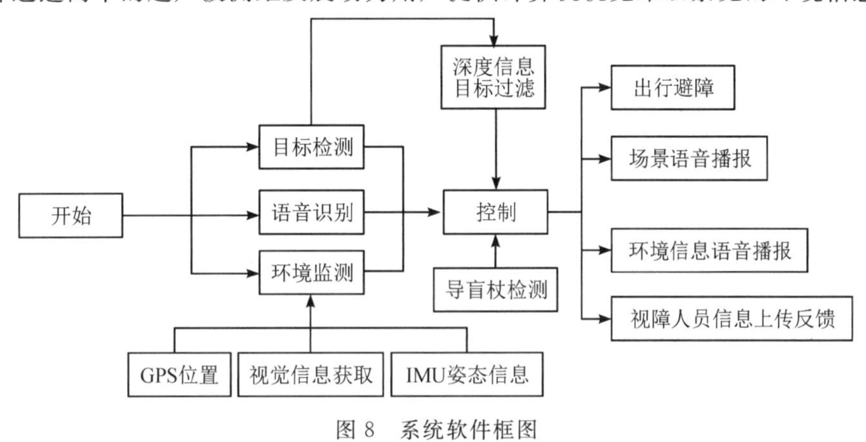

图 8 系统软件框图

2.6 功能指标

2.6.1 目标检测

本作品通过摄像头的视频输入，可以实时在视角范围内对环境信息进行检测，能够较为精准地提取并标记环境目标物体，采用基于 YOLOv5-MobileNet 的算法对输入图像进行目标检测。在设备正常无损的情况下，目标检测准确率达到 90%以上，每帧图片处理时间不超过 20 ms。

2.6.2 语音交互

本作品通过语音控制或触摸屏控制进行人机交互，可以针对视障人员特点，提供友好的交互方式，便于操作。语音交互的无接触设计降低了视障人员的学习成本，避免视障人员对新技术产生畏难情绪。

2.6.3 视障人员状态获取

本作品采用 GPS 模块对视障人员的实时位置进行测量与反馈，并通过 IMU 姿态模块对视障人员的身体姿态进行测量反馈，记录视障人员使用状态。

2.6.4 智能导盲杖检测

本作品的智能导盲杖通过简单的超声波测距以及震动为用户提供计算机视觉难以察觉

到的环境信息。

3. 作品测试与分析

3.1 系统整体测试方案

由于条件有限，本系统测试以室内环境为主。测试过程可分为图像识别测试、语音交互测试，外设模块测试等。首先将摄像头接入系统平台，进行图像识别测试，分析各个目标检测的准确率。然后基于目标检测的结果进行语音交互功能测试，分析语音识别精度。最后对系统其他功能模块进行测试，分析各模块可行性，测试系统整体性能。

3.2 测试设备

测试设备包括“启盲星”——多感官辅助智能导盲设备(本作品)，摄像头三脚架，盲道贴纸、常见道路标识，麦克风及蜂鸣器(噪声生成设备)。

3.3 测试环境搭建

3.3.1 室内测试环境

室内测试环境主要由盲道贴纸与路障模型等组成，主要功能是测试目标检测算法与语音识别算法的理论最优性能，并且在保证图像目标检测准确性的情况下，测试自然语言生成模型的效果，与自然语言进行比较。室内测试环境如图9所示。

图9 室内测试环境

3.3.2 室外测试环境

室外测试环境选择在校外街道，该街道有盲道、斑马线、行人、自行车、汽车、路障等多种路况元素(见图10)，能够满足目标检测算法的识别要求，也能够较好地展示目标检测算法的效果。另外，室外测试环境也能真实地反应语音识别环境的干扰与噪声，可以测试语音识别在噪声环境下的准确率与效果。同时，也可以通过小程序测试图像传输至云端的延迟与清晰度等。室外测试结果如图11所示。而在硬件系统的测试方面，室外环境可以判断语音唤醒、GPS 信息的读取与导航是否准确以及振动模块工作情况。

图 10 室外测试场景

图 11 室外测试结果

3.4 测试数据

3.4.1 图像识别测试

在光线较好的实验室中，测试人员穿戴设备，将摄像头与系统通过 USB 接口相连。在实验室中铺好盲道贴与路障模型等用于目标检测，测试者首先在无遮挡条件下依次在距离摄像头 2 m、4 m、6 m 处以不同角度识别模拟路况，随后在部分遮挡条件下重复一次演示，采用摄像头拍摄视频作为图像检测测试数据集。

系统在 Ubuntu18.04 环境下用硬件平台 CPU 单独测试跌倒检测功能程序，得到视频处理平均速度为每秒 21 帧，CPU 占有率平均为 38%。对主要目标进行测试，测试成功率如表 1 所示。

表 1　目标检测测试成功率统计表(主要目标)

测试目标	准确率/%					
	无遮挡			部分遮挡		
	距离 2 m	距离 4 m	距离 6 m	距离 2 m	距离 4 m	距离 6 m
盲道	90	90	75	80	82	72
行人	85	82	77	83	79	75
车辆	85	73	62	74	68	57
路障	87	85	78	77	75	69
斑马线	84	83	76	76	72	71
红绿灯	80	75	71	78	75	73

3.4.2　语音交互测试

系统先在较安静条件下进行语音交互测试，邀请了三位测试者对语音唤醒、语音命令交互及紧急呼救依次测试 40 次，测试数据如表 2 所示。

表 2　语音交互测试数据统计表(室内)

测试对象	准确率/%		
	语音唤醒	语音命令交互	紧急呼救
甲	95	90	95
乙	100	90	100
丙	100	85	100

接下来在实际路况进行语音交互测试，测试方法是测试人员在室外录好特定的音频，将音频导入降噪算法中，将降噪处理后的音频导入识别算法，测试识别准确率。系统同样邀请了三位测试者在不同环境下各录音了 40 次，测试数据如表 3 所示。

表 3　语音交互测试数据统计表(室外)

测试对象	准确率/%		
	语音唤醒	语音命令交互	紧急呼救
甲	87.5	82.5	82.5
乙	92.5	85	87.5
丙	90	87.5	85

3.4.3　外设模块测试

1）GSM 模块

连接好各信号线后，GSM 模块上电开始运行，如图 12 所示。在 GSM 模块上插上一张

SIM 卡，手机号为 150＊＊＊＊6168，然后在 Ubuntu18.04 系统中通过串口发送 AT 指令，测试 GSM 模块通话功能，分别向 10 个测试者手机拨打电话，测试数据如表 4 所示。

图 12 GSM 测试

表 4 GSM 模块通话功能测试数据统计表

电话号码	测试结果
185＊＊＊＊8685	拨号成功
135＊＊＊＊9386	拨号成功
184＊＊＊＊2716	拨号成功
182＊＊＊＊1586	拨号成功
133＊＊＊＊3387	拨号成功
186＊＊＊＊1508	拨号成功
171＊＊＊＊1618	拨号成功
185＊＊＊＊2586	拨号成功
189＊＊＊＊8396	拨号成功
159＊＊＊＊8041	拨号成功

2）GPS 模块

连接好电源线与信号线后，测试人员持设备在校园内、外及其他各种室外环境下测试数据，并将其与手机定位信息进行比较，测试结果如表 5 所示。

表 5 GPS 模块测试数据统计表

GPS 模块	手机测得经、纬度信息
34.2516，108.9857	34.2517，108.9856
34.2519，108.9766	34.2518，108.9765
34.2515，108.9646	34.2514，108.9645
34.2514，108.9654	34.2513，108.9653
34.2513，108.9858	34.2512，108.9857

3.4.4 语音唤醒测试

测试人员从 2、4、6、8、10 m 不同距离分别呼叫“启盲星”10 次(见图 13),检测本作品是否回应,测试结果如表 6 所示。

图 13 语音唤醒测试场景

表 6 语音唤醒测试表

呼叫距离/m	语音唤醒是否成功										唤醒成功率/%
	①	②	③	④	⑤	⑥	⑦	⑧	⑨	⑩	
2	√	√	√	√	√	√	√	√	√	√	100
4	√	√	√	√	√	√	√	√	√	√	100
6	√	√	√	√	√	√	√	√	√	√	100
8	√	√	√	√	√	√	×	√	√	√	90
10	√	√	√	×	√	√	√	√	×	√	90

3.4.5 路线纠正测试

测试人员穿戴导盲设备在沿盲道行走的过程中在不同方向偏离盲道 6 次,测试本作品语音提醒模块是否进行正确的测试结果如表 7 所示。

表 7 路线纠正测试表

测试序号	偏离方向	语音纠正		路线纠正是否正确	路线纠正成功率/%
		左侧纠正	右侧纠正		
①	右侧		√	是	100
②	左侧	√		是	
③	右侧		√	是	
④	左侧	√		是	
⑤	右侧		√	是	
⑥	左侧	√		是	

3.4.6 超声波避障测试

摆放尺寸较小且高度较低的障碍物，对每个障碍物重复检测 5 次，测试导盲设备能否通过超声波检测到障碍物(距离 70 cm 以内)，并通过所设计的触摸式方向指示盘来获取物体的准确方位，测试结果如表 8 所示。

表 8 超声波避障测试结果

障碍物序号	障碍物尺寸/(cm×cm×cm)	障碍物类型	是否检测到					检测成功率/%
			①	②	③	④	⑤	
1	12×5×5	易拉罐	√	√	√	√	√	100
2	20×20×20	纸箱	√	√	√	√	√	100
3	40×40×60	三角路障	√	√	√	√	√	100
4	3×3×120	红绿灯模型	√	√	√	√	√	100
5	25×25×25	滚动球形物体	√	√	√	√	√	100

3.4.7 摄像头避障测试

设置不同类型的尺寸较大、高度较高的障碍物，对每个障碍物重复检测 5 次，测试设备的图像分析系统能否正确识别物体类型，实地测试如图 14 所示，测试结果如表 9 所示。

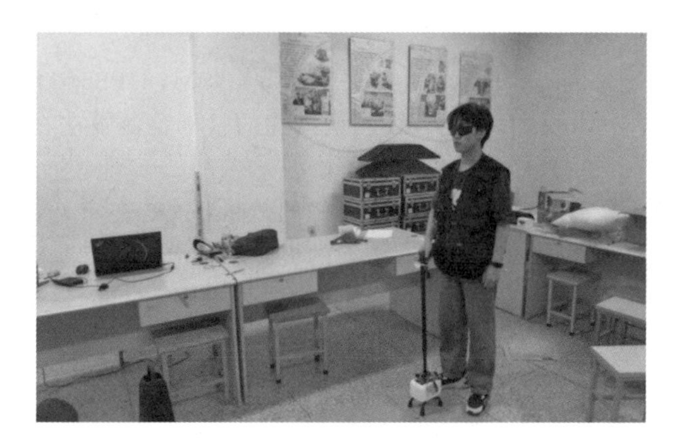

图 14 避障测试场景

表 9 摄像头避障测试表

障碍物序号	障碍物尺寸/(m×m×m)	障碍物类型	是否检测到					检测成功率/%
			①	②	③	④	⑤	
1	0.3×0.3×0.5	路障	√	√	√	√	√	100
2	1.8×0.3×0.2	行人	√	√	√	√	√	100
3	2×0.5×0.2	自行车	√	√	√	√	√	100

3.4.8 红绿灯测试

测试人员穿戴导盲设备，面朝红绿灯模型，来回调整红绿灯模型的颜色 10 次，测试设备对模拟红绿灯颜色的识别准确率，测试结果如表10所示。

表10　红绿灯识别测试结果

红绿灯颜色	摄像头检测颜色										摄像头检测成功率/%
	①	②	③	④	⑤	⑥	⑦	⑧	⑨	⑩	
红灯	红	红	红	红	红	红	红	红	红	红	100
绿灯	绿	绿	绿	绿	绿	绿	绿	绿	绿	绿	100

3.4.9　报警功能测试

测试人员重复按下呼救按钮5次，测试设备“主动呼救”功能是否正常；测试人员跌倒重复5次，测试设备“被动呼救”功能是否正常，测试结果如表11所示。

表11　报警功能测试结果

测试人员行为	是否播报呼救信号					测试成功率/%	是否拨打紧急电话					测试成功率/%
	①	②	③	④	⑤		①	②	③	④	⑤	
按下呼救按钮	√	√	√	√	√	100	√	√	√	√	√	100
跌倒	√	√	√	√	×	80	√	√	√	√	√	100

3.5　测试结果分析

（1）测试数据与结果说明本作品的主要外设模块(GSM，GPS等)能够正常工作。

（2）基于YOLOv5-MobileNet轻量级模型搭建的目标检测算法在室内模拟环境中能够起到较好的效果，而在室外时精确度有所下降。

（3）语音识别方面，室内环境能够达到较好的效果，但是在室外，准确率与反应速度均有下降，降噪算法能对系统的准确率有一定的提升。

4. 创新性说明

1）智能导盲杖与智能背心一体化设计

智能导盲杖提供探底触觉信息，并通过安装在其上的超声波探测仪，将摄像头不易观察到的、贴近地面的障碍物探测出来，同时有助于视障人员保持平衡；智能背心通过安装在其上的摄像头采集视障人员正向视角的障碍物，识别道路信息，同时提供盲道路线指引，并分析红绿灯等道路信息。智能导盲杖与智能背心分别处理不同视觉角度的信息，共同提供安全保障。

2）网络化设备保障出行安全

本作品带有SIM的接口，通过GSM/GPRS网络设备，能够实现实时与家人联系与通话，准确上传视障人员状态信息。系统还设计了云端监护系统，摄像头所识别的信息会上传至微信小程序，家人可以通过小程序实时监护与定位，保障出行安全。

3）多感官辅助出行

本作品在智能导盲杖上设置按键与语音交互功能，配备辅助触摸板，指示道路障碍物方位，振动模块指示方向。通过触觉与听觉的双重人机交互，当用户穿戴设备时，只需简单操作即可安全出行。充分考虑视障人员的心理因素，穿戴设备外观上无异于正常衣物。

4）充分考虑人因工程性

本作品充分考虑到紧急情况，设计了多种处理措施，视障人员感觉不适时，可以主动按下按键呼叫紧急联系人；当陀螺仪测得加速度超过阈值，会询问视障人员是否跌倒并自动拨打求救电话，还设计了跌倒检测与长时间无应答检测，以此实现安全保障。

5. 总结

5.1 系统特色

1）融合多技术，稳定高效

本系统融入道路目标检测、语音识别、自然语言生成、多感官、通信等技术，基于目标检测结果、自然语言生成算法完成功能，鲁棒性较高，稳定性较好。

2）关爱视障人员

本系统针对视障人员设计，具有语音与按键双重操控指令，实现了友好的人机交互，具有高度的人性化，且充分考虑了视障人员的心理因素，智能背心外观与常规衣物区别不大。

3）配备简单硬件，成本较低

本系统采用了多项当前较成熟的外设模块，对摄像头要求不高，配合词库匹配算法，具有较高的性价比。

4）充分挖掘系统资源

本系统深度挖掘了瑞萨 RZ/G2L 硬件平台的资源，充分利用了其强大的视觉处理加速功能，对程序进行优化，有效降低了 CPU 负载，提高了系统性能。

5.2 前景展望

在技术发展趋势上，本系统综合运用了计算机视觉、语音交互技术及物联网技术，深度融入了当前人工智能发展浪潮。计算机视觉和语音交互领域方兴未艾，是最受创投圈欢迎的人工智能技术，也是各大企业积极布局以及投资者极为看好的方向。未来，AI 技术和物联网将更加密切地融合发展，而且随着芯片技术的发展，先进硬件将为人工智能模型的速度提供更高的支持来进行复杂的计算。因此，本系统计算性能仍将有较大的提升潜能，有机会为视障人员提供更加安全可靠的服务。在政策支持上，在当前社会背景下，辅助残疾人设备产业具有广阔的市场需求和良好的发展前景，国家政策重视智慧健康助残产品。2021 年 7 月 8 日，国务院印发并实施《“十四五”残疾人保障和发展规划》。

国家政策为产业发展提供了相应的支持，本作品设计内容符合社会发展需要，符合国家战略支持，具有丰富的时代背景和深刻的现实意义，发展前景广阔。

参考文献

[1] FONTENLA S Y, MANUEL L, GONZÁLEZ S V, et al. A framework for the automatic description of healthcare processes in natural language: Application in an aortic stenosis integrated care process [J]. Journal of Biomedical Informatics, 2022(128), https://doi.org/10.1016/j.jbi.2022.104033.

[2] 陈欣. 基于用户体验的导盲机器人设计与研究[D]. 哈尔滨: 哈尔滨理工大学, 2019.

[3] 左文艳, 王明. 智能可穿戴导盲系统的设计与实现[J]. 工业控制计算机, 2020, 33(09): 98－99＋101.

[4] 刘相君, 王亮, 付艺, 等. 基于GPS定位智能导盲耳机及导盲拐杖的设计[J]. 电脑与电信, 2020, (11): 12－15.

[5] 王政博, 唐勇, 陈国栋, 等. 基于机器视觉的智能导盲机器人系统设计[J]. 河北水利电力学院学报, 2021, 31(04): 17－22＋54.

[6] 张亮. 基于图像处理的盲道检测装置研制[D]. 哈尔滨: 黑龙江大学, 2021.

[7] 邢镇委, 伋森, 张梦龙. 基于改进YOLOv3-tiny的道路车辆检测算法[J]. 洛阳理工学院学报(自然科学版), 2021, 31(04): 58－63.

[8] LERTPIYA A, CHAIWACHIRASAK T, MAHARATTANAMALAI N, et al. A preliminary study on fundamental Thai NLP tasks for user-generated Web content[C]. 2018 International Joint Symposium on Artificial Intelligence and Natural Language Processing (iSAI-NLP). 2018: 1－8.

[9] KIM J, HUR S, LEE E, et al. NLP-Fast: a Fast, scalable, and flexible system to accelerate large-scale heterogeneous NLP models[C]. 2021 30th International Conference on Parallel Architectures and Compilation Techniques (PACT). 2021: 75－89.

专家点评

该作品以盲人用户为核心，利用人工智能和多种传感器技术，为盲人提供出行辅助。其导盲背心和手杖载体，结合语音、触觉反馈，有效提升了盲人出行的安全性和便利性。同时，也为盲人家人提供了定位查看和紧急呼救功能，增加了安全保障。作品展现了深度学习在辅助设备领域的潜力，具有实际应用价值和社会意义。

作品 14　智能语音家居系统

作者：陆冠聪　鲁学正　荆浩宇　（西南交通大学）

作品演示

作品代码

摘　要

本作品以语音交互为主、其他交互方式为辅，为一个智能语音家居系统。本作品以 Renesas RZ/G2L 嵌入式平台为运算核心，配合云端中心服务器和百度 AI 平台控制各种物联网设备，通过人工智能技术实现语音控制和整个系统的自动化、智能化运行。本作品利用语音拾取、语音合成、指令分析、大数据分析等技术将物联网设备串联成一个智能系统。用户可以选择通过语音等交互方式操纵系统，也可以选择让系统自动运行。

关键词：智能家居；语音交互；设备控制；智能化

Intelligent Voice Control Home System

Author：LU Guancong，LU Xuezheng，JING Haoyu(Southwest Jiaotong University)

Abstract

This project stands as an intelligent voice control home system with voice interaction as the main focus and other interaction methods as supplements. It is based on the Renesas RZ/G2L embedded platform as the computing core，with the cloud central server and Baidu AI platform to control various IoT devices，and through Artificial Intelligence technology to achieve voice control and the automation and intelligent operation of the whole system. This project is equipped with voice pickup，voice synthesis，command analysis，big data analysis and other technologies to connect IoT devices in series into an intelligent system. Users can choose to manipulate the system through voice and other interactive methods，or they can choose to let the system run automatically.

Keywords：Intelligent Home；Voice Interaction；Device Control；Intellectualization

1. 作品概述

下面从背景分析和设计指标两方面对本作品进行介绍。

1.1 背景分析

近年来，在智能化、自动化等高新技术的驱动下，智能家居行业进入了飞速发展时期，物联网技术作为一门日益成熟的技术，其产品伴随着低廉的价格和较低的使用门槛走进了千家万户。与此同时，市面上的智能家居系统也呈现群雄割据的局面。一套完善的智能家居系统可以显著提高人们居家生活的幸福感。

当前，国家大力推进智慧城市等相关建设，这也为智能家居行业发展提供了肥沃的土壤。国内智能家居产业兴起较晚，但小米、华为等科技公司投入了大量的资金用于智能家居产品的开发与推广，当前在市面上存在米家、HUAWEI HiLink 等智能家居产品。国外的智能家居产业兴起相对较早，如快思聪，路创等品牌已在智能家居深耕多年。

综上所述，智能家居产业拥有肥沃的发展土壤，同时具有广阔的行业前景与应用价值。

1.2 设计指标

(1) 实现高准确率、快速识别的语音聊天系统与语音控制系统。在音频复杂环境下，可以自适应处理语音信息。

(2) 设计安全、高可用、高性能的设备控制中心。在遇到错误输入和异常情况时不会引发未处理的错误，响应时间(不包括网络延迟)低于 10 ms。

(3) 可远程控制设备的 Android 应用程序。

(4) 提供易拓展、易移植的下位机系统接口。数据信息应简单易配置，通信接口规范统一。

2. 作品设计与实现

本系统主要开发内容可分为上位机，云服务器与下位机三层。上位机提供与用户交互的接口，主要为语音输入以及 Android APP 控制；云服务器对用户的指令进行分析，同时承担上位机与下位机的通信任务；下位机即具体的外围设备，如灯、电机、温湿度传感器灯，用户可通过上位机对下位机进行控制。

2.1 系统设计方案

本系统可划分为中心控制、语音交互、指令分析和下位机几个模块。其中，中心控制模块和语音交互模块运行在瑞萨 RZ/G2L 开发板上，下位机模块则包括所有下属智能传感器。为了能给更多用户提供服务，指令分析模块架设在云服务器上。中心控制模块负责控制整个智能家居系统，将指令下发给下位机执行或者收集下位机传感器信息。语音交互模块负责与用户进行语音交互，既可以与用户进行日常对话满足用户的部分日常交流需求，也可以识别用户的控制指令并交由其他模块处理。语音交互模块获取的控制指令首先传递到指令分析模块进行分析，随后结合下位机部分获取的传感器信息分析用户的语音指令，将该指令转换成控制信息传递给中心控制部分。外围的控制软件也依赖中心控制模块提供的服务。系统架构如图 1 所示。

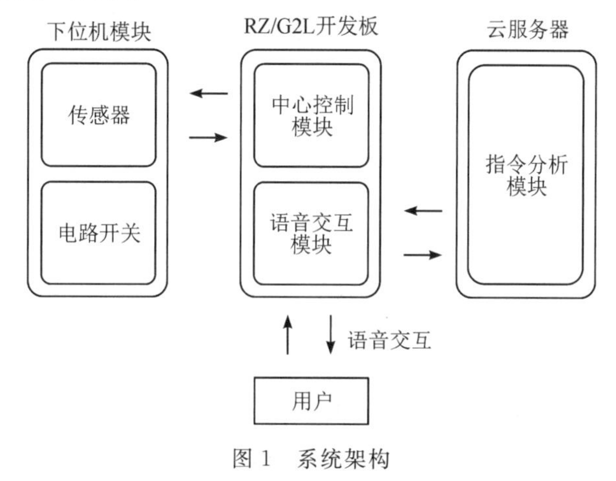

图 1 系统架构

2.1.1 下位机模块及 APP 设计

1）下位机模块设计

下位机模块与中心服务器采用 MQTT 协议通信，接收设备控制中心的消息，对不同频道的消息进行响应，实现 LED 灯的开关，转动电机的转动控制、温湿度传感器以及酒精浓度传感器数值的传递。

2）APP 设计

APP 与中心服务器采用 MQTT 协议通信，向设备控制中心发送控制信息，同时结束接收设备控制中心传递的设备信息与指令信息，实现对下位机模块的控制及数据的获取。

2.1.2 指令分析模块设计

指令分析模块依托哈工大 LTP 语言技术平台(Language Technology Platform)。本作品使用 LTP 提供的中文自然语言处理工具，对中文文本进行分词、词性标注、句法分析等工作，其中基于 PyTorch 实现的深度学习模型，用于支持分词、词性、命名实体、语义角色、依存句法、语义依存等六大任务的分析工作，针对设备使用中经常出现的高频语句与高频词，进行专门化训练，与基于感知机的算法所训练的 Legacy 模型进行合并。

2.1.3 语音交互模块设计

语音交互模块主要由 Python 编写，部分利用成熟的商业服务如百度语音识别服务、百度语音合成服务、图灵机器人聊天服务，部分利用开源项目 Snowboy 语音唤醒服务进行二次开发。本模块提供了手动开关的功能，允许用户关闭语音交互功能。

2.1.4 中心控制模块设计

中心控制模块由 Rust 编写，通过 MQTT 协议与下位机和其他设备进行数据交换。中心控制模块和其他部分是通过内部提供的 RESTful 接口进行通信的。系统必要信息通过轻量级 Local NoSQL 数据库进行持久化存储，不会因为关机丢失用户信息。中心控制模块对外提供设备控制/传感器信息查询/设备信息更改功能。

2.2 系统工作流程

中心控制模块部署在 Renesas RZ/G2L 开发板上，初次使用时，需要通过 Web 控制界面进行登录，登录成功之后会记录登录信息，登录失败之后，等待用户重新尝试登录。登录之后云服务器会下发 MQTT 的相关配置信息，然后中心控制模块连接 MQTT 服务器，正式提供各种服务。中心控制模块的工作流程如图 2 所示。

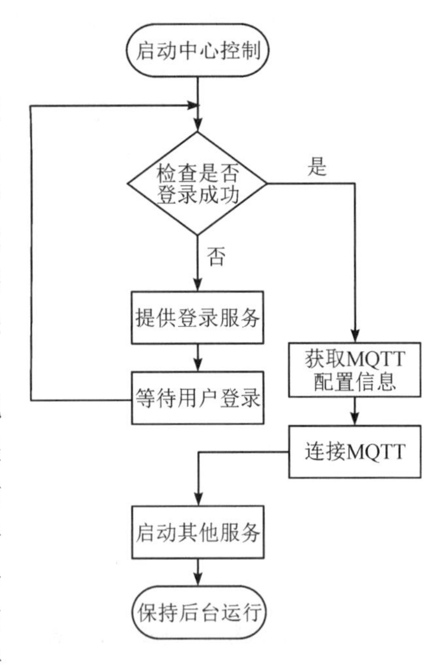

图 2　中心控制模块的工作流程

语音交互模块先监听外部语音，当检测到有人说出特定的唤醒口令时，进入正常的语音处理流程。程序捕获外部音频，交由百度的语音识别服务识别出对应文本，之后根据文本执行不同的逻辑。当语音为普通内容时调用聊天系统进行回应，当语音为控制指令时调用指令识别系统进行指令的识别和执行，之后用百度的语音合成服务将回应的文本或者指令的执行结果合成语音对用户进行回应。语音交互模块的工作流程如图 3 所示。

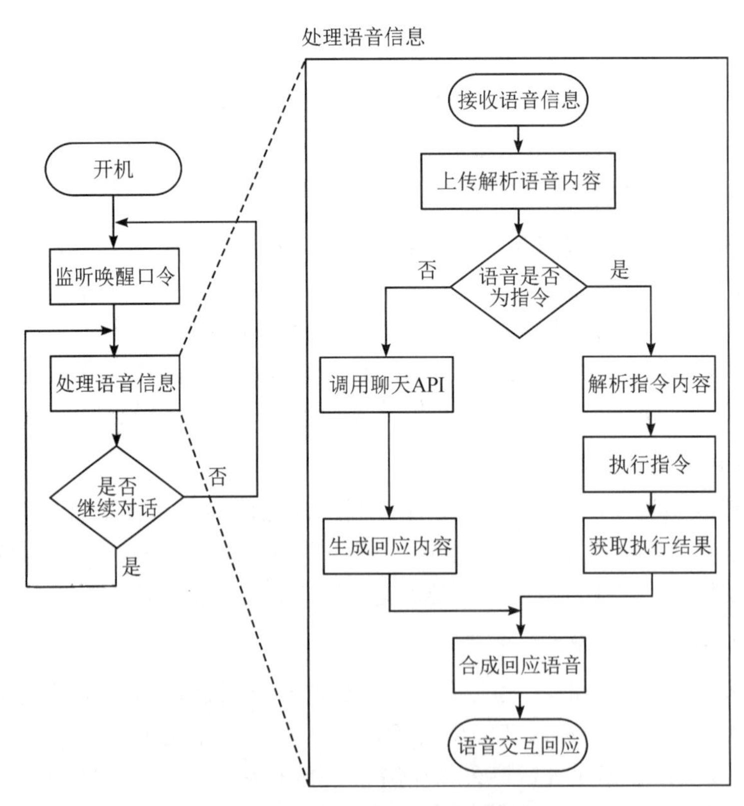

图 3　语音交互模块的工作流程

2.3　系统功能

(1) 提供高准确率、快速识别的语音聊天与语音指令功能。

(2) 可远程控制设备的 Android 应用程序。

(3) 可远程控制多种智能家居设备。

3. 作品测试与分析

我们对本系统进行了单元测试与系统测试，单元测试主要测试下位机操控、上位机通信以及指令分析模块，系统测试主要测试系统的主体功能及稳定性。

3.1　下位机操控测试

1) 测试方案

系统通过 MQTT Lens 与下位机通信，模拟操控下位机，测试下位机是否能够正确识别并执行指令。

2) 测试设备

测试设备包括 NodeMCU ESP-32S 开发板 4 块，DHT22 温湿度传感器 1 个，步进电机模块 1 块，发光二极管 2 个，Risym MQ-3 酒精乙醇传感器模块 1 块。

3) 结果分析

测试结果与预期相符，通过指令可控制下位机具体设备，下位机可返回状态信息。

3.2　上位机通信测试

1) 测试方案

系统使用 Android APP 与服务器通过 MQTT 协议进行通信，测试 Android APP 是否可与中心控制服务器进行通信。

2) 测试设备

测试 Android 设备参数为 ELE-AL00(处理器 Huawei Kirin 980、运行内存 8 GB、HarmonyOS 版本 2.0.0)。

3) 结果分析

测试结果与预期相符，上位机可以与中心服务器顺利进行通信，服务器可执行响应操作。

3.3　指令分析模块测试

1) 测试方案

使用自建云平台，提供指令识别服务。使用非法语句与不同情形下的合法语句输入，测试能否正确识别分析。

2) 测试环境

指令识别模块使用 Python 语言实现，版本为 Python 3.9.3。本系统所使用的哈工大 LTP 版本为 LTP4.2.0。用于深度学习训练与使用的 PyTorch 版本为 1.9.0，使用其 GPU

版本进行模型训练。

3）测试设备

搭建云平台设备为灵越 inspire7590，CPU 为 Intel(R) Core(TM) i7-9750H CPU @ 2.60 GHz，内存为 16 GB×22667 Hz，用于执行计算的 GPU 信息为 NVIDIA GeForce GTX 1650。

4）测试数据

测试数据分为合法语句与非法语句两大类。其中非法语句包括无关语句、设备非法语句、指令非法语句，合法语句包括单句与复句。

(1) 非法语句测试如下：

① 无关语句："今天天气如何""我想出去简单散散步"。

② 设备非法语句："帮我拉开窗帘"(不存在窗帘设备)"开一下厨房的灯"(厨房的灯未登录)。

③ 指令非法语句："帮我检查客厅的灯""转动卧室的灯好吗?"("转动"指令应适配风扇等家具)。

(2) 合法语句测试如下：

① 单句，即一条指令仅包含对一个设备的一次命令，具有多种表达方式。

祈使句："请帮我开一下客厅的风扇""请打开空调""打开我房间的灯"。

将来式："我想开一下风扇""我要把灯调暗一点"。

问句："能不能把卧室的空调提前开一下呢?""客厅的灯关一下，好吗?"。

行为主动(可省略命令主体)："打开风扇""想开空调"。

行为后置(可省略命令主体)："空调开一下""我要把灯调亮一些"。

远距离指代(可省略代词)："灯太亮了，关一下"。

② 复句，即一条指令中包含多条子指令。复句一般包括并列、递进等关系，分为同设备多指令、同指令多设备与多指令多设备。

a. 同设备多指令："打开灯，然后再关上灯""打开卧室的灯，然后调亮一点""关掉客厅的空调，算了还是开着吧"。

b. 同指令多设备："开一下我房间的床头灯，再开一下厨房的灯""开一下窗台的灯、家门口的灯和卧室的空调"。

c. 多指令多设备："帮我开一下空调，再把厨房的排气扇打开"。

5）结果分析

执行效果与预期相符，将解析结果封装并返回。

3.4 系统测试

1）测试方案

将所有模块和设备同时上线，进行功能的全面配合测试。测试目标是系统的全部功能正常使用并有一定的容错能力。能在一些极端情况下保持一定的响应能力，主要测试语音对话功能、指令控制功能、APP 控制设备功能及登录模块。

2）测试环境与设备

测试环境为 Renesas RZ/G2L 嵌入式平台，安装 Ubuntu 22.04 系统，安装需要的依赖包。测试设备为本系统所有设备。

3）测试数据

（1）设备初始化测试。启动 Renesas RZ/G2L 嵌入式平台，启动预先安装好的软件，用浏览器打开 Web 登录界面。尝试注册账号，测试多种注册可能。尝试登录账号，尝试错误的登录信息和正确的登录信息。

（2）语音交互测试。使用语音输入与智能语音家居系统进行连续对话，对话内容如下：

（唤醒词）月亮月亮。（设备被唤醒并回应）

（直接对话）你是谁？（设备回应）

（直接对话）今天成都天气怎么样？（设备回应）

（切换模式）智能家居。（设备切换到设备控制模式并回应）

（控制指令）打开卧室的灯。（代表卧室灯的二极管点亮并回应）

（控制指令）打开客厅的灯。（代表客厅灯的二极管点亮并回应）

（多重控制指令）把客厅的灯和卧室的灯关了。（两个二极管熄灭并回应）

（控制指令）打开客厅的风扇。（代表客厅的风扇的电机转动并回应）

（错误指令示范）关一下风扇。（无设备响应并回应）

（控制指令）关一下客厅的风扇。（代表客厅的风扇的电机停止转动并回应）

（控制指令）转动一下客厅的风扇。（代表客厅的风扇的电机转动并回应）

（多重控制指令）关掉客厅的风扇并打开客厅的灯。（代表客厅的风扇的电机停止转动，代表客厅灯的二极管点亮并回应）

（3）APP 控制测试。使用手机端的远程控制 APP 登录并开始测试，直接控制下属设备并获取传感器信息，修改设备的名称。

4）结果分析

测试结果与预期相符，各模块之间能正常配合工作。中途测试过下线部分非关键服务器或者设备，都能保留预期的响应能力。

4. 创新性说明

本系统在多个层面进行性能优化，提高了系统的安全性与使用体验，使其能够适应复杂环境下的使用，同时注重用户的隐私保护，减少信息泄露风险。

1）人机交互

本系统的人机交互着重通过语音交互来实现。为解决当前用户对原有智能家居人机交互满意度低的问题，本系统从两个方面来提高用户满意度：一方面，提供与用户语音对话的功能，同时提高语音识别的准确性；另一方面，考虑用户的特殊需求，如一次控制多个设备、自定义设备名称等。

2）复杂指令分析

本系统的指令分析运行在云服务器上，充分利用了云计算扩容简单、能动态分配给大量用户的优势，允许按需扩容和动态加载。在此基础上，系统对本地的设备信息进行脱敏处理，使指令分析服务器能根据本地情况灵活变动且不泄露信息，在云计算的优点和用户信息上云的安全隐私性之间取得了平衡。

3）用户友好

本系统使用合适的网络通信技术，使用户可以远距离控制系统。下位机系统易扩展、易部署、易移植，可以方便地添加与进行移植外围设备，实现一键式安装以及在复杂环境下的简单部署。

5. 总结

本系统为智能语音家居系统，以本地的 Renesas RZ/G2L 嵌入式平台为运算核心，配合云端中心服务器和百度 AI 平台控制各种物联网设备，并通过人工智能技术实现语音控制和整个系统的自动化、智能化运行。经过测试，系统可以稳定运行，基本实现了预期目标。

5.1 项目开发内容

项目主要开发内容可分为三层：

（1）上位机：用户可使用的交互方式，主要为语音输入以及 Android APP。

（2）服务器：对用户的指令进行处理，承载上位机与下位机的通信。

（3）下位机：具体的外围设备，如灯、电机、温湿度传感器灯，用户可通过上位机对下位机进行控制。

5.2 项目成果

（1）高准确率、快速识别的语音聊天系统与语音控制系统。

（2）安全、高可用、高性能的设备控制中心。

（3）可远程控制设备的 Android 应用程序。

（4）易拓展、易移植的下位机系统。

参考文献

［1］ 王刚，郭蕴，王晨．自然语言处理基础教程[M]．北京：机械工业出版社，2021.

［2］ 王晓华．TensorFlow＋Keras 自然语言处理实战[M]．北京：清华大学出版社，2021

［3］ 陈硕．Linux 多线程服务端编程[M]．北京：电子工业出版社，2013.

［4］ 陶辉．深入理解 Nginx 模块开发与架构解析[M]．北京：机械工业出版社，2013.

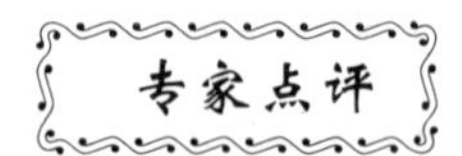

该作品以嵌入式平台(开发板)为运算核心，配合云端中心服务器和百度 AI 平台构成一个智能家居系统，利用 MQTT 协议实现对各种家居设备的语音控制。该作品涵盖了语音拾取、语音合成、指令分析、大数据分析等技术，通过语音交互操作家居系统。系统稳定性和扩展性较好，应用前景明确。

作品 15　基于 ARM 的铝片表面缺陷检测系统

作者：李贴　李湘勇　颜峥　（长沙理工大学）

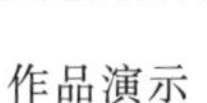

作品演示　　作品代码

摘　　要

本作品设计了基于 YOLOv3-MobileNetV3 算法的 ARM 铝片缺陷检测系统，采用深度学习方法，对缺陷图片集进行训练，通过 Copy-paste+Gaussian Blur+过采样技术进行数据集强化，通过 Mosaic、旋转、镜像等技术进行数据集扩充的系统利用强化迁移学习方法，提高了针孔和脏污的识别准确度。通过 PaddleLite 部署至瑞萨 RZ/G2L 开发板后，最终测试得到缺陷平均识别准确度为 92%，单次平均检测时间为 1.099 s。除此之外，还设计了功能丰富、美观的前端交互界面，系统可对客户端用户提供项目缺陷检测服务，并反馈检测结果与图像。

关键词：机器学习；图像识别；缺陷检测；强化迁移

Aluminum Chip Surface Defect Detection System Based on ARM

Author: LI Tie, LI Xiangyong, YAN Zheng (Changsha University of Science and Technology)

Abstract

An ARM aluminum chip surface defect detection system based on YOLOv3-MobileNetV3 algorithm is designed. Deep learning method is used to train the defect image set, and Copy-paste + Gaussian Blur + Over-sampling technology is used to strengthen the data set. The data set was expanded by Mosaic, rotation, mirror and other technologies, and the reinforcement transfer learning method was used to improve the accuracy of pinhole and dirt recognition. Deployed to the Renesas RZ/G2L development board via PaddleLite, the final test results show that the average defect recognition accuracy is 92%, and the average single detection time is 1.099 seconds. In addition, the front-end interactive interface with rich functions and beautiful features is designed. The system can provide project defect detection services for client users and feedback detection results and images.

Keywords: Machine Learning; Image Recognition; Defect Detection; Enhanced Transfer

1. 作品概述

我国铝合金产量高，出口量已位居世界第一。铝片表面的擦伤、脏污、针孔等缺陷严重影响铝材的应用，尤其对高端铝材外观质量和使用性能影响更大。因此，对铝表面的缺陷检测效率和检测质量直接影响铝材出口价格，也有利于我国把准出口质量关。

目前，人工检测和光电检测仍然是工业界主流的检测工件缺陷的方式，难以实现高精度、高效率的缺陷检测。随着人工智能技术和计算机技术的高速发展，可以开发出高精度快速高效的铝表面缺陷检测装置。本作品利用国产的瑞萨 RZ/G2L 开发板，设计基于 ARM 的铝片表面缺陷检测系统，为快速高效检测铝片表面缺陷，保障我国经济建设的重点领域和军工等关键零部件质量提供一定的技术支撑。

2. 作品设计与实现

2.1 系统方案

基于 ARM 的铝片表面缺陷检测系统主要由图 1 所示的 5 个模块构成。Input 模块为图片输入模块，将输入的图片尺寸调整为 608×608×3，接着将调整后的图片进行预处理，预处理模块由 Copy-paste＋Gaussian Blur(高斯模糊)、Mosaic 数据加强和改变亮度、旋转角度等数据扩充组成。将预处理后的数据集放入到训练模块，训练模块选用的算法为 YOLOv3-MobileNetV3。对算法进行迁移学习与 Fine-tune 的方式来实现提高准确率的目的。最后将训练好的模型进行部署从而进行铝片表面缺陷检测。部署模块选用了 PaddleLite 的方式。

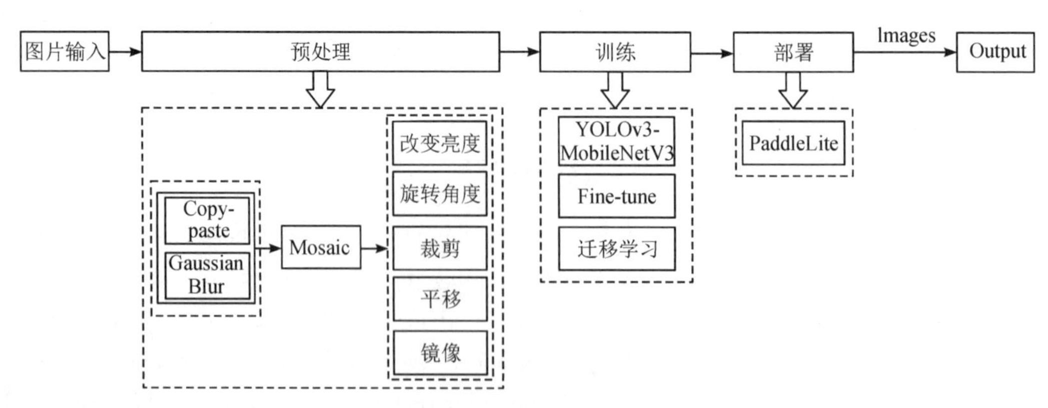

图 1 系统模块图

2.2 实现原理

系统全部采用瑞萨 RZ/G2L 开发板实现，瑞萨 RZ/G2L 开发板具有强大的性能，它与 DE1-SoC 开发板相比，在同样的条件下检测速度快 2 倍。同时，BASLER 公司的 acA1300-60gc 工业相机通过网线与瑞萨 RZ/G2L 开发板相连接，通过 OpenCV 实现对铝片实时拍照取图，达到实时拍照检测的功能；还将瑞萨 RZ/G2L 开发板连接服务器，铝片缺陷图片通过客户端网页实现铝片缺陷检测，并将缺陷的详细信息返回至客户端供使用者参考。

2.3 设计计算

2.3.1 小目标检测

针对针孔缺陷，我们应用 Copy-paste＋Gaussian Blure 技术进行过采样，扩充针孔数量，提高针孔缺陷所占图片比例。研究过采样的合适比例，确保在不影响其他目标效果的前提下，使针孔训练效果最佳。针孔所占图片数量比例由 39％提升至 64％，针孔数量由 19.9％提升至 32.6％。加强前、后缺陷图片目标数量如表 1、表 2 所示。

表 1　加强前缺陷图片目标数量

缺陷名称	缺陷所占图片数量	缺陷目标数量
Zhen_kong(针孔)	156	212
Ca_shang(擦伤)	187	271
Zang_wu(脏污)	292	456
Ao_xian(凹陷)	124	123
total(总数)	759	1063

表 2　加强后缺陷图片目标数量

缺陷名称	缺陷所占图片数量	缺陷目标数量
Zhen_kong(针孔)	256	410
Ca_shang(擦伤)	186	269
Zang_wu(脏污)	291	455
Ao_xian(凹陷)	124	124
total(总数)	857	1258

2.3.2 训练时间

常规迁移学习方法相比于一般训练方法，提高了平均准确度，缩短了训练时长，但针孔和脏污的准确率在 95％以下，因此，我们提出了强化迁移学习方法，能够进一步提升准确率。该方法利用常规迁移学习得到的模型作为预训练模型与进一步增强针孔和脏污的数据集进行强化迁移学习，进一步提升了平均准确度，缩短了训练时长。表 3 为模型训练效率对比。mAP 使用 IOU 阈值为 0.5 的平均精度，11 point 即选取 11 个点。

表 3　模型训练效率对比

	平均准确度(0.5，11 point)	训练时长/h
一般训练方法	73.6%	26
常规迁移学习	81.1%	6.5
强化迁移学习	91.8%	3.5

2.4　硬件框架

本作品由瑞萨 RZ/G2L 开发板、TFT 显示屏、BASLER 摄像头与客户端可视化界面四个部分组成。本系统硬件框架如图 2 所示。

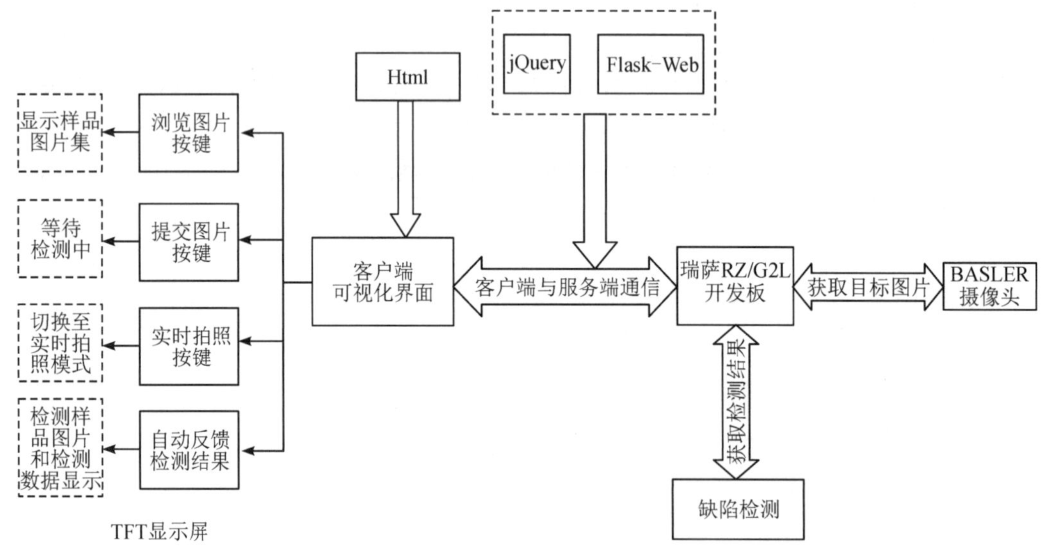

图 2　硬件框架图

2.4.1　瑞萨 RZ/G2L 开发板

瑞萨 RZ/G2L 开发板配备 Cortex®-A55 (1.2 GHz) CPU、16 位 DDR3L/DDR4 接口、带 Arm Mali-G31 的 3D 图形加速引擎以及视频编解码器(H.264)。此外，还配备有大量接口，如摄像头输入、显示输出、USB 2.0 和千兆以太网，具有工业人机界面(HMI)和视频功能的嵌入式设备等应用。

2.4.2　TFT 显示屏

TFT 显示屏的型号是 Rocktech Dispalys RK07CU05H-CTG，该显示屏尺寸为 15.5 cm×8.7 cm，分辨率为 1024×600，该显示屏属于 TFT(薄膜晶体管)显示器，具有全 RGB 彩色屏幕的有源矩阵 LCD。这些屏幕具有明亮鲜艳的色彩，能够显示快速的动画、复杂的图形和清晰的自定义字体。TFT 可为所有类型的产品提供丰富的用户界面。TFT 显示屏虽然通常用于个人 DVD 播放器和手持设备等消费类设备，但也非常适合工业应用。

TFT 显示屏是具有微型开关晶体管和电容器的有源矩阵 LCD。这些微小的晶体管控制显示器上的每个像素，并且只需要很少的能量来主动改变显示器中液晶的方向。这样可以更快地控制每个红色，绿色和蓝色子像素单元格，从而产生清晰快速移动的彩色图形。TFT 显示屏如图 3 所示。

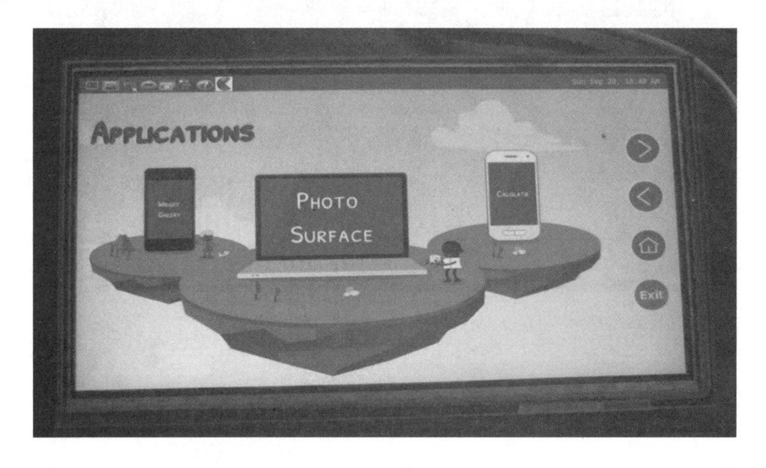

图 3　TFT 显示屏

2.4.3　BASLER 摄像头

摄像头是机器视觉系统中的一个关键组件，其最本质的功能就是将光信号转变成为有序的电信号。选择合适的摄像头也是机器视觉系统设计中的重要环节，摄像头不仅直接决定所采集到的图像分辨率、图像质量，还与整个系统的运行模式相关。

本系统摄像头选择 BASLER 的 acA1300-60gc，该相机配有 E2vEV76C560 CMOS 感光芯片，每秒 60 帧，分辨率 1024×1024。

该相机具有灵活的 I/O 设置，超低的抖动和延迟。实物如图 4 所示。

图 4　BASLER 摄像头

2.4.4　可视化客户端

客户端为了便于用户操作采用了 HTML 编译网页，网页风格简约，功能齐全，有上传检测模式和拍照检测模式供用户选择，网页可同时显示被测图片和测试结果，直接显示缺陷类型及缺陷位置记录检测时间，用户可清晰直观地了解到铝片表面的缺陷情况。可视化客户端如图 5 所示。

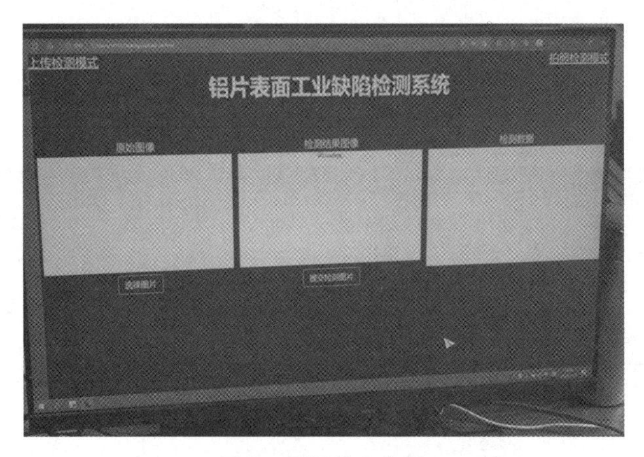

图5　可视化客户端

2.5　软件流程及实现原理

2.5.1　预处理方法

铝片表面缺陷检测算法通常需要大量标记缺陷数据集。然而，在实际工业生产中很难获得不良产品的数据。这导致深度学习算法没有足够的数据来训练。数据扩充是数据扩充方法的总称，数据扩充可以增加训练集样本数，有效地缓解模型的过度拟合，同时也可以给模型带来更大的泛化能力。数据扩充的目的是使训练数据尽可能接近测试数据，从而提高预测精度。

在获取铝片缺陷图片后，需要先对图片进行预处理，数据增强。预处理包括 Copy-paste+Gaussian Blur 图像处理与 Mosaic 数据增强和图像扩充处理。通过粘贴不同规模的不同对象到新的背景图像，Copy-paste 技术能快速获取丰富新颖的训练数据。Gaussian Blur 是一种图像模糊滤波器，它用正态分布计算图像中每个像素的变换。Mosaic 数据增强对四张图片进行拼接，将四张图片拼接之后就获得一张新的图片，然后将这样一张新的图片传入到神经网络当中去学习，相当于一次传入四张图片进行学习。

图6所示图片来源网络，分辨率为640×480，其上针孔的分辨率为14×14。根据国际光学工程学会的定义，在256×256的图像中，目标面积小于80个像素的目标为小目标，故针孔为小目标。本队在实验室制作如图7所示的图片。

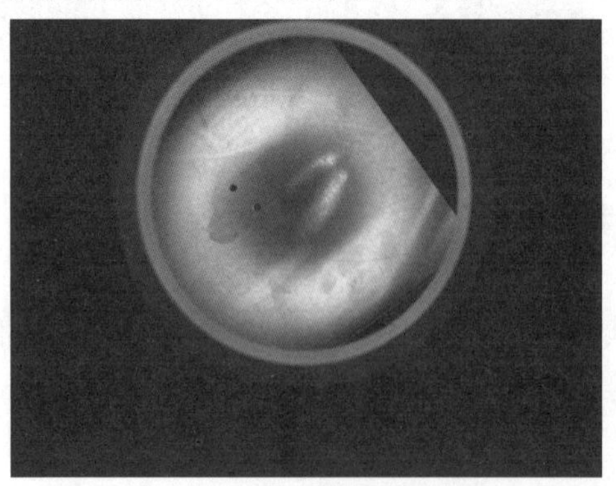

图6　源于网络针孔缺陷

要将针对针孔目标的检测能力加强，首先需采用 Copy-paste 技术，进行小目标数据的扩充，效果图如图 8 所示，接着运用 Gaussian Blur 技术进行模糊降噪处理，效果如图 9 所示。

接着将图进行 Mosaic 数据增强效果如图 10 所示。

图 7　实验室制作的针孔缺陷

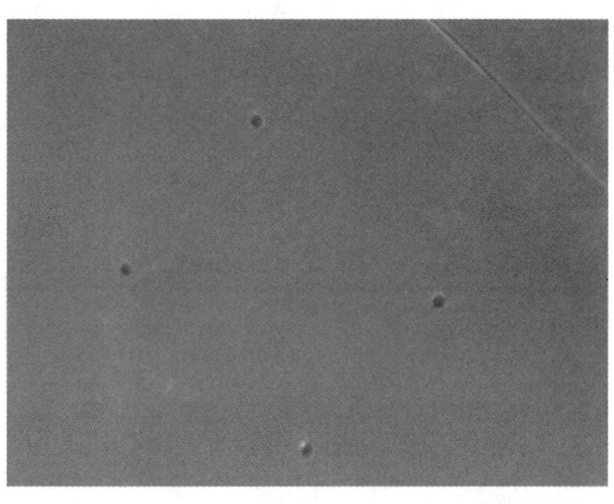

图 8　Copy-paste 技术扩充小目标数据效果

图 9　Gaussian Blur 技术模糊降噪处理效果

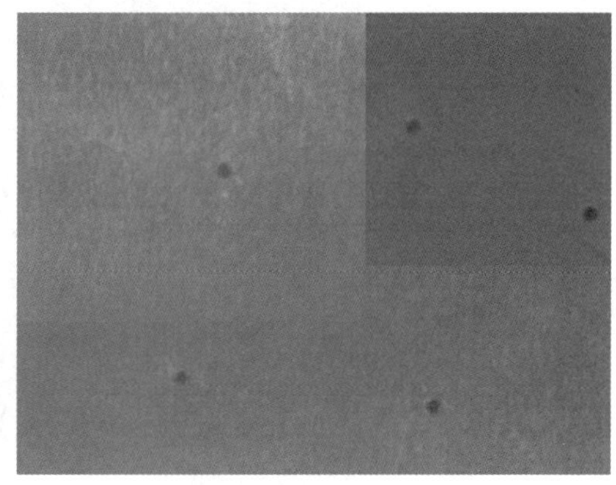

图 10　Mosaic 数据增强效果

在对铝片缺陷图像进行图像增强后，还需对采集到的缺陷图像进行扩充处理，得到新的缺陷图像，扩充处理包括改变亮度、旋转角度、裁剪、平移、镜像的一种或多种，旋转角度、镜像扩充、改变亮度扩充如图 11～13 所示。

根据预处理结果，建立缺陷数据库。

2.5.2　训练方法

训练模块采用的算法为 YOLOv3-MobileNetV3。图 14 所示为 YOLOv3-MobileNetV3，由四个部分组成，其中 Input 层为图像输入层，输入图像为 608×608×3。Backbone 层为 MobileNetV3 算法，其作用是提取图片中的信息，供后面的网络使用。Neck 层由 YOLOv3Neck 组成，是为了更好地利用 Backbone 提取的特征。Head 层由 YOLOv3Head 组成，主要用于预测目标的种类和位置(bounding boxes)，利用之前提取的特征，作出预测。

图 11　旋转角度扩充图

图 12　镜像扩充图

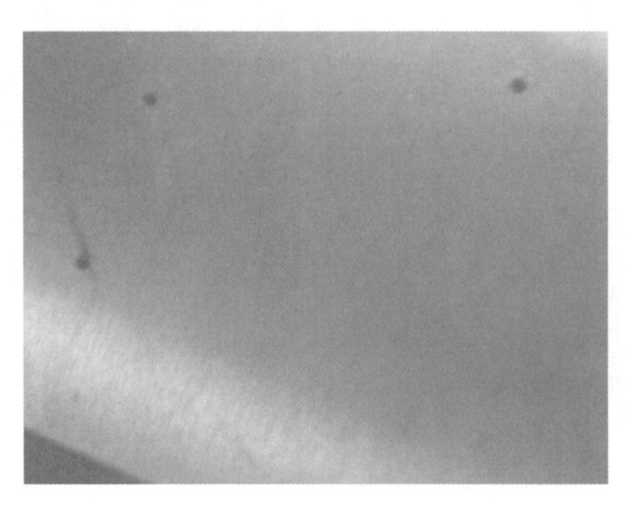

图 13　改变亮度扩充图

图像输入层→Backbone 层（MobileNetV3）→Neck 层（YOLOv3Neck）→Head 层（YOLOv3Head）→图像输出层

图 14　YOLOv3-MobileNetV3 流程图

2.5.3　模型部署

将训练好的 YOLOv3-MobileNetV3 模型部署到 ARM 上，从而进行铝片缺陷的检测。其中，部署模块选用了 PaddleLite 的方式。

PaddleLite 是面向端侧场景的轻量化推理引擎，可以实现飞桨模型在 x86/ARM 平台下多种 OS 内的高效部署。PaddleLite 引入了 Type system，强化多硬件、量化方法、data layout 的混合调度能力硬件细节隔离，通过不同编译开关，对支持的任何硬件可以自由插拔。引入 MIR(Machine IR) 的概念，强化带执行环境下的优化支持优化期和执行期严格隔离，保证预测时轻量和高效率轻量化和高性能。针对移动端设备的机器学习进行优化，压缩模型和二进制文件体积，高效推理，降低内存消耗。

将在 PaddleLite 平台训练得到的模型保存为静态部署模型，再通过离线优化工具(OPT)进一步优化模型，检测指定硬件上的支持情况并生成 nb 格式的模型文件通过 C++/Java/Python API 等完成推理过程。

推理过程包括：

(1) 配置参数，设置模型。

(2) 创建推理器。

(3) 设置模型输入。

(4) 执行预测。

(5) 获得输出。

PaddleLite 部署架构如图 15 所示。

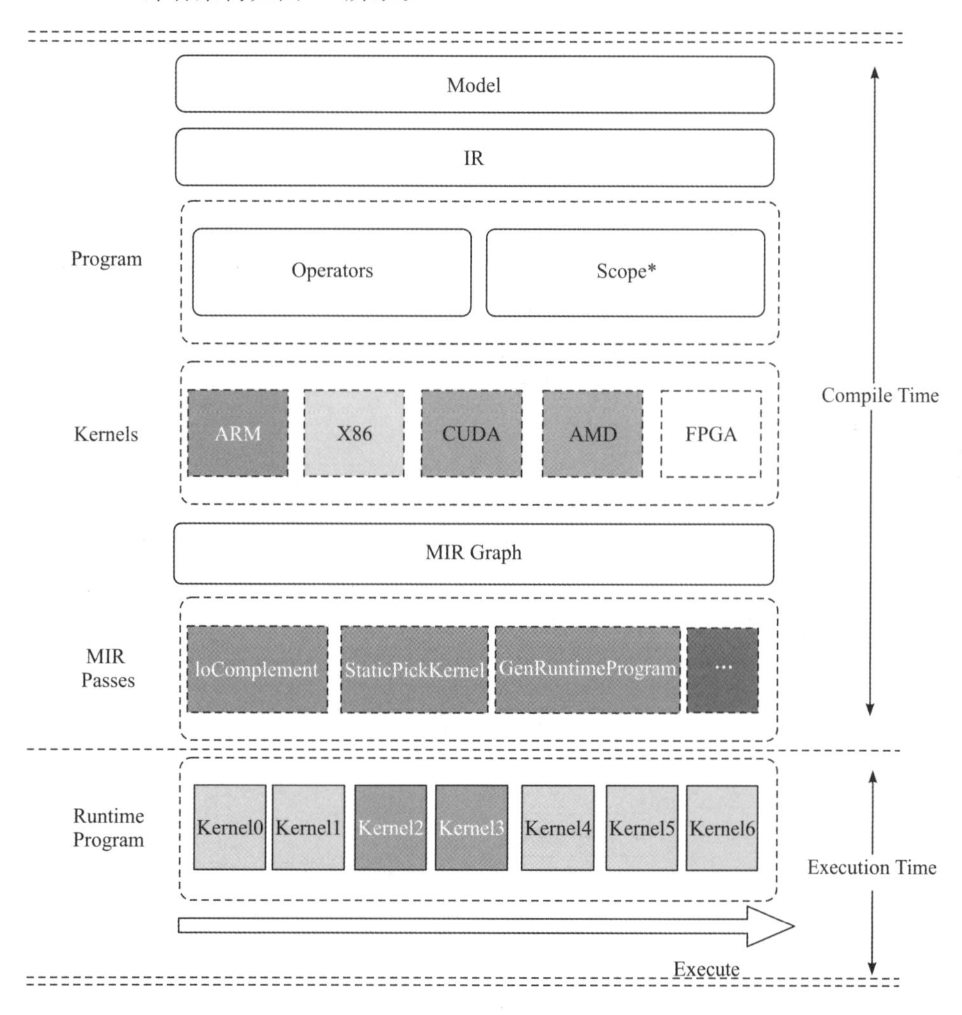

图 15 PaddleLite 部署架构图

PaddleLite 部署总体流程如图 16 所示。

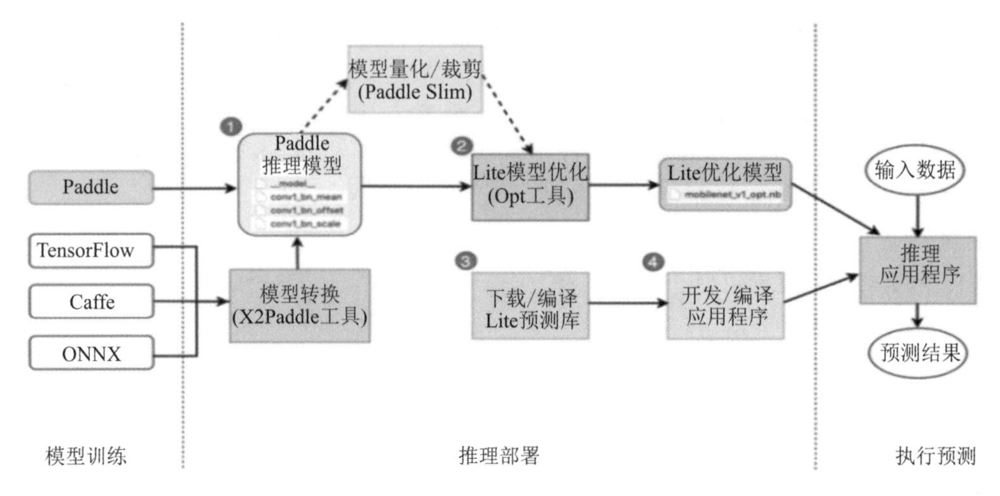

图 16 Paddle Lite 部署总体流程图

3. 作品测试与分析

3.1 系统测试方案

为了检测系统的可行性，我们设计了完整的系统检测方案，对整个系统进行了高效可靠的性能测试，系统检测方案如图 17 所示。

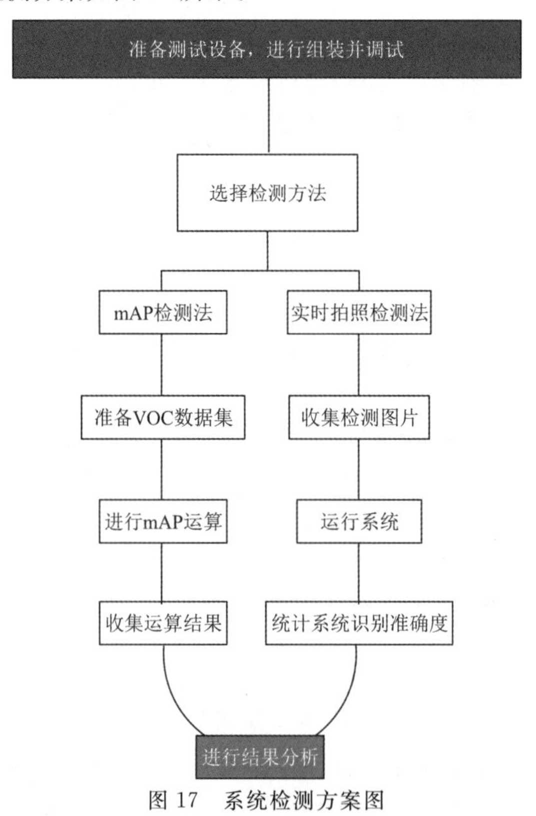

图 17 系统检测方案图

3.2　测试设备

系统测试设备主要由瑞萨 RZ/G2L 开发板、TFT 触摸屏、Balser 摄像头与远程客户端四个部分构成。在组装测试设备后，采用摄像头拍取带有表面缺陷的铝片样品进行系统调试，确保铝片模型能够在系统输入。mAP(mean Average Precision，平均准确度)检测法主要运用铝片数据集中的检测集样品，而人工检测法则需要使用摄像机进行实时拍照，通过 mAP 技术与人工选择测试铝片表面工业检测系统识别缺陷的准确度。

3.3　测试方法

3.3.1　mAP 检测法

将准备好的铝片表面缺陷数据集中的训练集部署到 mAP 检测代码中，创建数据计算集，对基于 Yolov3-MobileNet V3 算法的 ARM 缺陷检测系统进行测试。选择评价指标 mAP 作为设计的测试指标，mAP 即各个类别 AP 的平均值，其中 AP 表示 P-R(Precision and Recall)曲线下的面积。

交并比(IoU)是度量两个检测框(对于目标检测来说)的交叠程度，公式为

$$\mathrm{IoU}=\frac{\mathrm{area}(B_{\mathrm{p}}\cap B_{\mathrm{gt}})}{\mathrm{area}(B_{\mathrm{p}}\cup B_{\mathrm{gt}})} \tag{1}$$

式中，B_{gt} 代表的是目标实际的边框(Ground Truth，GT)，B_{p} 代表的是预测的边框，通过计算这两者的 IoU，可以判断预测的检测框是否符合条件，IoU 用图片展示如下：

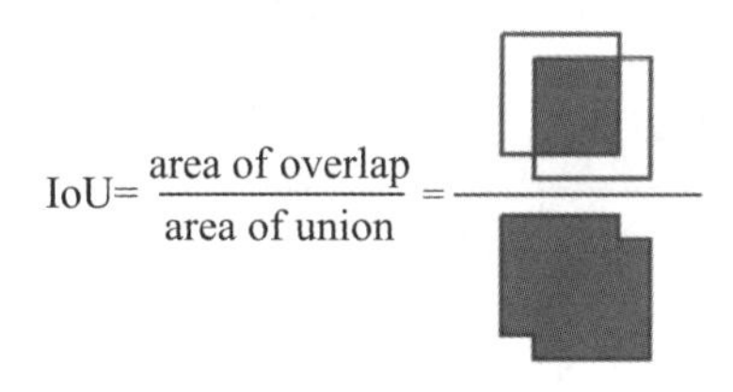

查准率 Precision 为 TP/(TP+FP)，查全率 Recall 为 TP/(TP+FN)；

True Positive(TP)为 IoU>(一般取 0.5)的检测框数量(同一 Ground Truth 只计算一次)；

False Positive(FP)为 IoU<=的检测框数量，或者是检测到同一个 GT 的多余检测框的数量；

False Negative(FN)为没有检测到的 GT 的数量。

根据上述计算，各个类别的 AP 值，进一步得到各个类别的 AP 平均值即 mAP。

在本系统中，共有四个类别，因此需要求四个类别的 AP 平均值，以得到最终的 mAP。

3.3.2　实时拍照检测方法

除通过 mAP 计算出系统对各缺陷的准确率外，我们还通过人工上传图片检测方式与实时拍照方式相结合的方法对铝片缺陷检测系统进行了测试。首先通过使用摄像头或其余

拍照工具获取带有针孔、擦伤、脏污与凹陷这四种缺陷的照片各400个，然后通过客户端上传图片，实时观察并统计缺陷检测情况。根据大量缺陷照片检测情况的统计，计算铝片表面缺陷检测系统检测缺陷的准确率。

3.4 测试结果分析

3.4.1 测试结果

采用mAP(0.5，11point)作为检测指标。最终各类缺陷的平均识别准确度如图18所示，针孔识别准确度为96%，擦伤为99%，脏污和凹陷为98.5%，总体的平均准确度为98%。

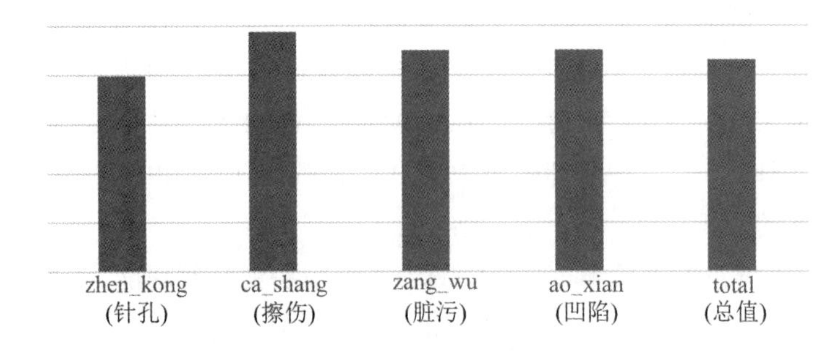

图18 各类缺陷的平均识别准确度柱状图

对人工检测完成后的数据进行统计，表4为检测统计结果。

表4 系统测试数据

缺陷名称	缺陷目标数量	缺陷所占图片数量	缺陷检出数	检测准确度/%
ca_shang(擦伤)	400	187	334	83.50
zang_wu(脏污)	400	192	326	81.50
ao_xian(凹陷)	400	156	331	82.75
zhen_kong(针孔)	400	145	347	86.75
实时拍照	295	100	248	84.06
total(总值)	1895	500	1586	83.69

3.4.2 不同模型对比测试

在训练完MobileNetV3模型后，为了了解其他模型与MobileNetV3之间的区别，还训练了Darknet-53模型，并将其部署在瑞萨RZ/G2L开发板上进行了测试。与MobileNetV3模型不同，Darknet-53模型尽管在缺陷检测精度方面占据优势体积较大，但使用同一数据集训练大小为MobileNetV3的三倍左右，并且检测时间长，开发板负荷大。通过增加训练次数，同样使 MobileNetV3 模型达到了较高的准确度。表 5 为模型对照。

表 5　两组模型对照

模型类型	体积大小/MB	测试时间/ms	总准确度/%
MobileNetV3	88.8	1099	80.3
Darknet-53	234	3856	95.5
MobileNetV3(多次训练)	88.8	1099	92.0

4. 创新性说明

4.1　采用 YOLOv3 算法实现铝片表面缺陷检测

本作品采用 YOLOv3 目标检测算法实现。相较于 Faster R-CNN、SSD 等目标检测算法，Yolo 算法速度快、泛化能力强，适用于多种类型的数据集，且背景预测错误率低，还能将目标检测问题转换成回归问题，用一个卷积神经网络结构得到类别概率和位置，所以采用了 Yolov3 目标检测算法，以提高铝片表面缺陷的检测速度。

4.2　提出强化迁移学习方法提升准确度和训练效率

为进一步提升常规迁移学习的准确率，本作品不仅利用常规迁移学习得到的模型作为预训练模型与进一步增强针孔和脏污的数据集，还进行了强化迁移学习，提升了准确度，缩短了训练时长。

4.3　采用 Copy-paste＋Gaussian Blur＋过采样技术进行小目标加强

针对针孔缺陷，本作品采用 Copy-paste＋Gaussian Blur 技术进行过采样，扩充了针孔数量，提高了针孔缺陷所占图片比例。研究过采样的合适比例，在确保不影响其他目标效果的前提下，本作品使针孔训练效果最佳。

5. 总结

在项目设计过程中，我们同时在另一块开发板 DE1-SoC 上部署了相同的铝片表面缺陷检测模型，将其与瑞萨 RZ/G2L 两块开发板进行集中对比，更好地了解了瑞萨开发板的具体应用效果，体会到了瑞萨开发板性能的优越性。

1）硬件配置对比

DE1-SoC 开发板与瑞萨 RZ/G2L 的硬件配置对比如表 6 所示。

表 6　硬件配置对比

产　品	瑞萨 RZ/G2L 开发板	DE1-SoC 开发板
CPU 架构	ARMv8	ARMv7
处理器核心	Cortex-A55	Cortex-A9
协处理器核心	Cortex-M33	—
主频	1.2 GHz	1.0 GHz
支持内存	DDR4/DDR3L	DDR3
以太网	2 路 1000M 以太网接口	1 路 1000M 以太网接口
摄像头接口	1×MIPI CSI，1 路并口	—
显示接口	MIPI、LCD	HDMI、LCD
USB	2×USB2.0	2×USB2.0

2）性能对比

本队用两种开发板对多张铝片缺陷图像的检测速度进行比较，结果显示：DE1-SoC 开发板的平均检测时间为 2773 ms，瑞萨 RZ/G2L 开发板的平均检测时间为 1099 ms。除此之外，在实验过程中，本队还观察到 DE1-SoC 开发板在运行过程中，运行内存占用为 92%，并且将 YOLOv3-MobileNetV3 模型替换为 Darknet-53 模型后，出现了芯片性能不够导致无法运行的问题。而瑞萨 RZ/G2L 开发板在使用 YOLOv3-MobileNetV3 模型时可以完美运行，内存占用也较小，替换为体积更大的 Darknet-53 模型后，也能正常运行，运行内存占用为 67%。

由此可以看出瑞萨 RZ/G2L 开发板铝片缺陷检测速度更快，资源占用率小，可以适应于更多高强度环境，具有更强的性能。

参考文献

[1] 陆家林，程颖，冯赛，等. 基于机器视觉的钢材表面缺陷检测[J]. 机电工程技术，2022，51(07)：159-163.

[2] 柴利，任磊，顾锞，等. 基于视觉感知的表面缺陷智能检测理论及工业应用[J]. 计算机集成制造系统，2022，28(07)：1996-2004.

[3] 陈德富，闫坤，熊经先，等. 基于改进 YOLOv4 的工件表面缺陷检测方法[J]. 计算机应用，2022，42(S1)：94-99.

[4] 姜阔胜，王济广，卢丽子. 基于机器视觉的金属垫片表面缺陷检测[J]. 邵阳学院学报(自然科学版)，2022，19(03)：42-48.

[5] 李鑫，汪诚，李彬，等. 改进 YOLOv5 的钢材表面缺陷检测算法[J]. 空军工程大学学报(自然科学

版)，2022，23(02)：26－33.

[6]　葛路，何仕荣. 深度学习在工业表面缺陷检测领域的应用研究[J]. 计算技术与自动化，2022，41(01)：59－65.

专家点评

本作品是基于瑞萨的 RZ/G2L MPU 开发的铝片表面缺陷检测系统，实现了预期功能，演示清晰。本作品在 AI 采样技术部分进行了小目标加强，AI 学习方法提升准确度和训练效率等方面有创新探索；方案的未来：学生还需要更多的样本及基于实际应用场景的训练，以让此方案可以真正应用于实际生产中。

作品 16 基于视听双模态融合的说话人定位与跟踪移动机器人系统

作者：张龙博　张皓彦　石奇峰　（中国地质大学（武汉））

作品演示

作品代码

摘　要

传统的机器人服务模式是被动式（指令式）服务，缺少人性化的用户需求分析和提供优质服务，因此如何实现机器人的主动服务成为新一代智能服务机器人的关键问题。在人机交互中，对于说话人的自动跟踪是实现机器人主动服务的一个重要任务。本作品针对仅利用单模态（图像或声音信息）的方法定位精度低、抗干扰能力差的问题，设计了一种基于视听双模态融合的说话人定位与跟踪方法及系统。本系统利用RZ/G2L微处理器融合视听信息，计算说话人位置并规划跟踪路径。在测试中，先使移动机器人利用声音信息对准场景中的说话人，说话人再不断移动，伴随声光及场景中其他人的干扰，测试其跟踪准确度及抗干扰能力。测试结果表明，移动机器人的运行轨迹接近于理想的预设轨迹。视听双模态融合的方法使该系统具有在有声无人、无声有人、有声有人及声光干扰等多种情形下的说话人自主定位能力，保证了对说话人的有效跟踪。

关键词：RZ/G2L微处理器；说话人跟踪；视听双模态融合；移动机器人

Speaker Localization and Tracking Mobile Robot System Based on Audio-visual Bimodal Fusion

Author: ZHANG Longbo, ZHANG Haoyan, SHI Qifeng(China University of Geosciences (Wuhan))

Abstract

Traditional robot service mode is passive (based on command), which lacks humanized user demand analysis and high-quality service. Therefore, how to realize the initiative service of robots has become a key problem of the new generation of intelligent service robots. In human-robot interaction, the automatic tracking of the speaker is an important task to realize the initiative service of the robot. To solve the problems of low precision and poor anti-interference capability of only using single-modal (audio or visual information), a speaker localization and tracking mobile robot system based on audio-visual bimodal fusion is designed. In this system, RZ/G2L MPU is used to fuse audio and visual information, calculate the speaker's position and plan the tracking path. In the test, the mobile robot aims at the speaker in the scene first according to audio information, and then the speaker starts to move, with the interference of sound and light and other people in the scene, to test its tracking accuracy and anti-interference ability. The test results show that the running trajectory of the mobile robot is close to the ideal preset trajectory. The audio-visual bimodal fusion method equips the system the ability of autonomous speaker localization under various situations, such as voice but no body, body but no voice, both voice and body and interference of sound and light, which ensures the effective tracking of the speaker.

Keywords: RZ/G2L MPU; Speaker Tracking; Audio-visual Bimodal Fusion; Mobile Robot

1. 作品概述

1.1 背景分析

智能机器人是一个可以在环境感知、自主规划、信息交互等多方面模拟人类的系统。服务机器人是智能机器人发展的重要方向，其核心技术是定位并对人进行自主跟踪。它可以获取人的位置、状态和需求信息，并主动与人进行交流。但是，由于目前人机交互技术的快速性、准确性和通用性的限制，很难做到机器人主动与人进行交互，极大地限制了主动服务技术的灵活性和可用性。因此，为了提高人机交互的效率，推动智能机器人在主动服务领域的发展，我们提出并设计设计了一种说话人自动定位与跟踪移动机器人系统。

1.2 相关工作

随着计算机视觉技术的成熟，许多研究者将其应用于目标检测与定位的研究中。Girshick 等提出了 R-CNN 网络模型，其需要生成候选区域再进行分类和回归操作，因其作业流程众多导致速度存在上限。为了更好地实现实时性，出现了直接从原始图片到物体位置和类别的 YOLO 算法。

在声源定位领域，TDOA(Time Difference of Arrival)方法因其计算复杂度低、实时性好等优点而得到广泛应用。

1.3 特色描述

1.3.1 基于视听双模态融合的说话人定位

本系统主要分为定位模块与跟踪模块，准确的说话人定位是跟踪的前提。

目前的目标定位方法大多只利用单模态信息(音频或图像)，不能充分利用环境信息，导致灵敏度低、稳定性差，易出现盲区。利用视觉信息定位，由于摄像头张角有限，有效范围小；利用声音信息定位，可以进行0°～360°方位角准确定位，但目前的技术还难以做到距离计算。因此，我们提出了一种基于视听双模态融合的说话人定位与跟踪方法，利用信息冗余，设计了不同信息条件下的跟踪策略，提高了系统准确性和稳定性，消除了跟踪盲区。当说话人处于摄像头视野外时，利用麦克风阵列覆盖范围广的优势，获取说话人的方位并引导机器人进行转向。当说话人处于摄像头视野中时，引导机器人对说话人进行跟踪。此外，采用卡尔曼滤波器滤除摄像头视野内的干扰人，增强了视觉定位的鲁棒性。

1.3.2 人声识别

在使用麦克风阵列进行说话人定位时，如何区分环境噪声与人声是一大难题。我们通过模拟人说话时的实际场景，设定一特定的语音词，使麦克风阵列持续录音，当捕捉到一段语音与预设的语音词匹配时，则输出该语音信息的方位角。此方法可以有效地在嘈杂的环境中提取人声。

1.3.3 多模式跟踪

在实际的主动服务中，需要机器人具有前方导引、侧方并行、后方跟随、静态面向等多种功能，如导游、招待、采访等角色。其本质是保持机器人与说话人之间的相对距离与方位角在一定值。因此，为模拟不同的应用场景，使系统更具实用性，可为该系统设定不同的跟踪距离与跟踪方位角，实现多模式的说话人跟踪。

1.3.4 人机交互界面

我们设计了一人机交互界面，可以触摸或鼠标控制系统跟踪程序的停止与开启，并且实时显示摄像头所拍摄的画面及说话人的位置信息。

2. 作品设计与实现

2.1 硬件设计

系统的硬件设计如图1所示。硬件系统主要由摄像头、麦克风阵列、瑞萨RZ/G2L开发板、树莓派4B、四轮运动底盘、显示屏组成。移动机器人长0.44 m，宽0.35 m，高1.05 m，在四轮运动底盘上通过支架支撑起两层置物台，放置传感器、微处理器、显示屏等。

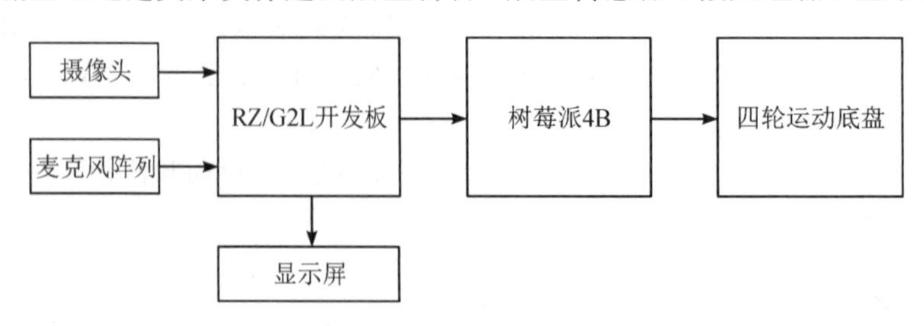

图1 系统硬件设计框图

2.1.1　外部传感器

本系统采用如图 2 所示的 USB 摄像头与环形六元麦克风阵列。为了较好地拍摄人体与收集人声，将摄像头和麦克风阵列置于最高层置物台固定，摄像头的光轴指向移动机器人的正前方。

(a) USB摄像头

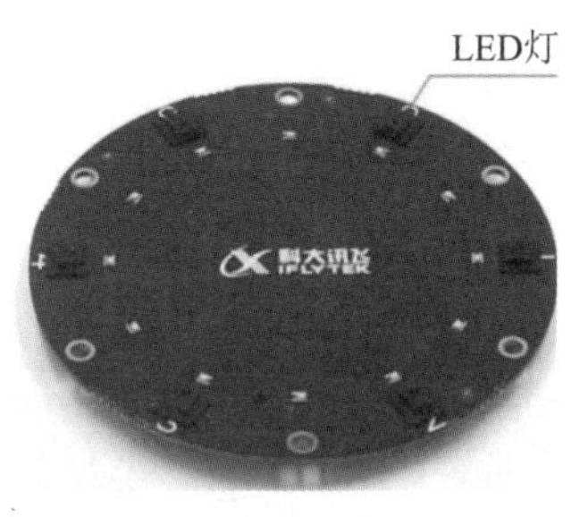

(b) 环形六元麦克风阵列

图 2　外部传感器示意图

2.1.2　微处理器

本系统采用瑞萨 RZ/G2L 开发板处理外部传感器信息并输出控制指令。摄像头与麦克风阵列通过 USB 集线器与 RZ/G2L 开发板连接。树莓派 4B 作为下位机通过双绞线与 RZ/G2L 连接，进行 UDP 通信，作用主要有：接收控制指令或说话人位置信息并通过 ROS 系统控制运动底盘；电脑可以远程登录树莓派 4B，进而远程对 RZ/G2L 的程序进行编辑。

2.1.3　运动底盘

本系统采用轮趣科技的阿克曼四轮小车作为系统运动底盘，如图 3 所示。其主要由 STM32、驱动、转接板、电机、舵机、电源组成。

图 3　系统运动底盘(不包含树莓派)

2.2　软件设计

本系统的软件部分主要由基于 TDOA 的麦克风阵列语音识别与定位、基于 YOLO-Fastest-V2 的单目人体检测与定位、自主路径规划策略组成。

2.2.1　软件运行环境

虚拟机系统版本：Ubuntu 20.04.4 LTS。

Qt 版本：5.12.8。

树莓派 4B 系统版本：Ubuntu 20.04。

ROS(Robot Operating System)版本：ROS Noetic。

OpenCV 版本：OpenCV4.5.1。

本系统使用 Qt5.12.8 开发框架进行软件的编写与开发，使用 aarch64-poky-Linux 交叉编译工具链进行软件的编译与移植，使用 OpenCV4.5.1 用于相关计算视觉处理。为了实时显示图像并展示距离与方位角，我们在 Qt 开发中采用多线程技术进行开发，主线程中展示信息，子线程中获取并处理摄像头所采集到的图像并将处理得到的距离与方位角返回给主线程。

2.2.2　麦克风阵列语音识别与声源定位

本系统采用科大讯飞麦克风阵列采集并处理语音信号。在处理信号的过程中，使用的是经过修改与移植的科大讯飞 SDK(Software Derelopment Kit，软件开发套件)。麦克风采用中心对称的环形布置方式，采用 TDOA 方法对 360°范围内的语音信号进行采集与处理。

在基于麦克风阵列的声源定位中，基于 TDOA 的方位角计算模型如图 4 所示。通过 GCC(Generialized Cross Correlation，广义互相关)时延估计得到时间差值后，计算声源相对于麦克风阵列的方位角。

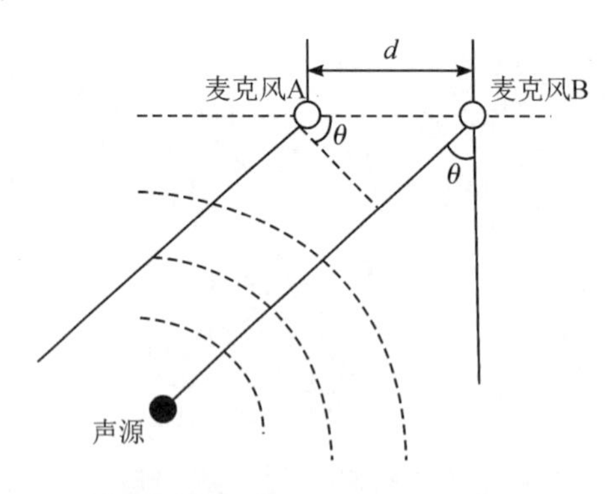

图 4　基于 TDOA 的方位角计算模型

在远场模型中，每个麦克风单元之间的距离远小于声源与麦克风阵列之间的距离，因此声音信号与两个麦克风单元之间的距离差近似为 $d\sin\theta$，其中，d 为两个麦克风单元之间的距离，θ 为声源相对于麦克风阵列的方位角。故可得如下关系：

$$d\sin\theta = c \times \Delta t \tag{1}$$

声源相对于麦克风阵列的方位角为

$$\theta = \arcsin\frac{c \times \Delta t}{d} \tag{2}$$

式中，Δt 为到达的时间差，c 为声速。

由于各麦克风单元呈环形均匀排列，因此麦克风阵列被固定之后，任意一组麦克风得到的方位角都要经过 $0\sim2\pi$ 的加减变换，从而得到可用的方位角。最后取平均值，得到准确的测量结果为

$$\hat{\alpha} = \frac{\sum_{i=1}^{n} f_i(\theta_i)}{n} \tag{3}$$

式中，$f_i(\theta_i)$为第 i 个麦克风的方位角经过 $0\sim2\pi$ 的加减变换后得到的可用方位角，n 为麦克风个数。

2.2.3 语音词识别

本系统使用经过修改与移植的科大讯飞语音识别 SDK 进行识别，其原理是预设一识别词，麦克风阵列不断录音，将捕获到的语音序列不断进行匹配，匹配度高于一置信值则视为匹配成功，输出该段语音的方位角。

2.2.4 基于 YOLO-Fastest-V2 的人体目标检测

基于视觉信息的人体目标检测与定位主要分为两个步骤。第一，进行人体检测。第二，利用人体在图像画面中的位置与大小，基于人体定位模型进行说话人定位。由于人体的尺寸大于人脸，因此人体可以在更远的距离被系统检测到，而在人与机器人相距较近时，YOLO-Fastest-V2 也可识别出含有部分人体的图像。为了增大定位系统的有效距离，选择人体进行检测。

为了保证人体检测的实时性与准确性，在人体检测方面采用了 YOLO-Fastest-V2 算法，首先使用 DNN 加载模型后，将已经预处理好的图片交给模型进行预测，模型会依据对象名称文件 coco. names 匹配出最接近检测对象的对象名称、置信度、以及能够框出对象的矩形框的信息，在模型返回的结果中剔除检测为非人的数据以及置信度较低的数据。即可完成人体的检测。

2.2.5 卡尔曼滤波

本系统在检测人体时引入卡尔曼滤波，排除环境中出现其他人时的干扰。主要使用了 OpenCV/C++版本中的 KalmanFilter 类，首先构造 6×6 的状态转移矩阵(x，y，高度，宽度，dx，dy)，当第一次检测到人体时，将该数据作为初始数据构造矩阵，以该原始数据为基础，通过 KalmanFilter 的 perdict 函数预测出下一个状态的人体位置，将预测值与此时刻检测出的所有的人体框进行 IoU 匹配，若 IoU 匹配成功，则取返回值最大的人体框作为为观测值，并用此观测值继续迭代卡尔曼滤波相关矩阵；若 IoU 匹配失败，则此时失去观测值，直接用预测出的值作为结果输出，不参与卡尔曼滤波相关矩阵的迭代。通过卡尔曼滤波的预测以及 IoU 匹配即可实现只跟踪一个人的效果。

本系统通过 YOLO-Fastest-V2 及卡尔曼滤波，得到人体目标检测效果如图 5 所示。其中，蓝色框为人体目标检测标识框，黄色框为卡尔曼滤波参考框。

图5　人体目标检测效果图

2.2.6　人体距离计算

相机成像的过程可以简化为小孔成像。根据实物与实物的像的尺寸转换关系，测量人体与相机光学中心之间的距离。人体距离计算模型如图6所示，L_1 和 L_2 是物体的长度和像的长度，O 是相机的光学中心，α 是通过光学中心并垂直于光轴的平面。d 是物体到光中心的距离，f 是焦距。

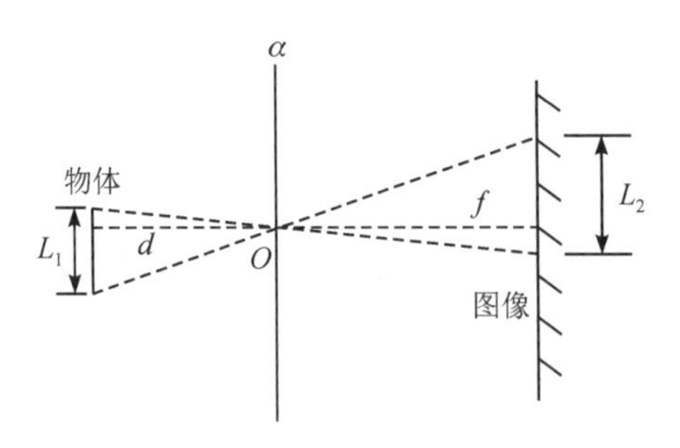

图6　人体距离计算模型

根据相似三角形的性质，可得

$$d = f \times \frac{L_1}{L_2} \tag{4}$$

当 f 和 L_1 为固定值时，d 和 L_2 成反比。f 与相机硬件参数有关，L_1 是人体的实际宽度，可视为常数。此处视人与人之间的体型大致相等，在测量距离时要求人体正对摄像头。

设 x 为人体宽度在屏幕中占据的像素个数，在程序检测到人体时，可由 OpenCV 中类对象 Rect 的数据成员得到。代入 x，则式(4)可化为

$$d = \frac{k}{x} \tag{5}$$

式中，k 是一个比例常数。不同的摄像头对应不同的 k 值。取不同的目标点进行测量，每次记录 d 和 x 的值。基于反比例关系拟合曲线，得到 k 的值。于是，可以根据图像中人体宽度所占像素的个数，计算出人体到相机光学中心的距离。

2.2.7　人体方位角计算

在测量人体与相机光心的连线与相机光轴的夹角时，将人体视为一个质点，将人体检测标识框的中心作为其所成像的中心。人体方位角计算模型如图 7 所示，β 为相机的张角，b/a 为像素坐标系中人像的中心与画面边缘之间的距离之比。

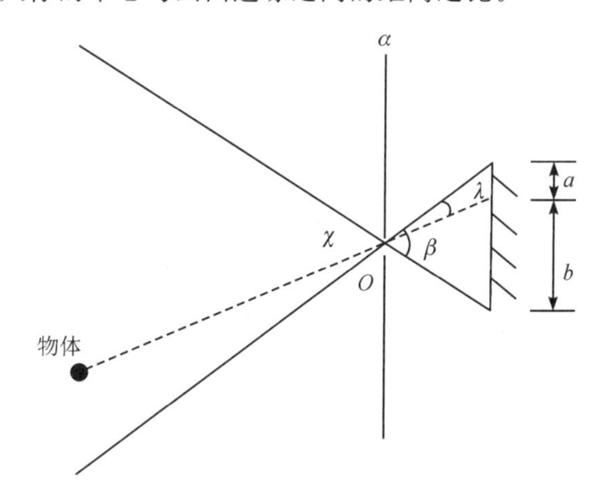

图 7　人体方位角计算模型

在以 O 点为顶点，$a+b$ 为底的等腰三角形中应用正弦定理，得

$$\frac{b}{\sin(\beta-\lambda)}=\frac{a}{\sin\lambda} \tag{6}$$

λ 的值为

$$\lambda=\arctan\frac{\sin\beta}{b/a+\cos\beta} \tag{7}$$

方位角 χ 与 λ 的关系为

$$\chi=\frac{\beta}{2}-\lambda \tag{8}$$

将式(7)代入式(8)，得

$$\chi=\frac{\beta}{2}-\arctan\frac{\sin\beta}{b/a+\cos\beta} \tag{9}$$

2.3　自主路径规划

基于双模态定位的自主路径规划策略如图 8 所示，主要分为两种情况，即摄像头检测到说话人与摄像头未检测到说话人。

当摄像头没有捕捉到任何说话人时，使用麦克风阵列检测环境中的声音。一旦麦克风阵列捕捉到预设的识别词，则输出声源的方位角，运动控制系统根据方位角控制机器人进行转向，让摄像头捕捉到人体。当相机捕捉到人体时，系统会根据人体的距离和方位信息跟踪人体。当摄像头捕捉到多人时，卡尔曼滤波只会保留一个人体目标进行跟踪。

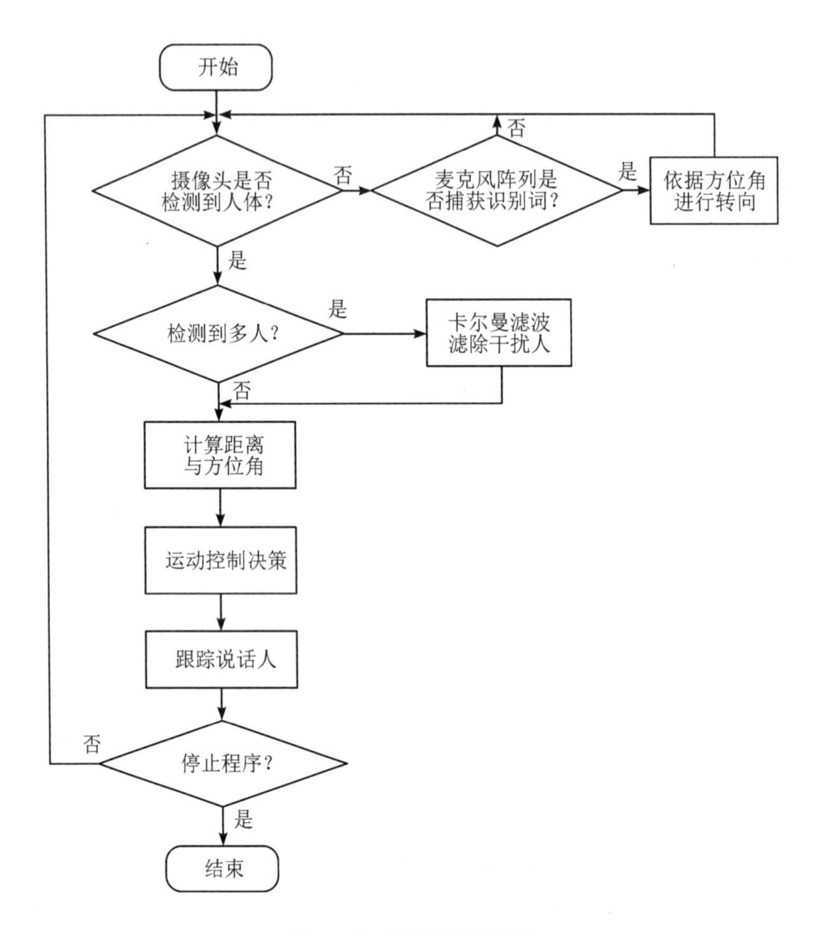

图 8　自主路径规划策略

当摄像机捕捉到说话人进行跟踪时，为模拟不同的应用场景，使系统目标说话人的不同方位进行定位，预设跟踪距离 d 和跟踪方位角 χ。当系统捕捉到人体时，实时计算人体宽度占图像总宽度之比以及人体中心线到图像两侧距离之比。由式(5)和式(9)得到 d 和 χ 的测量值为

$$d_{\mathrm{m}}=\frac{k}{x} \tag{10}$$

$$\chi_{\mathrm{m}}=\frac{\beta}{2}-\arctan\frac{\sin\beta}{b/a+\cos\beta} \tag{11}$$

由于距离和方位角的实际值总与理想值有一定的偏差，因此设置两个以目标值 d 和 χ 为中心的开区间 $\left(d-\frac{\varepsilon_1}{2},\ d+\frac{\varepsilon_1}{2}\right)$，$\left(\chi-\frac{\varepsilon_2}{2},\ \chi+\frac{\varepsilon_2}{2}\right)$，$\varepsilon_1$，$\varepsilon_2$ 为区间长度。当测量值落在该区间内时，视为达到理想值。

阿克曼四轮小车的两个后轮为驱动轮，两个前轮为转向轮，由一组舵机控制。

将系统的运动状态视为状态 s_1(由驱动轮控制的前进和后退，s_1+ 为前进，s_1- 为后退)和状态 s_2(转向轮的左转和右转，s_2+ 为左转，s_2- 为右转)状态的叠加。

系统根据不同的说话人定位结果，执行不同的运动控制：

1）当摄像头捕捉到说话人时

如果 d_m 的值落在区间 $\left(d-\frac{\varepsilon_1}{2}, d+\frac{\varepsilon_1}{2}\right)$ 的左侧，则状态 s_1 为正。如果 d_m 落在区间 (x_1, x_2) 的右侧，则状态 s_1 为负。否则停止。

如果 χ_m 的值落在区间 $\left(\chi-\frac{\varepsilon_2}{2}, \chi+\frac{\varepsilon_2}{2}\right)$ 的右侧，则状态 s_2 为正。如果 χ_m 的值落在区间 $\left(\chi-\frac{\varepsilon_2}{2}, \chi+\frac{\varepsilon_2}{2}\right)$ 的左侧，则状态 s_2 为负。否则停止。

特别地，如果 d_m 落在区间 $\left(d-\frac{\varepsilon_1}{2}, d+\frac{\varepsilon_1}{2}\right)$ 内，但 χ_m 没有落在区间 $\left(\chi-\frac{\varepsilon_2}{2}, \chi+\frac{\varepsilon_2}{2}\right)$ 内，则状态 s_1 为负，这样机器人就可以在安全范围内重新定位说话人。

2）当摄像头未捕捉到说话人时

对于麦克风阵列而言，机器人正前方为0°，俯视移动机器人，由0°开始向顺时针方向旋转一圈，对应方位角由0°变化至360°。

由于本系统选用的运动底盘为阿克曼小车，无法进行差速转向，因此设计一种原地转向的控制方法。

如果麦克风阵列输出方位角为0°～90°，则先控制状态 s_1 为负，状态 s_2 为正，维持1 s后将状态 s_1，s_2 置反，持续1 s，再次置反，如此往复。

如果麦克风阵列输出方位角为90°～180°，则先控制状态 s_1 为正，状态 s_2 为负，维持1 s后将状态 s_1，s_2 置反，持续1 s，再次置反，如此往复。

如果麦克风阵列输出方位角为180°～270°，则先控制状态 s_1 为正，状态 s_2 为正，维持1 s后将状态 s_1，s_2 置反，持续1 s，再次置反，如此往复。

如果麦克风阵列输出方位角为270°～360°，则先控制状态 s_1 为负，状态 s_2 为负，维持1 s后将状态 s_1，s_2 置反，持续1 s，再次置反，如此往复。

执行上述操作之一，直到摄像头检测到说话人，再进行1)中所述操作。

本系统引入按照距离差的速度比例控制，当说话人与机器人之间的实际相对位置比目标位置偏差较大时，机器人速度较大，使机器人快速接近目标位置；当说话人与机器人之间的实际相对位置比目标位置偏差较小时，机器人速度较小，对位置进行微调。

3. 作品测试与分析

3.1 测试准备

3.1.1 相机标定

由于摄像头的硬件限制，拍摄的图像有一定程度的畸变，影响测量精度。本系统参考ROSwiki关于相机矫正的官方文档，使用树莓派4B在ROS环境下进行棋盘格相机标定，得到存储该相机标定参数的 .yaml 文件，后移植至RZ/G2L开发板。相机标定前后的画面对比如图 9 所示。

(a) 标定前画面

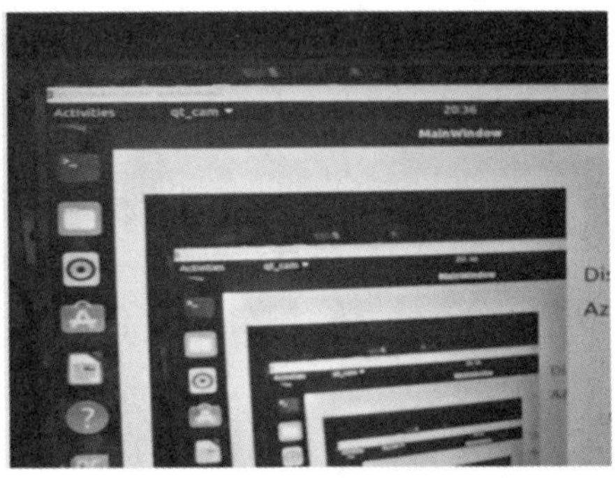

(b) 标定后画面

图 9　相机标定前后画面对比

从图 9 中可以看到，经过标定，画面中的畸变被成功消除。

3.1.2　$d-x$ 曲线拟合

我们通过测量多组 d 与 x 的值，拟合 $d-x$ 曲线。使实验者坐在摄像头正前方，面部与摄像头光心处于同一高度，保持同一姿势。实地测量人脸与摄像头光心之间的距离，同时在终端打印出 x 的值，取每次 20 个数值做平均处理，将平均值作为 x 的准确值。改变实验者与摄像头之间的距离，测试多组数据。记录得到的数据如表 1 所示。

表 1　$d-x$ 数据记录

序号	实际距离 d/m	人体占据像素宽度 x	序号	实际距离 d/m	人体占据像素宽度 x
1	1.0	362	11	2.3	174
2	1.1	357	12	2.4	164
3	1.2	323	13	2.5	163
4	1.3	320	14	2.6	157
5	1.4	287	15	2.7	148
6	1.5	257	16	3.0	145
7	1.7	218	17	3.3	132
8	2.0	200	18	3.6	114
9	2.1	188	19	3.9	109
10	2.2	167	20	4.2	93

在 MATLAB 中使用 cftool 函数，选择反比例关系进行曲线拟合，拟合结果如图 10、图 11 所示。得到比例常数 k 的值为 404.6。

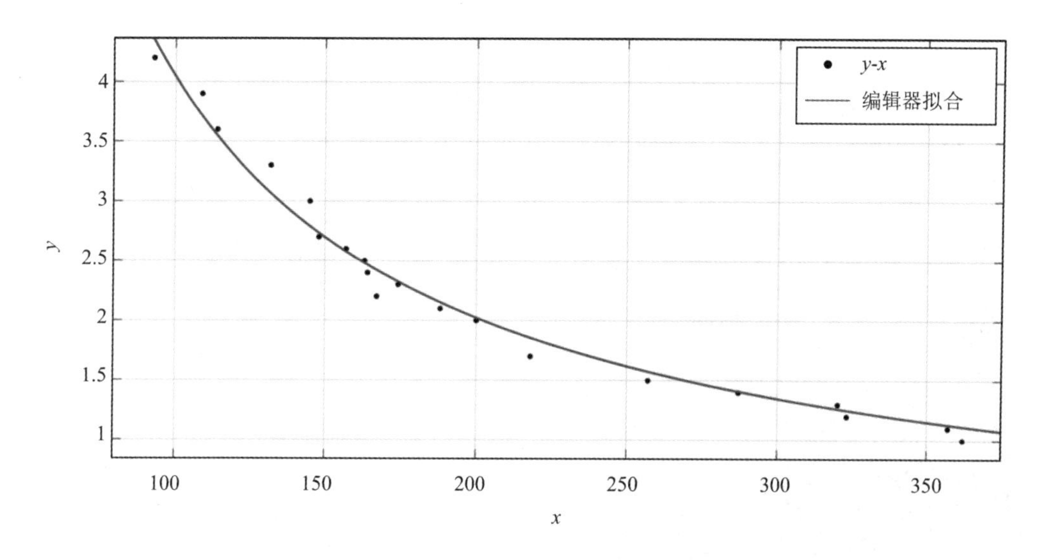

图 10　$d-x$ 曲线拟合结果

General model:
　f(x) = k*x^(-1)
Coefficients (with 95% confidence bounds):
　　k = 　404.6 (395.5, 413.7)

Goodness of fit:
　SSE: 0.2687
　R-square: 0.9841
　Adjusted R-square: 0.9841
　RMSE: 0.1189

图 11　MATLAB 输出结果

3.2　实验设置

本系统实物如图 12 所示。本系统采用环形六元麦克风阵列和 USB 摄像头作为外部传感器，RZ/G2L 开发板接收摄像头获取的图像与麦克风阵列传输的数据进行处理，然后将运动控制指令发送给下位机树莓派 4B，实现对机器人的控制。本系统软硬件之间的关系如图 13 所示。

实验在室内进行，空间约为 8 m×4 m×3.5 m，有噪声、回波和光线干扰。

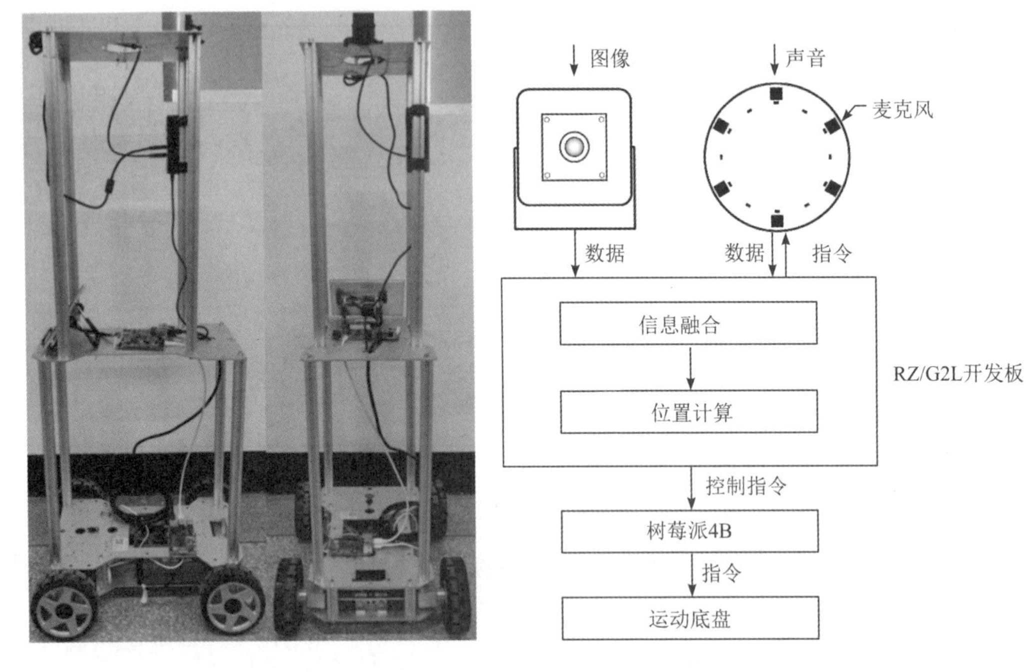

图 12　跟踪移动机器人系统实物图

图 13　软硬件关系

3.2.1　定位精度测试

定位精度主要测试系统进行人体目标定位的精度。测试场景如图 14 所示，交互界面实时显示当前人体位置的测量值。设置了 20 个不同的目标点，每个点对应的坐标如表 2 所

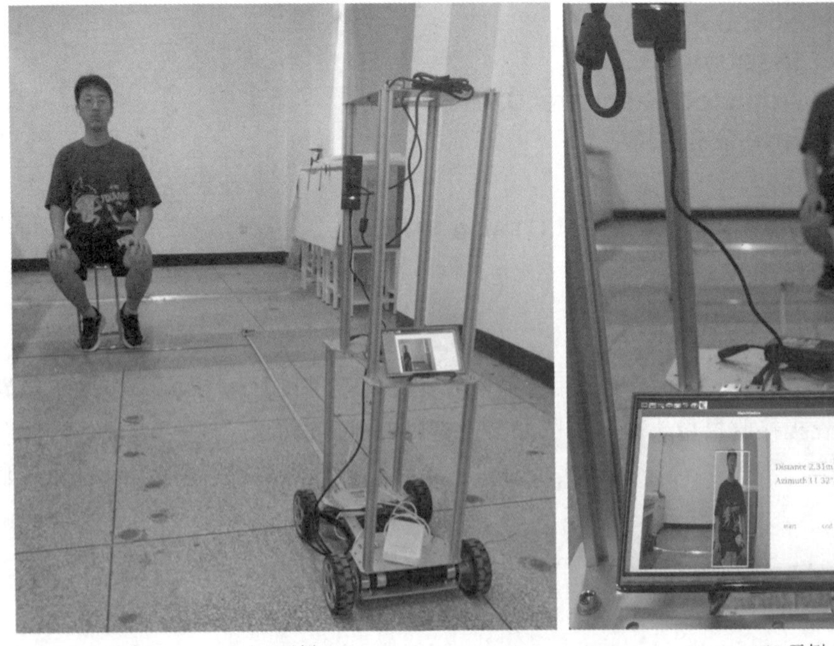

(a) 示例 1　　(b) 示例 2

图 14　定位精度测试场景

示。通过实际测量使人保持坐姿静止，正对摄像头方向，面部与摄像头在相同高度，保持同一姿势。在终端读取测量值，每出现一次测量值时，对所有测量值取平均值，直到平均值保持稳定，将该平均值作为该点定位的结果。对 20 个目标点进行测试。

表 2　定位精度测试实验点设置

序号	距离 d/m	方位角 χ/(°)	序号	距离 d/m	方位角 χ/(°)
1	1.5	0.0	11	2.4	8.0
2	2.0	0.0	12	2.4	20.0
3	2.2	0.0	13	2.0	−30.0
4	2.5	0.0	14	2.8	12.0
5	2.7	0.0	15	2.6	14.0
6	3.2	0.0	16	3.2	−5.0
7	3.6	0.0	17	3.2	25.0
8	1.5	5.0	18	3.4	−6.0
9	2.1	−10.0	19	3.6	3.0
10	2.3	15.0	20	4.0	16.0

3.2.2　跟踪效果测试

跟踪效果主要测试系统跟踪说话人的效果。测试场景如图 15 所示。

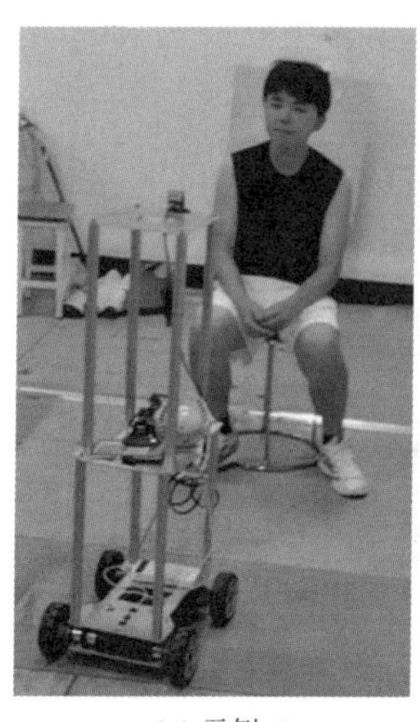
(a) 示例 1

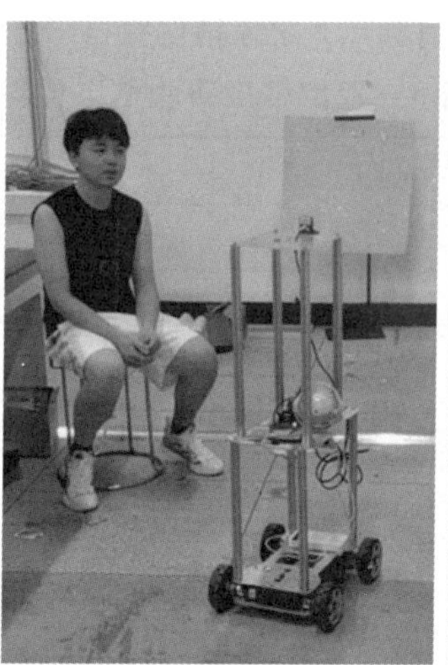
(b) 示例 2

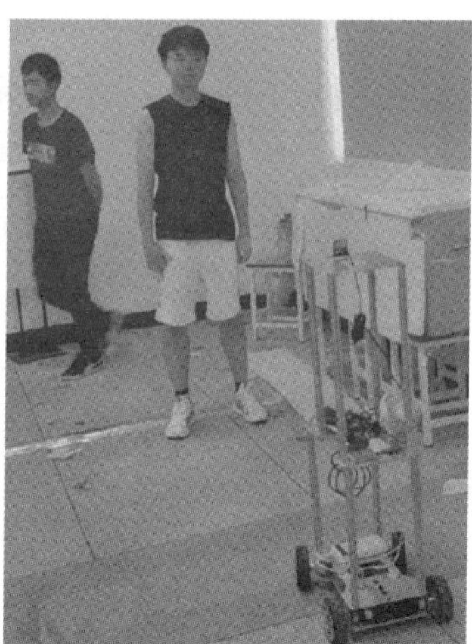
(c) 示例 3

图 15　跟踪效果测试场景

以下分 8 种情况进行跟踪效果检测：

(1) 使一位实验者保持坐姿静止，处于摄像头视野内，然后开始程序，观察移动机器人的跟踪效果。

(2) 使一位实验者保持站姿静止，处于摄像头视野内，然后开始程序，观察移动机器人的跟踪效果。

（3）使一位实验者站立于摄像头视野内，然后开始程序，实验者不断移动，观察移动机器人的跟踪效果。

（4）使一位实验者站立于摄像头视野内，然后开始程序，实验者不断移动，观察移动机器人的跟踪效果。

（5）使一位实验者处于摄像头视野外，然后开始程序，并说出预设的语音识别词，观察移动机器人是否正确转向，摄像头捕捉到说话人后运动状态的衔接是否连贯。

（6）使一位实验者处于摄像头视野内，然后开始程序，实验者在跟踪中途快速走出摄像头视野范围，观察移动机器人的反应，再说出预设的语音识别词，观察移动机器人能否在丢失目标后重新寻找到说话人。

（7）使一位实验者处于摄像头视野内，然后开始程序，跟踪途中另一位说话者进入摄像头的视野并对跟踪进行干扰，观察移动机器人是否会丢失原目标。

（8）使用不同的跟踪距离与跟踪方位角，观察移动机器人的跟踪是否准确。

3.3 实验结果与分析

3.3.1 定位精度测试结果

对于每一个目标点，将定位系统测得的机器人与实验者之间的距离和方位角记录在表3中。如果目标点超出了有效范围，则标记为Error。

由表3可知，当d值在1.5～4.3 m之间，且χ的值在$-23°$～$+23°$之间时，系统能够可靠地定位人体。但对于范围外的目标点，跟踪精度明显降低，甚至失效。

表3 定位精度实验结果

序号	实际位置(d, χ)/(m, (°))	测量结果(d_m, χ)/(m, (°))
1	(0.4, 0.00)	Error
2	(1.50, 0.00)	(1.78, 0.31)
3	(2.00, 0.00)	(2.27, 0.22)
4	(2.20, 0.00)	(2.30, 0.37)
5	(2.50, 0.00)	(2.36, −1.60)
6	(2.70, 0.00)	(2.57, −0.34)
7	(3.20, 0.00)	(2.98, −2.20)
8	(3.60, 0.00)	(3.61, −1.48)
9	(4.30, 0.00)	Error
10	(1.50, 5.00)	(1.47, 5.98)
11	(2.10, −10.00)	(2.26, −9.50)
12	(2.30, 15.00)	(2.27, 15.19)
13	(2.40, 8.00)	(2.20, 7.20)
14	(2.40, 20.00)	(2.52, 19.30)

续表

序 号	实际位置(d, χ)/(m, (°))	测量结果(d_m, χ)/(m, (°))
15	(2.00, −30.00)	Error
16	(2.50, −23.00)	Error
17	(2.80, 12.00)	(2.61, 13.40)
18	(2.60, 14.00)	(2.63, 13.80)
19	(3.20, −5.00)	(2.99, −6.38)
20	(3.20, 25.00)	Error
21	(3.40, −6.00)	(3.34, −6.80)
22	(3.50, 23.00)	Error
23	(3.60, 3.00)	(3.74, 1.90)
24	(4.00, 25.00)	Error
25	(4.00, 16.00)	(3.90, 15.4)

定位系统的误差来源和可靠性分析如下：

(1) 当说话人与机器人之间的距离小于0.4 m或大于4.3 m时，画面中的人体特征太少或人体大小小于检测阈值。同样，当实际方位角大于相机张角的一半时，相机无法捕捉到人体或捕捉到的人体特征太少。因此，当跟踪距离d小于0.4 m或大于4.3 m，或跟踪方位角接近或大于张角的一半时，实际距离和方位角会收敛，不能继续接近理想值。

(2) 由于模型本身的限制，实验者的姿态、体型不同，导致定位结果不同。

(3) 虽然已经对相机进行了标定，但图像边缘仍然有轻微的扭曲，当人体位于图像边缘时，会造成定位误差。

3.3.2 跟踪效果测试结果

本系统在设置的情况(1)～(8)下跟踪效果理想，对移动机器人的跟踪效果总结如下：

(1) 当摄像头没有检测到人体时，若说话人在视野外说出预设的识别词，则系统可以计算语音信号的来源方向，并向对应的方向进行转向来使摄像头找到说话者。在这种情况下，移动机器人找到说话者的时间由初始方位角决定。方位角越接近180°，时间越长。响应时间大约为1～12 s。

(2) 当摄像头检测到单个人体时，会根据计算得到的距离与方位角信息，跟踪该人体。

(3) 当摄像头捕捉到多个人体时，机器人会根据卡尔曼滤波只给出一个人体的距离与方位角值，进而对该人体进行跟踪。

(4) 说话人从视野中消失后跟踪中断，机器人停止，此时说出识别词，机器人可转向使摄像头捕捉到说话人。

(5) 在机器人根据麦克风阵列输出的方位角进行转向时，若某个时刻摄像头检测到说话人，则机器人会转变运动状态，衔接良好。

(6) 说话人处于坐姿和站姿时，机器人都能进行有效跟踪。但受摄像头高度限制，说话人处于坐姿时有效范围更大，且更加准确。

（7）机器人具有良好的速度调节机制，会根据当前位置与目标位置之差的大小调整运动速度的快慢。

实验结果表明：本系统在各种情况下具有可靠的跟踪效果。当摄像机捕捉人体时，系统具有良好的实时跟踪性能和较短的响应速度。

4. 创新性说明

本系统的创新性说明如下：

（1）设计了人体距离与人体方位角计算模型，并测量了实际距离与人体宽度占据像素数，对 $d-x$ 曲线进行拟合，实现利用单摄像头对人体进行准确定位。

（2）融合了视听双模态信息，利用信息冗余提高了定位精度与系统的稳定性。

（3）设计了不同信息下的运动控制策略，实现 0°～360°范围内对说话人的跟踪。传感器获取到的信息不同、定位结果不同，对应的运动控制方案不同。

（4）为模拟不同的应用场景，提出并使用了一种可改变跟踪目标点的多模式跟踪方法。

（5）利用了卡尔曼滤波提高系统的抗干扰能力。

（6）设计了人机交互界面，可以实时显示检测结果与定位结果，可人为控制程序开始与停止。

5. 总结

为了提高人机交互效率，推动主动服务机器人的发展，我们提出并设计了一种基于视听双模态融合的说话人定位跟踪移动机器人系统，可以实时定位环境中的说话人并进行跟踪。测试结果表明：当预设目标距离为 0.4～4.3 m，预设方位范围为－23°～＋23°时，本系统能够获得较高的说话人定位与跟踪精度。本移动机器人具有自主跟踪说话人的能力，为主动服务机器人的发展提供了一定的参考价值。

未来，为了扩大交互范围，进一步改善交互效果，可以开发研究全景摄像头，使机器人拥有 360°的视觉感知范围。目前的阿克曼四轮小车可以被全向车轮底盘所取代，以提高机器人转向时的灵活性。通过改进，本移动机器人对说话人的定位和跟踪效率将大大提高。此外，人体姿势检测可以加入系统，在人的正面、侧面、背面、面部分别拟合 $d-x$ 曲线，改善系统的普适性。综上，我们将继续研究基于移动机器人的说话人跟踪系统，推动主动服务行业的发展。

参考文献

[1] 王家阳. 智能机器人表演的著作权保护[J]. 南京航空航天大学学报(社会科学版)，2020，22(03)：

82－86＋99.

[2] 朱玉娥，杨羊. 一种新型机器人智能控制系统设计[J]. 南方农机，2019，50(18)：147－148＋165.

[3] 高静欣，阮晓钢，马圣策. 基于模糊行为决策的机器人主动寻径导航[J]. 北京工业大学学报，2014，40(09)：1308－1314.

[4] 李旭冬，叶茂，李涛. 基于卷积神经网络的目标检测研究综述[J]. 计算机应用研究，2017，34(10)：2881－2886＋2891.

[5] 李彦瑭，沈一，潘欣裕，等. 基于麦克风阵列的声源定位系统研究[J]. 物联网技术，2021，11(07)：26-28.

[6] 曾瑞文. 基于麦克风阵列的生态监测数据干扰抑制[J]. 中国科技信息，2022(10)：118-120.

[7] Zhu Yingxin，Jin Haoran. Speaker Localization Based on Audio-Visual Bimodal Fusion[J]. JACIII，2021，25(3).

[8] 王睿. 分布式麦克风阵列的校准方法研究[D]. 大连：大连理工大学，2021.

[9] HAO Man，CAO Weihua，WU Min，et al. Proposal of initiative service model for service robot[J]. CAAI Transactions on Intelligence Technology，2019，2(4).

该作品使用瑞萨公司 RZ/G2L 处理器，利用摄像头及麦克风阵列获取图像和声音信息，通过优化适配算法，较好地实现了对说话人的定位及跟踪。该系统利用信息冗余弥补了单一信息源的局限，提高了系统的准确性和稳定性。实验设计考虑全面，结果较为理想。